厦门大学校长基金专项项目成果
中央高校基本科研业务费专项资金资助
（Supported by the Fundamental Research Funds for the Central Universities）
项目编号：20720151102

中国海洋文明专题研究

ZHONGGUO HAIYANG WENMING ZHUANTI YANJIU

第九卷
台湾传统海洋文化与大陆

杨国桢 主编　陈 思 著

人民出版社

《中国海洋文明专题研究》
总　序

改革开放以来,中国的海洋发展取得令人瞩目的进步,有力地推动中国现代化进程。进入21世纪,随着中国海洋权益的凸显,海洋意识的提升,中国海洋发展战略上升为国家战略,这是现代化建设的本质要求,也是中国历史发展的必然选择。

现代化是现代文明的体现。西方推动的现代化依赖海洋而兴起,海洋文明成了现代文明的象征,随着大航海时代崛起的西方大国不断对海外武力征服、殖民扩张,海洋文明成了西方资本主义文明、工业文明的历史符号。20世纪,海洋文明又进一步被发达海洋国家意识形态化,他们夸大"海洋—陆地"二元对立,宣扬海洋代表西方、现代、民主、开放,而大陆代表东方、传统、专制、保守。在这种语境下,海洋文明的多样性模式被否定,中国的、非西方的海洋文明史被遗忘,以至在相当长的时期内,人们相信:中国只有黄色文明(农业文明),没有蓝色文明(海洋文明)。直到今天,还严重制约我们对海洋重要性的认识。

文明是人类生活的模式。文明模式的类型,一般可以按生产方式,或按经济生活方式,或按精神形态或心理因素,或按社会形态来划分。我们按经济生活方式的不同,把人类文明划分为农业文明、游牧文明、海洋文明三种基本类型。现代研究成果证明,海洋文明不是西方独有的文化现象,西方海洋文明在近现代与资本主义相联系,并不等同资本主义社会才有海洋文明。海洋文明也不是天生就是先进文明,有自身的文化变迁历程。濒海国家和民族的海洋文明表现形式不同,都有存在的价值。海洋文明是人类海洋物质与精神实践活动历史发展的成果,又是对人类历史发展产生重大影响的因素,既有积极作用,又有消极影响。树立这样的海洋文明观念,是理解、复原人类海洋文明史,提出中国特色海洋叙事的基础。

不以西方的论述为标准,中国有自己的海洋文明史。中国海洋文明存在于海陆一体的结构中。中国既是一个大陆国家,又是一个海洋国家,中华文明具有陆地与海洋双重性格。中华文明以农业文明为主体,同时包容游牧文明和海洋文明,形成多元一体的文明共同体。海洋文明是中华文明的源头之一和有机组成部分,弘扬海洋文明,不是诋毁大陆文明,鼓吹全盘西化,而是发掘自己的海洋文明资源和传统,吸收其有利于现代化的因素,为推动中国文明的现代转型提供内在的文化动力。在这个意义上,中国海洋文明史研究是中国现代化进程提出的历史研究大题目。只要中华民族复兴事业尚未完成,中国海洋文明史研究就一直在路上,不能停止。

中国海洋文明博大精深,留存下来的海洋文献估计有近亿字,缺乏全面的搜集和整理;20世纪90年代兴起的海洋史学,还在发展的初级阶段,而中国海洋文明的多学科交叉和综合研究还在起步,缺乏深厚的文化累积,中国的海洋叙事显得力不从心,甚至矛盾、错乱。在这种状况下,基础性的理论研究和专题研究任重道远,不能松懈。面对这个现实,我从20世纪90年代开始呼吁开展中国海洋社会经济史和海洋人文社会科学研究,主编出版了《海洋与中国丛书》(“九五”国家重点图书出版规划项目,获第十二届中国图书奖)、《海洋中国与世界丛书》(“十五”国家重点图书出版规划项目),做了奠基的工作,但距离研究的目标还相当遥远。

2010年1月,在我主持的教育部哲学社会科学研究重大课题攻关项目《中国海洋文明史研究》开题报告期间,教育部社科司领导和评审专家希望我做长远设计、宏大设计,出一个精华本,一个多卷本,一个普及本。于是我设想五年内主编一本40万字的精华本,即该项目的最终成果《中国海洋文明史研究》;一个多卷本,即《中国海洋文明专题研究》(1—10卷),250万字,已经申请获批为“十二五”国家重点图书出版规划项目,并列入创办海洋文明与战略发展研究中心的规划,得到厦门大学校长基金的资助;一本20万字的普及本,后来取名为《中国海洋空间简史》,将由海洋出版社出版。

精华本由该项目的子课题负责人编写,他们都是教授、研究员、博士生导师;多卷本和普及本则由年轻博士和博士研究生撰写。目前这项工作进入尾声,三个本子都有了初稿,虽说修改定稿的任务还很繁重,总算看到胜利的曙光。

最先定稿的是这套 10 卷本。策划之初,考虑到编写中国海洋通史的条件尚未成熟,如果执意为之,最多是整合已有的研究成果,不具学术创新的意义,故决定采取专题研究的方式,在《海洋与中国丛书》和《海洋中国与世界丛书》的基础上,扩大研究领域,继续进行深入探讨。由于中国海洋文明的议题广泛,涉及众多领域,不可能毕其功于一役,我们的团队实际上是"铁打的营盘流水的兵",有进有出,人力有限,一次 5 年 10 册的规模便达到了极限。因此,研究必须细水长流,以后有机会还会延续下去。

由于专题研究需要新的思路、新的理论、新的方法、新的资料,投入与产出性价比低,许多人望而却步。而在那些善用行政资源和学术资源,追求"短平快、高大全"扬名立万的大咖眼里,这只是个"小儿科",摆不上台面。改变这种局面,需要有志者付出更大的努力。所幸入选的 9 位博士年富力强,所领的专题以博士学位论文为基础,驾轻就熟,且先后所花时间长则 8 年,最短也有 4 年,尽心尽力,克服了种种困难,不断充实、修改,终于交出了一份比较满意的答卷。至于各个专题是否都能体现学术研究"小题大作"的精神,达到这样的高度,有待读者的评判。

杨国桢

2015 年 9 月 23 日于厦门市会展南二里 52 号 9 楼寓所

目　　录

绪　论 ·· 1

第一章　台湾的海洋发展条件 ································· 8
　　第一节　台湾的海洋环境 ································· 8
　　第二节　台湾的海洋资源 ································· 13

第二章　台湾的造船航海与大陆 ······················· 18
　　第一节　台湾的海船与大陆 ··························· 18
　　第二节　台湾的航海技术与大陆 ····················· 36
　　第三节　台湾的海上交通移民与大陆 ················· 48

第三章　台湾的海洋经济与大陆 ······················· 59
　　第一节　台湾本土的海洋生产消费 ··················· 59
　　第二节　台湾的海洋商品贸易与大陆 ················· 68
　　第三节　台湾的海港经济与大陆 ····················· 78

第四章　台湾官方海洋体制与大陆 ····················· 103
　　第一节　宋元至明末对台湾的经营 ··················· 103
　　第二节　荷据时期台湾的商馆制度 ··················· 106
　　第三节　郑氏时期台湾海洋管理制度 ················· 111
　　第四节　清代对台湾的海洋管理制度 ················· 117

第五章　台湾民间海洋体制与大陆·························· 145

第一节　明末民间海上势力主导下的海洋体制·············· 145

第二节　清代海盗控制下的台湾海峡海上秩序·············· 150

第三节　清代行郊主导的海洋商业体制··················· 154

第六章　中外海洋观念在台湾的交汇与影响················ 164

第一节　早期国人对台湾海洋思想认识··················· 164

第二节　明代中外海洋观念在台湾的交汇·················· 168

第三节　清代中外海洋观念对台湾的作用与影响············· 193

第七章　台湾的海洋信仰与大陆························· 221

第一节　台湾的海神信仰····························· 221

第二节　台湾的海洋文化节会·························· 227

第三节　台湾海洋活动中的习俗与禁忌··················· 232

第八章　两岸海洋文化关系的历史与现状················· 237

第一节　两岸海洋文化发展的历史比较··················· 237

第二节　台湾海洋文化与大陆的关系现状·················· 250

参考文献·· 265

后　　记·· 276

绪　　论

第一节　研究缘起

21 世纪以来,海洋的战略地位和价值日益为人们所关注,成为人类社会未来的重要发展空间与争夺焦点。中国作为世界文明古国之一,拥有着辽阔的海疆与历史悠久的海洋文化传统,海洋问题事关中华民族的根本利益与发展前途。作为历史研究者,我们应该重视海洋在中国历史当中的地位,将其放到与陆地同等的高度进行考察,以海洋为本位、从海洋的角度出发,构建中国自己的海洋史学,提高全民族的海洋意识,为中国的海洋发展寻找历史借鉴。

在中国的海洋历史当中,台湾占据着重要的地位。作为中国最大的岛屿,台湾的海洋历史与中国大陆有着很深的渊源。两岸的海洋文化保持着长期紧密的联系,台湾的海洋文化是中国闽粤地区的海洋文化向台湾传播的结果。当然,在历史进程中,台湾的海洋文化也融入了日本和西方海洋文化的要素,形成了属于自己的一些特点,但这并没有改变它与中国大陆海洋文化同出一源、同属一体的本质。过去,两岸学术界对于台湾海洋文化已经作过了大量研究,范围涵盖政治、经济、文化、社会等多个领域,取得了不少成果。但还少有人从总体上对台湾海洋文化进行分析研究,从各个方面梳理其与中国大陆海洋文化的关系,寻找两者的共性与个性。尝试在这方面迈出研究步伐,提出自己的看法与见解,为后人的研究进行学术积累,对中国的海洋文化历史研究而言,是个很有意义的课题。

研究台湾海洋文化与大陆之间的关系,不但具有理论上的价值,同时还有不可忽视的现实意义。自 20 世纪 90 年代以来,在台湾逐渐兴起了一股谈论"海洋文化"的热潮,至今仍方兴未艾。这股热潮遍布社会各界,"海洋文化""海洋立国"的标语频频见诸台湾的报纸电视等大众媒体。从许信良、吕秀莲等政治人物到余英时等学者作家,都纷纷著书撰文,发掘台湾的海洋文化历史,宣传台湾的海洋文化传统。台湾这股全方位的"海洋文化"热潮,吸引了社会各界对海洋文化的关注,在一定程度上推动了台湾海洋文化研究的发展。但在热潮的背后,同样出现了一个不容忽视的问题:在推崇台湾海洋文化的同时,对两岸海洋文化的关系也存在着许多误读与曲解,出现了否定中国海洋文化的存在,排斥中国的大陆文化,割断台湾文化与大陆之间联系的观点。研究分析台湾与大陆的海洋文化关系,对于澄清在两岸海洋文化问题上的种种误读与曲解,明确两岸海洋文化不可分割的关系,让两岸人民了解事实真相,增加其对海洋文化的认识,促进两岸之间的海洋文化交流,有着非常重要的意义。这便是我最终选择"台湾传统海洋文化与大陆"作为研究课题的原因,希望我的观点能够起到抛砖引玉的作用,欢迎各位专家指点。

第二节　研究回顾

一、大陆学术界对台湾海洋文化的研究

台湾文化与大陆之间的关系,向来是大陆学术界研究的重点与热点。但在中国传统的历史研究当中,长期以来存在着重陆轻海的现象,把向海洋发展视为陆地发展的延伸和附属,对传统文化的理解往往忽略了海洋性的一面,因此对于海洋文化缺乏足够的专门研究。不过自 20 世纪 90 年代以来,大陆学术界以厦门大学杨国桢教授为代表的一批有识之士,开始以海洋为本位,站在海洋的角度进行思考,给中国历史上的海洋经济、海洋社会、海洋文化重新定位。大陆的海洋文化研究逐步开展起来,并取得了一定的学术成果。如 1998 年和 2003 年,杨国桢教授所主编的《海洋与中国丛书》

《海洋中国与世界丛书》先后由江西高校出版社出版,共计53本。2006年,中国海洋大学海洋文化研究所又组织编撰了《中国海洋文化史长编》一书,分为5卷,由中国海洋大学出版社陆续出版。这些论著在一定程度上填补了大陆方面在海洋文化研究领域上的空白,也为学术界进一步深入研究两岸海洋文化提供了必要的学术积累。

截至目前,大陆学术界对台湾海洋文化的研究,主要是以它与福建海洋文化之间的比较为主,将其放在整个福建——台湾文化圈之下进行分析研究。如徐晓望先生的著作《妈祖的子民:闽台海洋文化研究》,书中对福建与台湾的海洋经济、航海交通、海洋信仰等各个方面进行了详细的分析,认为"闽台曾是历史上中国海洋文化最发达的地方,不论在物质、人员、文化的交流等方面,闽台的发展都与海外世界有着较深的关系",①海洋文化是闽台文化的共同特征,也是中国海洋文化的代表。此外还有不少专家学者也分别撰文对此问题进行了研究探讨,如赵君尧的《从〈治台必告录〉看清代台湾海洋文化地域形态》(《职大学报》2005年第1期)与《闽台海洋文化的地域特征》(《闽台文化研究》2006年)认为"大批福建沿海人民移入台湾,促进台湾的大规模开发,同时也进一步传播中华文化。……伴随这一发展的是台湾海洋文化的地域特征形成的形成进程",使其呈现出闽南文化中好勇重义的海洋文化心态、冒险犯难的海洋文化性格、治乱安危的海权海防思想等特征。庄锡福、吴承业的《论闽台文化的海洋性特征》(《台湾研究》2000年第4期)指出闽台文化在共同呈现出海洋性特征的同时,仍然保有着不废耕读、不忘根基、昭著信义等中华文化的基本性质。刘登翰在《论闽台文化的地域性特征》(《东南学术》2002年第6期)中则认为,闽台文化"是中华文化的一个部分,它包含了中华文化的大陆文化传统和海洋文化基因",是一种从大陆文化向海洋文化过渡的多元交汇的"海口型"文化。陈国强、郑梦星的《闽台古代海洋文化的主人》(《台湾源流》第17期)则是从历史学与人类学的角度出发,对闽台海洋文化的源流进行梳理,指出它们均是由福建古代的闽越族文化发展而来。

① 徐晓望:《妈祖的子民:闽台海洋文化研究》,学林出版社1999年版,第5页。

此外,针对台湾海洋文化当中的海洋物质文化、精神文化、制度文化等方面,大陆学术界也进行了一些专题研究。如朱双一的《中国海洋文化视野当中的台湾海洋文学》(《台湾研究集刊》2007年第4期)认为台湾的海洋文学在有着自己地域特色的同时,也体现了具有中华文化核心价值观的海洋精神,是海洋性格与陆地性格的交融。傅朗的《台湾的海神信仰渊源于祖国大陆》(《台湾研究》2001年第2期)一文指出台湾的海神信仰文化与祖国大陆一脉相承,"在血缘、地缘、意识观念和文化传统等方面有着割不断的密切关系,所以台湾的海神信仰从一开始就毫无例外地表现出极鲜明的中华民族传统色彩"。而由杨国桢先生主编,于1998年和2003年先后出版的《海洋与中国丛书》和《海洋中国与世界丛书》当中,也对台湾的海洋文化有所涉及。如曾少聪的《东洋航路移民——明清海洋移民台湾与菲律宾的比较研究》、刘正刚的《东渡西进——清代闽粤移民台湾与四川的比较》、吕淑梅的《陆岛网络——台湾海港的兴起》等专著,分别从台湾的海洋交通、海洋移民与文化融合、海港经济等方面进行了研究。

二、台湾学术界对台湾海洋文化的研究

另一方面,随着近年来海洋文化逐渐成为台湾社会各界的热门话题,台湾方面的海洋文化学术研究也得到了很大的推动,相关的论文集与专著纷纷问世。台湾"中央研究院"人文社会科学研究中心是台湾岛内最为著名的海洋历史文化研究机构,有着曹永和、张彬村、刘石吉、朱德兰、陈国栋等一批知名学者,该研究团队从1984年起开始编辑出版《中国海洋发展史论文集》,当中收录了众多有关台湾海洋历史文化的论文,至今已出版十辑。此外,台湾中山大学人文社会研究中心、台湾研究基金会也相继出版了有关台湾海洋文化的论文集。2003年,台湾胡氏图书出版社出版了由邱文彦所主编的《海洋文化与历史》一书,当中收录了吴密察、郑瑞明、韩家宝、林美容、郑水萍等中外学者所撰写的五篇有关海洋文化的论文,分别从移民文化、制度文化、信仰文化等各个方面对台湾的海洋历史文化进行了论述,并附有翁佳音、陈国栋等专家对文章的点评。其中郑水萍的《台湾的海洋文化资产》一文,主要从物质文化和精神文化的角度,对台湾历史上的海洋文化发展演变过程作了较为详尽的描述,认为台湾海洋文化受到来自南洋、东洋、西洋及中国文化的影响,对各种外来强势海洋文化作出回应与挑战,在不同时期显现出不同的海洋文化形态,形成了"开放型"海洋文化与"封闭型"海洋文化交错的"岛屿文化"。在专著方面,戴宝村所撰写的《台湾的海洋历史文化》一书,从海洋地理环境、海洋交通、贸易航运、海洋移民、海洋思想与海洋文学等各个方面描绘台湾海洋文化及其特质,认为海洋文化的意涵"在于人类与海洋互动所形成的生活方式,长期的生活方式,建构了族群所具有的海洋文化特质",①海岛的地缘关系,使得台湾历史文化呈现出高度的开放性与国际性,拥有着丰富的海洋文化特质。

在海洋文化研究刊物与论文方面,由台湾海洋大学人文社会学院所主办的《海洋文化学刊》于 2005 年正式创刊,刊载海洋文化研究方面的论文。截至目前,在台湾各类历史文化学术刊物上刊载过的有关台湾海洋文化的论文,主要有以下这些:

在台湾海洋文化总体研究方面,有庄万寿的《台湾海洋文化初探》(《中国学术年刊》1997 年第 18 期)、陈章波的《台湾海洋文化之转进》(《海洋高雄》卷 1,2004 年)等。在海洋文化研究理论方面,则有李东华的《从海洋发展史的观点看"海洋文化"的内涵》(《海洋文化学刊》2005 年第 1 期)、陈国栋的《海洋文化研究的多元特色》(《海洋文化学刊》2007 年第 3 期)等。在原住民海洋文化研究方面,则有郑汉文的《兰屿雅美族海洋文化》(《原住民教育季刊》2002 年第 28 期)、黄丁盛的《最自然的脸谱——认识达悟族的海洋文化》(《农训杂志》2004 年第 21 期)等。在海洋思想与海洋文学方面,则有东年的《海洋台湾与海洋文学》(《联合文学》1997 年)、蔡秀枝的《廖鸿基〈讨海人〉中的民间信仰与文化》(《海洋文化学刊》2008 年第 5 期)等。

台湾学术界对于海洋文化的研究,偏重于分析台湾海洋文化的特点与优势,认为海洋文化是台湾文化的代表,是台湾向海洋发展的动力。如庄万寿的《台湾海洋文化初探》认为,"海洋文化的特质是流动性的、开放性的、多元性的、包涵性的,但它必须是以能吸收外来文化加以发展为前提……台

---

① 戴宝村:《台湾的海洋历史文化》,玉山社(台北)2011 年版,第 21 页。

湾,自古以来亦具有上述海洋文化的性格"。戴宝村认为"台湾人多具有海洋的历史记忆,使人民性格具有活泼、开放、多元的包容性"。但是台湾学术界对海洋文化的研究,也存在着过于突出所谓台湾海洋文化的"主体性"和"特殊性",而忽视其与中国海洋文化的共性与联系的问题,甚至出现了一些误读与曲解,认为海洋文化是台湾与中国大陆的区别所在,制造中国大陆文化与台湾海洋文化的对立,片面强调大陆政权和大陆文化压制台湾海洋文化发展等。当然,学术界同样存在着另一方面的意见,如刘新圆在《台湾需要发展怎样的海洋文化》(《国政研究报告》2007年10月4日)一文中便指出,中国文化不只是大陆文化,同样拥有历史悠久的海洋文化,相比西方的海洋文化,更多地表现为和谐与宽容。台湾的海洋文化虽然拥有自己的特色,但总体而言是在汉文化基础上发展而来的,"可以说是中国海洋文化的延伸"。

总体上看,两岸学术界对于台湾海洋文化的研究,近年来可以说进入了一个快速发展的阶段,在一些专门领域上已经取得了一定学术成果和积累。但在研究上还稍显分散,缺少对台湾海洋文化全面、系统、具体的学术性专著。

第三节　研究的内容、架构和理论方法

对台湾文化的研究,与对台湾历史的研究并不完全等同,前者偏重于对内涵和特征的分析,以横向研究为主;而后者则偏重于对历史发展进程的描述,以纵向研究为主。本书所探讨的台湾海洋文化,主要是台湾的传统海洋文化,即在日据时代以前形成的台湾海洋文化。个人理解的台湾传统海洋文化,主要包括以下几个方面:

1. 台湾的海洋发展条件,即台湾的海洋环境与海洋资源。海洋环境包括海洋地理位置、海岸自然环境、海洋气候与水文条件等;海洋资源包括海洋生物资源、矿产资源、水资源、海洋景观资源等。这些构成了台湾海洋文化发展的物质基础。

2.台湾的造船与航海,包括台湾海船的由来与演变,台湾造船技术、航海技术与航海工具设备的发展,海上交通航线的开辟,海洋移民的类型与走向等。

3.台湾的海洋经济,即台湾的海洋生产、海港建设、海洋产品消费等。海洋生产主要包括捕捞业、养殖业、海盐业、海产品加工业等产业的发展,海港建设主要包括海港码头、仓库、街市等设施的建设发展以及港道、海岸工程的实施,海洋产品消费则包括台湾通过海运销往大陆与世界各地的产品、台湾本土经营的海洋商业以及饮食业、日用品业中的海产品部分。

4.台湾的海洋体制,分为官方的海洋体制与民间的海洋体制,包括自宋元以来官方对台湾的海洋经营与管理,以及海商、海盗等群体所建立的台湾民间海洋秩序。

5.台湾的海洋思想认识,即人们有关台湾的海洋思想认识,包括中国大陆、台湾和外国势力对于台湾海洋环境状况与地位价值的认识,以及开发经营台湾的战略思想。

6.台湾的海洋信仰,人们因海洋环境或海洋活动所形成的对某些神灵偶像或其他超自然力量的信奉。它包括海洋偶像崇拜、海洋信物传承、海洋文化节会等种种活动,以及在海洋活动中的各种习俗和禁忌。

以上就是台湾传统海洋文化的主要内容,本书尝试就这几个方面对台湾的传统海洋文化进行探讨,寻找其与中国大陆海洋文化的历史联系与异同。并就当前台湾海洋文化与大陆的关系现状进行分析。而本书便是个人在此问题上所做的一些初步研究。希望我的观点能够起到抛砖引玉的作用,欢迎各位专家指点。

第一章　台湾的海洋发展条件

台湾走上海洋发展的道路,是由其得天独厚的海洋条件所决定的。便捷的海上交通位置、良好的海洋环境、丰富的海洋资源,为台湾的海洋文化产生与发展提供了物质上的充分条件。

第一节　台湾的海洋环境

一、台湾的海洋地理位置

台湾海洋文化的产生与发展,同台湾突出的海洋地理位置是分不开的。在环中国海海域当中,台湾的海洋地理位置居于十分重要的地位。台湾岛位于环中国海的枢纽位置,西侧的台湾海峡不仅是联系台湾与中国大陆的海洋纽带,同时还是中国东海与南海的交汇之所。台湾海峡呈东北——西南走向,形状狭长,最窄处仅 130 公里,是中国南北沿海航运的捷径。这种邻近中国大陆的海洋地理位置,为台湾历史上与中国大陆产生密切的海洋联系提供了地理基础。与台湾隔海相望的福建省,历史上一直是中国海洋发展的前沿,福建的福州、泉州、漳州、厦门等港口,先后担当着中国海外交通贸易重要窗口的角色。而"台湾虽隔重洋,而距泉之厦门水程仅十一更、可四百四十里;若北路淡水至福州港口,明史载水程五更,仅二百里"。[①] 澎湖群岛则位于台湾本岛与大陆之间,古代船只来往两岸,"必以澎湖为关

---

① 　王必昌:《重修台湾县志》,大通书局(台北)1984 年版,第 2 页。

津"。如遇天候不顺,便多需在澎湖收泊停留,当地也因此而成为两岸海上交通的重要中转站。这种在地缘上的优势,为台湾地区海洋文化的产生与发展起到了相当大的促进作用。

台湾海洋文化发展的地缘优势,除了邻近中国大陆之外,还包括在整个东亚海域当中的突出地理位置。"台湾府襟海枕山,山外皆海。东北则层峦叠嶂,西南则巨浸汪洋。北之鸡笼城,与福省对峙;南而沙马矶头,则小琉球相近焉。诸番樯橹之所通,四省藩屏之所寄。"①台湾南面距菲律宾吕宋岛不过300公里,台湾与吕宋之间的巴士海峡,历史上一直是中国与东南亚地区进行海上往来的战略要道。台湾的东北面与琉球群岛相邻,北面则与朝鲜半岛和日本列岛接近。朱仕玠《小琉球漫志》亦称:"台地四面皆海,可以四达。东南至吕宋,海道七十更;东北至日本,海道七十二更。"②而从更大的角度来看,台湾还是连接太平洋与印度洋的重要节点。由俄罗斯鄂霍茨克海、日本海南下,经中国东海、南海,通过马六甲海峡前往印度洋的船只,大都需要通过台湾海峡及其周边海域。这种有着中国大陆作为腹地,海洋地理位置四通八达的条件,决定了台湾的海洋发展与中国的海洋发展息息相关,成为中国海洋文化发展的一部分,并与中国大陆一同融入到东亚的海洋交流体系当中。

二、台湾的海岸自然环境

在历史上,台湾同中国大陆的海上交通联系之所以尤为紧密,当地的海岸自然环境在其中也起到了不可忽视的作用。台湾作为西太平洋上的一大岛屿,本岛拥有着漫长的海岸线,总长达1139公里,南北端狭窄弯曲,东西面则较为平直。台湾的海岸自然环境,东岸与西岸之间有着明显的差别。台湾东部海岸多为山崖,属基石海岸,不利于港口的建立与发展。西部地区的情况则相反,由于台湾地势东高西低,因此河流大都为自东向西的流向,"内山诸水,皆西流于海"。③ 台湾西部沿岸在众多河流的冲积之下,形成了

---

① 高拱乾:《台湾府志》,大通书局(台北)1984年版,第7页。
② 朱仕玠:《小琉球漫志》,大通书局(台北)1984年版,第55页。
③ 黄叔璥:《台海使槎录》,大通书局(台北)1984年版,第7页。

平原、沙洲绵延的地形,相对便于船只登陆,而台湾西岸又正对中国大陆东南沿海,这种自然环境为台湾与大陆的沿海交通往来提供了便利条件,因此台湾历史上的主要海港多集中于西部,也使得台湾西部地区比东部更早得到海洋开发。

不过,台湾西部海岸的沙洲地形,也导致当地的自然环境变迁相对频繁,对台湾历史上的海港发展产生了深远的影响。在清人周玺所著的《彰化县志》当中,便已对台湾的此种海岸自然环境进行了分析:

> 台地港澳,全凭沙汕,以界内外。而沙汕之迁徙靡定,即港道之浅深无常,非若内地之山石一成不变也。所以水淘沙去,港深汕绕,前为澳,而巨舰可收;沙填水浅,港塞汕低,则有港直如无港,而商船难泊。①

由于台湾西部沿海多沙汕地形,水文环境变化无常,所以对港口发展造成的影响也十分明显。如果当地泥沙逐渐被潮水所冲刷而去,则可发展成为水深良港,吸引船只聚集。而一旦港口沙积水浅,则各种海洋活动都将受到严重阻碍,势必令相当部分船只另觅他港,从而造成港口地位的逐渐下降,最终导致衰落。不过,随着科技的进步,如今人们已经能够主动改造台湾海岸的自然环境,使其满足台湾海洋发展的需要。

三、台湾的海洋气候

台湾地区高温多雨的海洋气候,也是台湾海洋开发的重要支持。当地台湾地区位于北半球的亚热带季风区,因此呈现出明显的海洋性季风气候特征。历史上,台湾南部地区"气候与漳、泉相似,热多于寒",②时有降雨,有"四时皆夏,一雨成秋"之说。在这种温暖气候影响下,当地农作物可达一年三熟,为开发当地提供了良好的气候条件,这也是台湾南部地区早于北部地区得到开发的重要原因之一。而在台湾开辟之初,北部鸡笼、淡水地区

---

① 周玺:《彰化县志》,大通书局(台北)1984年版,第201页。
② 黄叔璥:《台海使槎录》,大通书局(台北)1984年版,第14页。

尚属瘴疠之地,气候十分恶劣。直到清乾隆初年,仍然"地愈高、风愈烈,寒凉愈甚。……常阴风细雨,或骤雨如注;人日在烟雾中,瘴毒尤甚"。① 直到清代,在大陆移民的辛勤开发下,台湾北部沿海气候逐渐发生了巨大的变化。到了同治年间,已是"地气随人而转,康熙间仁和郁沧浪明经永和裨海纪游所志淡水风景,不异罗施鬼国,噶玛兰初辟,亦苦雨多晴少;今则寒暖皆如内地,所谓瘴疠毒淫无有也"。② 令台湾北部沿海地区的发展条件得到了显著的改善。

台湾海域的风候,对历史上台湾海域的船只活动,特别是以风力为主要动力的帆船活动有着重大的影响。台湾海域夏季盛行西南季风,冬季盛行东北季风,"十月以后,北风常作。然台飓无定期,舟人视风隙以来往。五、六、七、八月应属南风",③风向与台湾海峡的走向基本一致。历史上中国帆船多在冬季通过台湾海峡前往南洋地区,夏季返回,这样可以借助季风航行,节约航行时间,减少航行风险。但是,这种季风也对大陆与台湾的海上交往造成了阻碍。台湾海峡冬季的东北季风风力尤强,平均风速超过16.8米/秒,澎湖地区更是超过22米/秒。④ 横渡台湾海峡的帆船面对这种强大的风力,容易被吹离航线,乃至失事颠覆。清人对此有着深刻的体会,"苟遇飓风,北则坠于南风气(气者,海若呼吸之气),一去不可复返;南则入于万水朝东,皆险也"。⑤ 台湾港口船只进出,沿海风向、风时尤为重要,"出鹿耳门,必得东风,方可扬帆;彭湖来船,必俟西风,才可进港。设早西晚东,则去船过日中始能放洋,来船昏暮不能进口。何云利涉?"⑥而台湾西部沿岸地区平日风向为早东晚西,正有助于台陆间对渡船只适时进出港口,为历史上台湾西岸与大陆的交流提供了便利。

台湾地区海洋气候的另一个特点,就是气象状况变化频繁,时常出现大

---

① 刘良璧:《重修福建台湾府志》,大通书局(台北)1984年版,第100页。
② 丁绍仪:《东瀛识略》,大通书局(台北)1987年版,第56页。
③ 高拱乾:《台湾府志》,大通书局(台北)1984年版,第193页。
④ 张国友等:《台湾海区的风浪特点及分布规律》,《海洋通报》2002年第1期。
⑤ 高拱乾:《台湾府志》,大通书局(台北)1984年版,第25页。
⑥ 黄叔璥:《台海使槎录》,大通书局(台北)1984年版,第13页。

风、暴雨、浓雾等不利于海洋航行的恶劣天气。由于台湾地区正处于由菲律宾洋面生成的台风的活动路径上，因此一年中时有台风经过台湾本岛和台湾海峡，带来强风暴雨，加上季风所带来的大量降水，使得台湾成为海洋降雨相当丰沛的地区，北部基隆地区全年降雨日更是超过 200 天。台湾海域还时常出现浓雾气候，严重影响海上能见度。这种复杂的气候状况对台湾地区海洋活动的正常进行造成了不利的影响。

四、台湾的水文条件

台湾海域的水文条件，与当地的海洋生态资源和海上交通发展密切相关。台湾海域的水文条件，在很大程度上受到当地洋流的影响。存在于台湾周边海域的洋流主要有两种，一为台湾暖流，二为大陆沿岸洋流。其中台湾暖流又被称为"黑潮"，属于北太平洋赤道暖流的一部分。黑潮由菲律宾海域流入台湾后，主流沿台湾东海岸北上，流向日本，另一支流则沿西海岸北上。大陆沿岸洋流则是在东北季风驱动下，沿台湾海峡向西南方向流动的一股寒流。黑潮在台湾东北海域受地形影响发生涌升现象，"造成一个营养盐富集区域，引发浮游藻类的繁盛成长，在彭佳屿一带形成丰富的鲭鲹渔场"。[①] 另一方面，冬季大陆沿岸洋流与黑潮支流在台湾海峡交汇，也为鱼类提供了大量栖息繁衍的场所。由于季风与洋流的作用，台湾周边海区水温终年较高，夏季平均水温接近 30 摄氏度，冬季平均水温也在 15 摄氏度以上，在黑潮影响下的东部海域更高达 25 摄氏度，这样温暖的海水十分适合各类海洋生物的成长，令台湾的海洋物种资源趋于丰富。以上种种条件，都有助于台湾海洋渔业的发展。

不过，台湾海区强大的洋流，在历史上也曾成为两岸的海上交通往来的障碍。尤其是澎湖列岛与台湾岛之间的海域，水流极为湍急，被称为"黑水沟"。历史上无数往来于两岸之间的船只便葬身于此，对两岸人民造成了惨痛的损失。早在《元史》中便有记载称："琉求，在南海之东。……西南北岸皆水，至彭湖渐低，近琉求则谓之落漈，漈者，水趋下而不回也。凡西

---

① 戴宝村：《台湾的海洋历史文化》，玉山社（台北）2011 年版，第 28 页。

岸渔舟到彭湖已下,遇飓风发作,漂流落漈,回者百一。琉求,在外夷最小而险者也。"①清人郁永河《裨海纪游》亦称:"台湾海道,惟黑水沟最险。自北流南,不知源出何所。海水正碧,沟水独黑如墨,势又稍窳,故谓之沟。广约百里,湍流迅驶,时觉腥秽袭人。"②此外,由于强劲季风等因素的影响,台湾海域冬、夏两季海浪较大,多灾害性海浪,"台岛环海之浪,其名曰涌。涌者,无风起浪,翻涛卷雪,舟莫能近。山前以夏秋为甚,山后起于冬春。而安平、旗后之涌尤险。每年自四月杪起、至九月止,南风司令,巨浪拍天,惊涛东地,数十里外声如震雷,隐隐阗阗,昼夜不息。遇海雨狂飞,势更汹涌。本地商船,一交夏令,即避往他处。即轮船亦不能入港,以竹簟置木桶,人坐其中,转渡数里,出入于波涛之中;近有用小火轮接载,较为稳妥。然涌平则可行,大则不能渡矣"。③ 这不仅对两岸的海上交往,而且对台湾沿海居民的海洋生活都有相当的影响。

第二节 台湾的海洋资源

一、台湾的海洋生物资源

台湾充足的海洋生物资源,是当地海洋产业发展的一大支柱。我们前面提到过,由于台湾海域洋流等因素的影响,为海洋生物的成长提供了良好的环境,因此台湾地区的海洋生物资源极为丰富,早在清代台湾各地方志中,见诸于记载的鳞属、介属等鱼、虾、蟹、贝类海洋生物就已达百种以上。其中最为突出的就是鱼类资源。"根据调查纪录,全世界的鱼类有 2 万 8 千多种,台湾拥有鱼类种数占全球种数的 12.89%。"④

历史上台湾的鱼类资源,以鲻鱼(又称为乌鱼)最为著名。早在荷兰统治时代,台湾便已成为重要的乌鱼产地。根据 1650 年斯托莱斯(Struys)的

① 宋濂:《元史》卷 210,中华书局 1976 年版。
② 郁永河:《裨海纪游》,大通书局(台北)1987 年版,第 5—6 页。
③ 唐赞衮:《台阳见闻录》,大通书局(台北)1987 年版,第 120 页。
④ 周通、周秋麟:《台湾海洋资源与海洋产业发展》,《海洋经济》2011 年第 6 期。

在台见闻，"在台湾可捕获很丰富的鱼类，而乌鱼（harders）特多"。① 清代台湾方志游记中也多有记载，称乌鱼"各港俱有，冬至前出大海散子，味极甘；后引子回原港，曰回头乌，则瘦而味劣矣。子成片，盐过晒干，味甚美"。② 如今，乌鱼及其鱼卵"乌鱼子"仍然是台湾重要的海洋渔业资源之一，当地乌鱼年产量在 4000—6000 吨左右。

台湾历史上还盛产鲨鱼，根据清人黄叔璥《台海使槎录》当中的记载，台湾海域生长的鲨鱼有龙文鲨、双髻鲨、乌翅鲨、锯子鲨、虎鲨等，种类十分繁多。鲨鱼也是台湾重要的渔业资源之一，其鱼肉和鱼翅都有着很高的食用价值。荷兰统治时代，殖民当局曾对来台捕鲨的大陆渔民征税，"在本岛南部从事鲨鱼渔业的汉人，要输出至中国时，一尾鲨鱼，要缴税金一斯泰法"，③由此获利达一万盾，可见台湾海域鲨鱼资源之丰富。

台江出产的"虱目鱼"，也是历史上台湾重要的水产养殖产品，又被称为"麻萨末鱼"。连横在《雅言》中称："'麻萨末'，番语也；一名'国姓鱼'。相传郑延平入台后，嗜此鱼，因以为名。鱼长可及尺，鳞细味腴；夏、秋盛出。"④又传郑成功曾向他人询问此鱼名称，结果因"什么鱼"与"虱目鱼"在闽南语中发音相近，因而被大家混淆，由此得名。

除此之外，历史上台地出产的鱼类还有鲫鱼、鲤鱼、鲔鱼、鳗鱼、旗鱼、鲷鱼、鲢鱼、飞鱼等等，凡此种种，不一而足。其中澎湖海域的鱼类资源较为闻名，当地特产为涂魠鱼，"鱼无鳞，状类马鲛而大，重者二三十斤，肥泽芳甘，海外鱼味之绝"。⑤ 又有海龙，"产澎湖澳，冬日双跃海滩，渔人获之，号为珍物，首尾似龙无牙爪，以之入药，功倍海马云"。⑥ 均为台湾海产中"稍饶异者"。

① Campbell, Wm: Formosa under the Dutch. P.254, 载曹永和：《明代台湾渔业志略》，《台湾早期历史研究》，联经出版事业公司（台北）1969 年版，第 170 页。
② 陈文达：《凤山县志》，大通书局（台北）1984 年版，第 116 页。
③ 里斯：《台湾岛史》，载曹永和：《清代台湾渔业志略》，《台湾早期历史研究》，联经出版事业公司（台北）1969 年版，第 170 页。
④ 连横：《雅言》，海东山房（台南）1958 年版。
⑤ 朱景英：《海东札记》，大通书局（台北）1987 年版，第 44 页。
⑥ 孙元衡：《赤嵌集》，大通书局（台北）1984 年版，第 79 页。

台湾地区不但鱼类众多,虾、蟹、贝类等其他海产品同样丰富。历史上一直是台湾重要的海洋资源。台湾虾"种类不一:有红虾、沙虾、斑节虾、白丁虾",①其中红虾最为肥美。而台湾"蟹产于海,独诸罗蟹生溪涧中。螯有毛,名曰毛蟹"。② 贝类则包括蟳、蛎、蠃、蛤、蚶、蚬、蠔等,种类齐全,品种多样。对于台湾丰富的海洋生物资源,清乾隆年间进士王必昌曾作过这样的赞颂:

乃其海物惟错,独为充斥;难悉厥名,略辨其色:则鲻乌鲤红,鲚紫鲳白;赤海全精,乌颊黄翼;青鲜投火,乌鲗喷墨;锦魴、花鲹,金梭如织。又有香螺花蛤,鬼蟹虎鲨;白蛏涂䰅,麻虱龙鰕:台澎所产,厥味多佳。③

台湾丰富的海洋生物资源,为当地的海洋产业发展提供了坚实的基础,也吸引了众多大陆渔民前往台湾海域进行采捕,从而在客观上与台湾建立了海洋联系,促进了两岸历史上的海洋交流。

二、台湾的海洋非生物资源

除了海洋生物资源之外,台湾的海洋非生物资源也十分充足。远古时期,台湾海域的大陆架曾经突出于海平面之上,成为陆地河流冲刷的沉积物堆积之所。随着后来海平面的上升,"沉积物逐渐为上涨的海洋淹没,而今天台湾周围陆架的堆积物含有一部分残留沉积和一部分现代河流输送到大陆架上的沉积,这为台湾周围大陆架的表层矿产的赋存提供了良好的条件"。④ 台湾海域共有台湾盆地、台中盆地、台南盆地等八大沉积盆地,蕴藏着丰富的石油、天然气等油气资源。尤其是北部钓鱼岛一带海域可能是世界上最大的含油带之一,远景储量可达 13 亿吨以上。此外,近年台湾西南

---

① 周钟瑄:《诸罗县志》,大通书局(台北)1984 年版,第 243 页。

② 朱景英:《海东札记》,大通书局(台北)1987 年版,第 46 页。

③ 王必昌:《台湾赋》,载王必昌:《重修台湾县志》,大通书局(台北)1984 年版,第 478 页。

④ 李学伦:《台湾周围大陆架海底资源展望》,《海洋通报》1979 年第 4 期。

外海还发现了大量天然气水合物储藏,保守估计储量超过 1000 亿立方公尺,可将其开采为天然气。如能充分利用,可望成为 21 世纪的重要海洋能源。另外,台湾海域还埋藏有磁铁矿、钛铁矿、砂砾石矿、钙质贝壳等众多矿产资源,这些都为台湾的海洋发展提供了重要的工业原料。

台湾的海洋水资源条件同样十分优越。"台湾滨海之地,煮水为盐,其利甚溥。"①台湾海水含盐率较高,平均盐度达到 3.3%,海水中所含的海盐,不但是重要的工业原料,同时也是人民不可或缺的生活用品。到在郑氏统治时期,台湾人民已学会晒盐之法,将海水晒干后提取盐分。而随着海水淡化技术的进步,海水也有望成为台湾淡水的一大来源。此外,台湾海域的海浪、潮汐、海流、温差等要素,均是可资利用的巨大能量。尤其是台湾东部海域由于黑潮洋流的作用,海流十分剧烈,海流潜能超过 600 瓦/平方米,加上海底地形陡峭,海水上下层温差高于 20 摄氏度,利用温差发电的潜能也十分可观,这些都将成为台湾未来的能源开发方向。

丰富的海洋景观资源也是台湾的海洋优势之一。台湾作为中国的"宝岛",很早就以海洋景色秀丽而闻名。元代旅行家汪大渊便曾游历台湾,描绘当地潮涨日出之壮美景象:"余登此山,则观海潮之消长,夜半则望旸谷之日出,红光烛天,山顶为之俱明。"②16 世纪的葡萄牙殖民者路经台湾时,便为台湾的景色所折服,将其称之为福尔摩沙(Ilha Formosa),意为美丽之岛。清代统治时期,不少文人雅士游历台湾,为当地景色咏诗题词,后逐渐形成"台湾八景"一说。其中"安平晚渡""鹿耳春潮""沙鲲渔火""西屿落霞"等,皆为清代台湾著名的海洋景观。郁永河在《裨海纪游》中,也对台湾海峡的海上夜景大加赞叹:

> 余独坐舷际,时近初更,皎月未上,水波不动,星光满天,与波底明星相映:上下二天,合成圆器。身处其中,遂觉宇宙皆空。露坐甚久,不忍就寝,偶成一律:"东望扶桑好问津,珠宫璇室俯为邻;波涛静息鱼龙

① 连横:《台湾通史》上册,大通书局(台北)1984 年版,第 496 页。
② 汪大渊著,苏继校译:《岛夷志略》,中华书局 1981 年版。

夜,参斗横陈海宇春;似向遥天飘一叶,还从明镜渡织尘。间吟抱膝樯乌下,薄露冷然已湿茵"。少间,黑云四布,星光尽掩。忆余友言君右陶言:"海上夜黑不见一物,则击水以视"。一击而水光飞溅,如明珠十斛,倾撒水面,晶光荧荧,良久始灭,亦奇观矣!①

随着时代的变迁与台湾当地的发展,如今台湾的海洋景观已成为当地旅游业的重要支柱,台湾南部恒春半岛的珊瑚礁海岸生态、北部白沙湾、石门等地的海蚀地貌都是台湾重要的海洋自然生态景观,而基隆、高雄等现代化海港城市的发展,也为台湾提供了新兴的海洋人文景观资源。

除海洋景观资源之外,台湾还存有丰富的海洋文化遗产资源。台湾东部兰屿岛上的原住民雅美族,至今仍然保留着相当程度的台湾原住民海洋文化。而荷据、郑氏、清朝、日据等时期所修建的港口、堡垒、炮台等诸多海岸设施,如今也已经成为台湾的海洋历史文化遗址。另外,"台湾海岸地带拥有丰富的因海岸变迁所导致的大量考古遗址,遗留大量人类与海洋互动的各种文化遗物",②虽然当中许多已经消失,但留存者仍不在少数。台湾周边海域还存在着大量沉船、其船体与船上物品均是重要的海洋历史文物。这些都为台湾的海洋文化研究提供了宝贵的材料。

---

① 郁永河:《裨海纪游》,大通书局(台北)1987年版,第7页。
② 戴宝村:《台湾的海洋历史文化》,玉山社(台北)2011年版,第204页。

第二章　台湾的造船航海与大陆

海洋文化的产生,是人类与海洋关系发展的结果。人们要发展与海洋的关系,其中最为关键的一个要素便是船只,它是人们从事各种海洋活动的基础。人们在漫长的历史进程中逐步掌握了制造船只以及利用其在海上航行的方法,将其用于对海洋的探索与开发,这是海洋文化发展史上重要的里程碑。历史上,台湾的造船航海与大陆有着密不可分的联系,大陆是台湾造船航海技术的重要来源,也是台湾航海活动的主要对象。

第一节　台湾的海船与大陆

一、台湾地区的原始海洋交通工具及其由来

台湾人民对于海洋航行工具的使用历史悠久,台湾早期的原住民文化,很可能就是由海船所带来的。在不少台湾原住民族群当中,都流传着其祖先是从中国大陆和南洋等地乘独木舟、竹筏等船只漂流渡海来到台湾的传说。

日本人类学者鸟居龙藏记述道:"雅美族是红头屿的居民,依照他们祖先所传的口碑,他们是在古时候,从菲律宾的巴丹群岛,驾独木舟越过巴士海峡而来的。"①"据阿美族传说,远古时代祖先驾独木舟到台湾里漏社海岸

---

① 〔日〕鸟居龙藏原著,杨南郡译注:《探险台湾》,远流出版公司(台北)1996年版,第68页。

登陆,为纪念这件大事,每年都举办大型海祭。"①根据另一位日本著名学者伊能嘉矩的记载,八里坌社(Parihun)称其祖先是从唐山(即中国大陆)搭乘小船漂流到台湾的;淡北十九社(北投社)平埔族传说祖先为了躲避妖怪,造竹筏到台湾鞍番港(今深澳)处;雷里社(Ruiri)等则传说祖先驾船出海,遇飓风漂流到台湾来。②

原住民来到台湾之后,这些原始的海洋交通工具也成了其海洋生产生活的重要组成部分。从现存的台湾历史资料典籍当中,多有对当地原住民使用独木舟、竹筏的描述。根据记载,主要用于以下几个方面的海上活动。

一为沿海与内河的交通:

> 蟒甲,番舟名,刳独木为之;划双桨以济。大者可容十余人,小者三五人。环峤皆水,无陆路出入,胥用蟒甲。外人欲诣其社,必举草火,以烟起为号,则番刺蟒甲以迎;不然,不能至也。③
>
> 人数极少的邵族,居住于埔里地方的水社湖畔,只有四个部落而已。他们把大樟木刨空制成独木舟,部落间只靠独木舟往来。④
>
> 水无舟楫,以筏济之。⑤
>
> 台人所用船体……联结竹干大如柱者数竿以为筏,载之以大盘桶,使客乘之。舟夫在舻操之,其状甚异。盖台岛无良港湾,风浪如山,险不可名状,如安平港最甚;故非桴船,则不免覆没云。⑥

---

①　[日]鸟居龙藏原著,杨南郡译注:《探险台湾》,远流出版公司(台北)1996年版,第124页。

②　[日]伊能嘉矩原著,杨南郡译注:《平埔族调查旅行》,远流出版公司(台北)1996年版,第104、119、120、144页。

③　蓝鼎元:《纪水沙连》,载蓝鼎元:《东征集》,大通书局(台北)1987年版,第86页。

④　[日]鸟居龙藏原著,杨南郡译注:《探险台湾》,远流出版公司(台北)1996年版,第67页。

⑤　汪大渊著,苏继庼校译:《岛夷志略》,中华书局1981年版。

⑥　[日]佐仓孙三:《台风杂记》,大通书局(台北)1987年版,第25—26页。

二为捕鱼：

> 番人夫妇，乘莽葛射鱼，歌声竟夜不辍。①
>
> 海边渔人，往海取鱼，则用渔舟；至沿海浅处，止凭竹筏。筏上安篷，驾风往来，狎视海涛，浑如潢池。其筏长约三四丈，阔约一丈。②

三则为贸易运输。台湾原住民出于生活需要，常常前往拜访大陆人或其他原住民，进行贸易和物资交换，而以独木舟和竹筏作为贸易运输工具。清代台湾北部的著名贸易港口艋舺（今台北市内），其名便是由"蟒甲"的称谓而来：

> "蟒甲"即独木舟，番语也。台北之"艋舺"，其语源实出于此。乾隆间，大佳腊渐次开拓，华人设肆河畔；摆接番每驾独木舟至此交易，因呼其地为"蟒甲"。后书"艋舺"，尚文也；"艋舺书院"称曰"文甲"。③

可见，独木舟、竹筏这些原始的海洋交通工具，在历史上被原住民广泛用于各种海洋活动，可以说就是台湾原住民海洋文化的代表。

那么，台湾早期原住民所使用的这些独木舟、竹筏等海上交通工具，究竟起源于何处呢？这就需要从台湾早期海船的构造与制作手法出发进行研究。根据著名历史人类学家凌纯声先生等人的分析，东亚、太平洋、南美等地的竹筏，在桅、帆、桨、插板等装置的构造与使用方式上都十分相近，估计是同出一源。而当中使用竹筏历史最为久远者，莫过于中国。早在公元前5世纪左右，中国人便已具备了利用竹筏进行远洋航海的能力。《说文解字》记载，"孔子曰：道不行，欲之九夷，乘桴浮于海，有以也"。越王勾践迁都琅琊，也曾派遣大军"伐松柏以为桴"。④ 竹筏在南美洲的读音 balsa 和在

---

① 郁永河：《裨海纪游》，大通书局（台北）1987年版，第44页。
② 朱仕玠：《小琉球漫志》，大通书局（台北）1984年版，第74页。
③ 连横：《雅言》，海东山房（台南）1958年版。
④ 袁康、吴平：《越绝书》卷8，岳麓书社1996年版。

大洋洲的读音 vaka,很有可能就是来源于中国古代"栊"的读音 bi'wat。[1]学术界还有观点认为,带帆的航海竹筏便是中国东南地区百越族先民渡海来台时所使用的主要交通工具。

台湾原住民海洋文化中的独木舟,也与中国大陆有着千丝万缕的联系。清代台湾史料中,多有对当地原住民所使用的独木舟的描述。黄叔璥《台海使槎录》称:"蟒甲,独木挖空,两边翼以木板,用藤缚之。"[2]陈淑均的《噶玛兰厅志》中也有类似的记载。根据此类记载,台湾原住民所使用的独木舟,是在两侧安装有舟型浮材的边架艇独木舟(Outrigger canoe)。而在我国东南浙、闽、粤、桂沿海的史前和早期历史时期的独木舟遗存中,也存在着许多与边架艇及风帆使用有关的结构痕迹,[3]特别是在浙江萧山跨湖桥发现的距今约8200—7500年的独木舟遗存,有着比较完整的边架艇独木舟结构。可以说,两岸古代的独木舟同出一源,属于一个系统的独木舟文化。

二、台湾地区帆船的出现

木板船是在独木舟和筏的基础上发展而来的。由于独木舟与筏的容量偏小,随着时间的推移已经不能满足日益增加的人类活动的需要。于是人们开始对其进行改造,最终导致了木板船的诞生。木板船出现后,人们又在船上安装了风帆,使其航行速度和活动范围都大大增加。这就是我们熟悉的木帆船。虽然台湾地区的帆船制造业到了17世纪郑氏政权统治时期才开始逐步形成,但在此之前,来自于中国大陆的帆船已经频繁活动于台湾海域。这种帆船活动,打破了台湾对外相对闭塞的状态,令台湾与大陆建立起越来越广泛的海上联系。

中国大陆的帆船历史悠久,早在汉代,国人已在木板船上加装风帆和桅

---

① 参见凌纯声:《台湾的航海帆筏及其起源》,载凌纯声:《中国远古与太平印度两洋的帆筏戈船方舟和楼船的研究》,"中央研究院民族研究所"(台北)1970年版,第77—99页。

② 黄叔璥:《台海使槎录》,大通书局(台北)1984年版,第140页。

③ 吴春明:《中国东南与太平洋的史前交通工具》,《南方文物》2008年第2期。

杆,以利用风力辅助船只航行。东汉刘熙《释名》中载:"随风张幔曰帆",
"舡前立柱曰桅"。① 三国时期,吴国人万震在其所著《南州异物志》中,对
中国南海地区的帆船有过如下叙述:

> 外徼人随舟大小,或作四帆,前后沓载之。有卢头木叶如牖形,长
> 丈馀,织以为帆。其四帆不正前向,皆使斜移,相聚以取风吹。风吹后
> 者,激而相射,亦并得风力。若急,则随宜减灭之也。斜张相取风气,而
> 无高危之虑,故行不避迅风激波,所以能疾。②

由上可见,三国时期南海地区的帆船技术已相当成熟。虽然万震所
记述的帆船可能并非吴国所有,不过"此种多帆设备及驾帆能力,若非中
国人之特长,至少为汉民族所熟谙,且有相近之能力。"③东吴黄龙二年
(230年),吴主孙权"遣将军卫温、诸葛直将甲士万人浮海求夷洲及亶
洲……但得夷洲数千人还。"④夷洲指的便是台湾,这是历史上比较确信
的关于船只前往台湾的最早文字记录。隋朝时期,隋炀帝曾多次派船前
往流求,试图收服当地土著。隋大业六年(610年),陈棱、张镇周率军渡
海征讨流求,获当地人口千余。学术界多数人认为,流求就是今日的
台湾。

到了宋元时期,在中国海洋交通贸易活动趋于鼎盛的大环境推动下,中
国帆船的制造技术又有了进一步的提高,这也为大陆帆船横越海峡,在台湾
地区长期、经常地从事各种海洋活动创造了前提。

宋元时期中国海船的船型已经相当巨大,根据徐兢《宣和奉使高丽图
经》中的记载,福建所制造的"客舟",长约十余丈、宽二丈五尺、深三丈,
载重可达二千斛(约合120吨),"其制皆以全木巨枋挽叠而成。上平如

---

① 刘熙:《释名》,中华书局1985年版。
② 万震:《南州异物志》,载李昉:《太平御览》卷771,上海古籍出版社2008年版。
③ 李约瑟著,陈立夫译:《中国之科学与文明》第12册,商务印书馆(台北)1980年版,第40页。
④ 陈寿原著,裴松之注:《三国志》卷47,中华书局2002年版,第1136页。

衡,下侧如刀,贵其可以破浪而行也","每船十橹,大桅高十丈,头桅高八丈,后有正桅,大小二等"。① 1974 年在泉州后诸港出土的宋代海船,残体长 24.2 米,宽 9.15 米,复原后估计船长达 34.55 米,宽 9.9 米,排水量约300 吨。船型的增大,不但增加了船只在台海航行时的稳定性,更使其能够承担大型的航海贸易运输等任务,为台海地区海洋活动规模的扩大奠定了基础。

宋元时期海船制造技术的最大成就,是水密隔舱的出现。由舱板将船只内部分为若干个可以彼此隔绝的舱室,一旦有的舱室进水,危害也不至于扩大到其他舱室,使船只得以维持航行,同时还有时间进行抢修。根据意大利旅行家马可·波罗(Marco Polo)的描述,元代中国泉州的帆船"若干最大船舶有大舱十三所,以厚板隔之,其用在防海险……至是水从破处渥入,流入船舶,水手发现船身破处,立将浸水舱片之物徙于邻船,盖诸舱之壁嵌甚坚,水不能透。然后修理破处,复将徙出货物运回舱中"。② 此外,中国帆船还采用了多层船壳结构,以及榫接法、桐油石灰填缝法等多种技术,这些更大大增加了中国帆船在风涛汹涌的台湾海峡中来往的安全性。宋元时期,大陆帆船已将澎湖群岛作为重要的活动据点,并开始在台湾岛从事捕鱼、贸易等海洋活动。

明代中叶以后,大陆帆船在台湾海域的活动已经常态化。不过在这一时期,外国帆船也开始在台湾出现。在西方大航海时代的探索发现指引下,欧洲殖民者逐渐打开了通往东方的航路,在东南亚地区建立了广阔的殖民地,进而染指台湾。同期,携有日本统治者所颁发的贸易许可证"御朱印状"的日本帆船也将台湾作为其重要的贸易据点之一。1604 年和 1622 年,荷兰殖民者两度侵略澎湖,均为明朝当局所驱逐,后于 1624 年侵占了台湾岛南部地区。1626 年,西班牙殖民者也进占台湾北部。在其后数十年间,荷兰、西班牙、英国等西式帆船与中国、日本帆船同时活跃于台湾,成为台湾帆船史上的一大风景。

---

① 徐兢:《宣和奉使高丽图经》卷 34,中华书局 1985 年版。

② [意]马可·波罗:《马可·波罗游记》,陈开俊译,福建人民出版社 1981 年版。

日本帆船在台湾的活动,要早于西方列强。16世纪后期,倭寇已将台湾当作其袭扰中国东南沿海的据点,"驾八幡船,侵掠中国沿海,深入闽、浙,而以台湾为往来之地"。①日本统治者为了鼓励海外贸易,还建立了御朱印船贸易制度,允许持有官方颁发的特许证(即朱印状)者进行海外贸易,以台湾为重要的海洋贸易据点。

记载这一时期来台的日本朱印船只具体情况的资料并不多,但根据现存的记载来看,实际上带有很浓厚的中国色彩。一些持有日本朱印状来台贸易的商人本身就是中国人,明末中国著名的海商李旦便是其中一员,许多前往台湾的朱印船只都出自他旗下。另一方面,当时的日式帆船"其底平,不能破浪;其布帆悬于桅之正中,不似中国偏桅;机常活,不似中国之定,唯使顺风,若遇无风、逆风,皆倒桅荡橹不能转戗,故倭船过洋,非月余不可",②因此在台湾海上贸易中的作用不及中国帆船。据《巴达维亚城日记》的描述,每年大约有两到三艘日本船只抵达台湾大员(今台南安平)港进行贸易,而这些船都是"戎克船"(Junk),即中国式帆船。③

荷兰殖民者于1624年侵占台湾南部以来,荷兰东印度公司的帆船便以台湾大员港等地为重要据点,从事海上贸易、军事等活动。荷兰帆船体积十分庞大,被中国方面称为"巨舟""夹板船",代表了当时欧洲造船技术的最高水平,其逆风行驶的能力更在中国帆船之上,中国方面的文献记载也对其多有提及。明人李光缙《景璧集》中便有对荷兰帆船的描述：

> 舟长二十余丈、高数丈,双底。木厚二尺有咫,外鋈金锢之。四桅,桅三接,以布为帆,一桅坚,树二□,候风之恬猛为升降。中横一杆,桅上有斗,斗大容四五十人,系绳若梯,上下其间,或瞭远,或有急掷矢石。舟前用大木作照水,后用柁。水工有黑鬼者,最善没,没可行数里。左右两樯列铳,铳大十数围,皆铜铸;中具铁弹丸,重数十斤,船遇之立粉。

---

① 连横:《台湾通史》上册,大通书局(台北)1984年版,第10页。
② 郑若曾:《筹海图编》卷2,中华书局2007年版。
③ [日]村上直次郎原译,郭辉译:《巴达维亚城日记》第一册,台湾省文献委员会(台中)1970年版,第11页。

它器械精利,非诸夷比。①

清人郁永河则称:

其船最大,用板两层,斩而不削,制极坚厚;中国人目为夹板船,其
实圆木为之,非板也。又多巧思,为帆如蛛网盘旋,八面受风,无往不
顺。较之中国帆樯,不遇顺风,则左右戗折(戗读锵,去声;因逆风从对
面来,故作斜行,左右拗折,以趁风力之谓也),欹侧倾险,迂回不前之
艰,不啻天壤。②

荷兰帆船这种善于逆风航行的特点,有利于其在台湾海域复杂的风候
条件下航行,被台湾的荷兰殖民当局用于从事大规模的海上转口贸易活动,
促进了台湾的海洋发展。而另一方面,荷兰殖民者还利用荷兰帆船"舟大
帆巧"的特点,对其他船只进行武装掠夺活动,"商舶虽在百里外,望见即转
舵逐之,无得脱者"。③ 这对其他国家在台湾乃至整个中国东南海域的海洋
活动造成了严重损害。

除荷兰之外,这一时期在台湾有帆船活动的西方国家还有西班牙和英
国。1626—1642 年,西班牙人占据着台湾北部,在淡水和鸡笼(今基隆)建
立了据点,使用克拉克(Carrack)大帆船进行贸易与运输活动。而英国帆船
作为后起势力,则在 17 世纪 70 年代到 80 年代期间取代被驱逐出台湾的荷
兰殖民者,与郑氏政权进行海上贸易活动。

不过,这些外国海上势力虽然对明清之际台湾的海洋发展起到过不可
忽视的作用,但却没有在台湾建立自己的造船业。荷兰占据台湾之初,其船
只维修还需要前往广南等地进行。后来虽然在当地建立了铁匠坊、木材厂
等设施,但仅具备船只的初级维修能力,仍未形成真正意义上的造船业。这

---

① 李光缙:《却西番记》,载李光缙:《景璧集》卷9,江苏广陵古籍刻印社 1996 年版。
② 郁永河:《裨海纪游》,大通书局(台北)1987 年版,第 64 页。
③ 郁永河:《裨海纪游》,大通书局(台北)1987 年版,第 64 页。

使得西方的帆船文化最终未能在台湾扎根，无法对台湾的海船制造与演进产生持续的影响。随着 1662 年荷兰在台殖民统治的终结，西方帆船文化对台湾的影响也逐步减少乃至消失。此后在郑氏政权与清政府的作用下，台湾逐渐建立了以大陆帆船文化为主导的帆船制造业，为台湾帆船文化与大陆的关系奠定了牢固的基础。

三、台湾造船业的建立与台湾帆船的发展

1662 年，郑成功率军驱逐荷兰殖民者，在台湾建立郑氏政权，从此台湾成为郑氏势力的海上抗清基地与商业中心。出于维持海权与发展海外贸易的要求，郑氏政权对于海船的需求量极大，光靠外地修造显然无法胜任，因此建立台湾本地的造船业就成为当务之急。郑经即位后不久，"即檄南北路各镇，著屯兵入深山穷谷中，采办桅舵含檀，令匠补茸修造。旭又别遣商船前往各港，多价购船料，载到台湾，兴造洋艘、鸟船"，①台湾当地的帆船制造业得以建立。清廷于康熙二十二年（1683 年）所缴获的郑将刘国轩名下海船"东本鸟号"，便是由台湾所制造的帆船。从清廷内部对此船情况的报告中，我们可以略知当时台湾的造船水平：

> 据管船官蓝泽供称：小的此船系伪武平侯刘国轩的船。于去年正月间，在台湾制造，拨配白糖二千零五十担、冰糖一百五十担，去年闰六月初一日就台湾开船。闰六月二十三日到日本港发卖白糖、冰糖，共版银一万三千五百二十两，除给目梢辛劳粮蔬银三千五百一十八两五钱外，尚存版银一万零一两□□□。此银就日本买红铜、金版、茶砧、京酒、柿果、栗子、酱瓜、豉、油蜇、鲷鱼、鲦鱼等项，随于去年十二月二十五日，在日本开驾。今年二月二十二日到暹罗，将前项货物发卖。除存红铜一百六十箱，其余共卖过纹银八千三百一十二两七钱七分五厘。除暹罗发给目梢辛劳粮蔬银一千五百二十九两二钱五分五厘，实存银六千七百八十三两五钱二分。小的在暹罗奉本爵主谕吊，将船驾回厦门。

---

① 江日升：《台湾外记》，大通书局（台北）1987 年版，第 237 页。

随将原银买置船锡、苏木、胡椒、象牙等项,并目梢货物,现开在册。于今年六月初一日,就暹罗开驾。此七月十四日□□□外,有把口哨船盘问,令小的将船驾入内□,□十五日湾泊厦门港内。小的船上目(梢)共八十三人,花名并炮火、军器等项,现开在册。其船号为东本鸟。船长七丈七尺,阔二丈四尺余,深一丈五寸。船头至船尾,大小共二十五舱。逐项照实供报,并无隐漏,所供是实等情。①

可见,在郑氏政权末期,台湾至少已经初步具备了建造船长在七丈以上的中型帆船的能力,并将其用于同日本、暹罗等地的远洋贸易活动,显示了台湾帆船制造业的进步。这促进了郑氏时期台湾海上贸易活动的发展,也为大陆的帆船文化在台湾打下了坚实的根基。清朝统一台湾之后,台湾的造船业开始纳入到全国体制当中。统一之初,台湾水师舰船的建造与维修是由福建福州、漳州船厂负责,雍正三年(1725 年),闽浙总督觉罗满保奏准朝廷,在台湾建立官方船厂,负责台澎水师 98 艘舰船的修造。台湾船厂之造船、修船,均照福建规制办理;工程所需物料与工匠的调派,在相当程度上也要仰仗大陆,可见清代台湾造船业与大陆之间的紧密联系。

明清时期,大陆帆船文化逐渐发展为台湾海洋文化的重要组成部分。在这一时期,中国帆船制造技术又有了进一步发展,已经形成了以沙船为代表的平底船和以福船、广船为代表的尖底船两大主要船型。沙船又名"防沙平底船",历史悠久,常见于中国长江口以北地区。船体头尾皆方,吃水浅,抗沉性好,载重量大,适合浅海沙洲地形。"福船,是福建、浙江沿海一带尖底海船的统称,其所包含的船型和用途相当广泛。"②福船船体高大,吃水深,"耐风涛,且御火","能容百人。底尖上阔,首昂尾高,柁楼三重,帆樯二,傍护以板,上设木女墙及砲床。中为四层:最下实土石;次寝息所;次左右六门,中置水柜,扬帆炊爨皆在是,最上如露台,穴梯而登,傍设翼板,可凭

---

① 《兵部残题本(刘国轩货船投诚)》,载《郑氏史料三编》,大通书局(台北)1984 年版,第 217—218 页。

② 曲金良主编:《中国海洋文化史长编·明清卷》,中国海洋大学出版社 2012 年版,第 261 页。

以战。矢石火器皆俯发,可顺风行",①是用于远洋航行的大型船只。广船是广东一带生产的大帆船,较福船更为高大,"其坚固亦远过之,盖广船乃铁栗木所造",②但操作不如福船稳当。

作为经营远洋海上贸易的闽南海商集团,郑氏海上势力所使用的海船自以福船为主。在 17 世纪日本人所绘制的《唐船之图》(现收藏于日本长崎县平户市松浦史料博物馆)当中,对于来日贸易的中国船只资料有着详细的记录,当中便包括台湾郑氏的海船。图卷中记录的台湾船长 29.47 米,船头高 7.85 米,船尾高 6.33 米,首尾两端高翘,有龙骨,为尖底船,这些特征都与福船十分相似。"与画卷上其他中国来船所不同者,为其舵楼只有一层,覆以篾蓬以蔽日晒雨淋,船头高耸而无封板,船体曲线是画卷之中最优美者。由图面判断,应属当时最惯用的蜑船型福船。"③日本人也将此船与其他中国船只统称为"唐船",以与荷兰、西班牙之"兰船"相区分,由此可知台湾帆船确实与大陆有着深厚的渊源。郑氏时期在台湾活动的船只,具体细分起来还可分为鸟船、赶缯船、艍船等诸多船型。1683 年清郑澎湖海战时,刘国轩所领郑军水师当中便包括"大小炮船、鸟船、赶缯船、洋船、双帆艍船,合计二百余号。"④

清廷统治台湾期间,台湾海船的种类更趋多样化。"中国式帆船中的战船、商船、渔船,其同一种类型船只的形态相同,并无差别,如赶缯船型,由水师操驾者即称赶缯战船。"⑤船只其实多为战、商、渔通用。彼此之间称呼又多混杂,有依航行地区而得名,也有依船只外观而得名,因此分辨不易。而以船型区分,其主要船型大约可分为赶缯船、艍船、梭船等数种。

赶缯船是清代台湾最主要的船型之一,原来是渔民所使用的船舶,"赶

① 张廷玉:《明史》卷 92,中华书局 1974 年版。
② 郑若曾:《筹海图编》卷 13,中华书局 2007 年版。
③ 曾树铭、王世婷、陈政宏:《明郑时期台湾船舰之初步研究》,《海洋台湾与郑氏王朝学术讨论会论文集》2007 年 6 月 15 日。
④ 施琅:《飞报大捷疏》,载施琅:《靖海纪事》,大通书局(台北)1987 年版,第 27 页。
⑤ 李其霖:《清代台湾的战船》,载刘石吉等主编:《海洋文化论集》,"国立中山大学人文社会科学研究中心"(高雄)2010 年版,第 275 页。

缯"即追赶渔网之意。赶缯船船型高大,因此被用于充当战船,又称"犁缯船"。编订于清代乾隆年间的《钦定福建省外海战船则例》共计22则(现存11则),其中多达16则都在记载各种型号的赶缯船修造,当中除为旅顺金州水师营建造的3艘大赶缯船之外,对其余各型赶缯船的数据记载均十分详细。现将其按编号1—11列表对比如下(见表1-1):

表1-1 清代福建省各型赶缯船数据对比表

编号	船长	船头				船中			船尾				船深
		长	面匀宽	底匀宽	高	长	面匀宽	底匀宽	长	面匀宽	底匀宽	高	
1	4丈6尺	1丈8尺	8尺8寸	8尺	4尺	1丈6尺	1丈3尺2寸	1丈2寸	1丈2尺	1丈2尺6寸	9尺4寸	3尺	4尺3寸
2	5丈4尺	2丈3尺	1丈	8尺8寸	4尺5寸	1丈7尺	1丈5尺7寸	1丈9寸	1丈7尺	1丈5尺3寸	1丈9寸	3尺9寸	5尺3寸4分
3	5丈9尺	1丈9尺5寸	9尺6寸	8尺2寸	4尺2寸	1丈6尺	1丈4尺6寸	1丈1尺	1丈5尺	1丈4尺2寸	1丈1尺7寸	3尺	4尺8寸8分
4	5丈5尺	2丈3尺	1丈	8尺8寸	4尺5寸	1丈8尺	1丈5尺7寸	1丈9寸	1丈7尺	1丈5尺3寸	1丈9寸	3尺9寸	5尺3寸4分
5	5丈7尺	2丈1尺	1丈8寸	9尺3寸	4尺5寸	1丈8尺	1丈6尺2寸	1丈1尺4寸	1丈8尺	1丈5尺8寸	1丈1尺4寸	3尺2寸	5尺3寸4分
6	6丈2尺	2丈2尺	1丈1尺3寸	9尺8寸	4尺8寸	2丈2尺	1丈6尺7寸	1丈1尺9寸	1丈8尺	1丈6尺3寸	1丈1尺9寸	3尺5寸	5尺5寸4分
7	6丈5尺	2丈5尺	1丈2尺5寸	1丈1尺	4尺8寸	2丈2尺	1丈8尺4寸	1丈4尺	1丈8尺	1丈7尺4寸	1丈3尺5寸	3尺5寸	6尺1寸4分
8	6丈8尺	2丈5尺	1丈2尺9寸	1丈8寸	4尺8寸	2丈1尺5寸	1丈7尺7寸	1丈2尺9寸	2丈1尺5寸	1丈7尺3寸	1丈2尺9寸	3尺5寸	6尺1寸4分
9	6丈9尺	2丈4尺	1丈2尺3寸	1丈6寸	4尺8寸	2丈4尺	1丈8尺5寸	1丈3尺6寸	2丈1尺	1丈7尺5寸	1丈3尺5寸	3尺5寸	6尺1寸4分

编号	船长	船　头				船　中			船　尾				船深
		长	面匀宽	底匀宽	高	长	面匀宽	底匀宽	长	面匀宽	底匀宽	高	
10	7丈	2丈4尺5寸	1丈2尺7寸	1丈1尺	5尺	2丈4尺5寸	1丈8尺9寸	1丈4尺	2丈1尺	1丈7尺9寸	1丈3尺5寸	3尺8寸	6尺2寸7分
11	7丈3尺	2丈7尺5寸	1丈3尺1寸	1丈1尺4寸	5尺	2丈4尺5寸	1丈9尺3寸	1丈4尺4寸	2丈1尺	1丈8尺3寸	1丈4尺	3尺8寸	6尺4寸3分

资料来源:《钦定福建省外海战船则例》,大通书局(台北)1987 年版。

而根据《清朝通典》的记载,到了雍正年间,"福建大号赶缯船船身长九丈六尺,板厚三寸二分,身长八丈,板厚三寸九分。二号赶缯船船身长七丈四尺及七丈二尺,板均厚二寸七分"。[①] 通过以上数据,我们可对清代各型赶缯船之形状规格有所认识。在清道光年间成书的《金门志》当中,对于赶缯船有着更加形象具体的描述:

　　盖赶缯之制,其蜂房、舣墙即古之楼船巨舰。敌舟之小者相遇,或冲犁之、横压之,敌既难于仰攻,我则易于俯击。然利于深水,若风潮阻难,不便回翔,亦不能泊岸,须假小船接渡。……大赶缯之制,长十丈、广二丈,首昂而口张。两旁为舣,护以板墙,人倚之以攻敌。左右设闸,曰水仙门,人所由处;左曰路屏,右曰帆屏(泊船即架帆于此)。中官厅,祀天后。厅左右小屋各三间,曰麻篱。厅外,总为一大门。出官厅,为水舱。左旁设厨灶,置大水柜。水舱以前格舱为六,迄大桅根格堵,乃兵士寝息所。下实米石沙土,以防轻飘。口如井,版盖之。桅高十丈,篾帆、律索、插花皆备。别有小舱二格,乃水手所居。头桅亦挂小帆,短于大桅。头桅前即鹢首,安椗三个。椗用铁梨木,重千斤;棕绹百数十丈,有铁钩曰碇齿,以泊船者。厅中格曰圣人龛,安罗盘(即指南

① 《清朝通典》卷78,新兴书局(台北)1965 年版。

针),以定方向。后曰舵楼,左右二小屋。舵楼右小桅挂帆,曰尾送。另备小艇一,曰杉板,以便内港往来;大船行,则收置船上(船小,即佩带杉板于船旁)。①

除赶缯船之外,艍船和梭船同样是清代台湾的主要海船。艍船比赶缯船体积略小,大都为双篷,也被称为"艍缯船"或"双篷艍船"。据《清朝通典》所载,雍正年间所制福建"双篷艍船身长六丈,板厚二寸二分"。② 而福建水师"顺"字号白底艍船身长六丈四尺,宽一丈八尺;"济"字号白底艍船身长五丈五尺,宽一丈五尺。③ 艍船与赶缯船船型相近,用途也类似,除在民间主要用于捕捞之外,也被官方充作运粮船与战船之用。

梭船则是同安地区商船,因操作便利,船体坚固,适合台湾海域的运输、捕捞、缉盗等各种海上活动,而逐渐成为清代台湾的主要船型之一。清嘉庆皇帝便认为"闽洋捕盗,全赖船只驾驶得力,方于捕务有益。温承惠现询据水师将备,以必得大同安梭船六十号,其坚固与商船相等方能驾驶得用……著派委熟习船工将弁会同文员监造,梁头以二丈六尺为度;务期料实工坚,足资冲风破浪之用"。④ 清代同安梭船类型不一,大小也各不相同。以水师用船为例,梭船型号便有多种,一号同安梭船身长七丈二尺,宽一丈九尺,二号同安梭船身长六丈四尺,宽一丈六尺五寸,三号同安梭船身长五丈九尺,宽一丈五尺五寸。更为大型的则是大横洋梭船,又分为"集"字号与"成"字号二类。前者身长八丈二尺,宽二丈六尺,后者身长七丈八尺,宽二丈四尺。

另一方面,两岸统一后,由于清廷长期实行台陆间指定正口对渡的政策,台湾的海上贸易交通对象基本限定为中国大陆。因此随着两岸船只往来交流的日益频繁,清人也将这些从事两岸间商务运输等活动的海船,按照

---

① 林焜熿:《金门志》,大通书局(台北)1984年版,第95页。
② 《清朝通典》卷78,新兴书局(台北)1965年版。
③ 陈寿祺:《福建通志》卷84,华文书局股份有限公司(台北)1968年版。
④ 《清仁宗实录选辑》,嘉庆十一年五月二十三日,大通书局(台北)1984年版,第81—82页。

航行大陆目的地的不同而加以分类。其主要类别，可分为"横洋船"与"贩艚船"二类：

> 横洋船者，由厦门对渡台湾鹿耳门，涉黑水洋。黑水南北流甚险，船则东西横渡，故谓之"横洋"。船身梁头二丈以上，往来贸易，配运台谷，以充内地兵糈。台防同知稽查运配厦门，厦防同知稽查收仓转运。横洋船亦有自台湾载糖至天津贸易者，其船较大，谓之"糖船"，统谓之"透北船"。以其违例，加倍配谷。贩艚船又分南艚、北艚。南艚者，贩货至漳州、南澳、广东各处贸易之船。北艚者，至温州、宁波、上海、天津、登莱、锦州贸易之船。船身略小，梁头一丈八九尺至二丈余不等，不配台谷，统谓之"贩艚船"。道光十年，令贩艚船公雇船只，配运台谷。后裁。①

这种以航行大陆目的地和从事两岸间海洋活动类别来区分台湾帆船的标准，反映了清代台湾帆船与大陆之间的紧密联系。而除了从事跨海航行的大型船只之外，台湾还有一些船型较小的船只，主要负责岛内的航行、运输、贸易活动。包括艋舺船、杉板头船、一封书船、头尾密船等。许多大型海船中也都配备杉板小船，以便接送乘客货物登岸。虽然按《台阳见闻录》记载，这些小型船只"皆往来南北各港贸易采捕、不能横渡大洋者"。② 但实际上，此类船只"质轻底平，随波上下，易于巡防，随处可以收泊。……商旅贸易，乘艋舺等平底船，在洪涛巨浪中，往来如织。……是在内港既属相宜，即外洋亦可无患"。③ 因此不少人私下利用船型较大的艋舺船和杉板头船乘南风前往厦门、泉州等地进行贸易，称为"透西"。可见两岸间广泛的海洋经贸交流对清代台湾的海船文化影响之深。

从历史上看，台湾的帆船海洋文化与大陆密不可分。大陆帆船在台湾海域的广泛活动与大陆帆船制造业在台湾的建立，促成了两岸之间海上往

---

① 周凯：《厦门志》上册，大通书局（台北）1984 年版，第 166 页。
② 唐赞衮：《台阳见闻录》，大通书局（台北）1987 年版，第 61 页。
③ 黄叔璥：《台海使槎录》，大通书局（台北）1984 年版，第 34 页。

来交流的深入扩大,也为台湾帆船海洋文化的产生和发展确立了基础与方向。可以说,台湾帆船文化就是大陆帆船文化在台湾的延伸。但是,明清时期,大陆中央政权出于维护封建统治需要,长期对民间海上活动和船只制造进行严格限制。如"入清以后,因清廷对民间船只多有限制,使得商、渔船的形态大小受到局限,这间接影响到掠夺船只的海盗,使海盗无法拥有大型船只,因循苟且之下,战船制造的发展即受到约束"。① 虽然民间私制违禁大船同样不在少数,但这种活动毕竟只能在地下进行,且一直受到官府的打击。就总体而言,还是对中国帆船文化的发展势头造成了明显的影响,压制了中国帆船制造水平的提高,从而在长远上阻碍了台湾帆船文化的进一步发展。

四、台湾地区轮船的出现与发展

轮船是使用蒸汽机、内燃机、涡轮机等机械制造动力的船只。最初的轮船利用桨轮(明轮)作为推进工具,因而得名。中国唐朝时期的李皋设计制造过一种战舰,"挟二轮蹈之,翔风鼓浪,疾若挂帆席,所造省易而久固"。② 这种船被称为"车船"或"桨轮船"。其推动方式与早期轮船相近,因此有不少国内外科学家和史学家认为,车船就是近代轮船的始祖。但当时的车船桨轮还只是由人力驱动,因此并不能称之为真正意义上的轮船。

最早的轮船是西方世界工业革命的产物。发生在 18—19 世纪的第一次工业革命以蒸汽机的改良和广泛应用为标志,引导人类进入了蒸汽时代。1807 年,美国工程师富尔顿以蒸汽为动力,制造出轮船"克莱蒙特"号,这是世界上第一艘获得成功的轮船。③ 由于轮船比帆船更加稳定快捷,所以逐渐取代了帆船,成为西方主要的近现代海上交通工具。近代以来,随着台湾各通商口岸的对外开放,以轮船文化为代表的外国近代海船文化也逐渐传

---

① 李其霖:《清代台湾的战船》,载刘石吉等主编:《海洋文化论集》,"国立中山大学人文社会科学研究中心"(高雄)2010 年版,第 305 页。

② 刘煦:《旧唐书》卷 135,中华书局 1975 年版。

③ 在富尔顿之前,有不少科学家也都制造过蒸汽动力的轮船进行试验,但出于技术缺陷等各种原因,均未能得到社会的认同。

入台湾,开始对台湾的海洋文化产生影响。

外国轮船在台湾的活动,其实早在台湾开港之前便已开始。1841 年第一次鸦片战争期间,英国的蒸汽战舰便曾向台湾鸡笼发动进攻,但被当地守军击退。1854 年,美国著名的东印度舰队(即打开日本国门的佩里舰队)也派遣船只来过鸡笼进行调查。台湾开港后,外国军舰从此能随意进出通商口岸,而西方民用轮船公司更是借机进军台湾。"一八六三年在香港所创设之英国德意利士火轮公司……是连结台湾和大陆间的汽船航路先驱的公司。"①该公司于 1867 年开通了连接厦门与台湾的定期航路,这是台湾与大陆之间轮船航运的开始。

这一时期在台活动的西方轮船,以蒸汽轮船(中国称其为"火轮船")为主,以煤作为蒸汽机的燃料。早期来台的西方轮船仍装有风帆辅助航行,后来逐渐完全机械动力化。同时推进器也在不断改进,到了 19 世纪 60 年代,轮船上的明轮已经逐渐被淘汰,改用更加高效的螺旋桨推进器。铁制船身也开始取代最初的木质船身,从而大大提高了船身的坚固程度,并为船体更加大型化提供了条件。对西方火轮船,清人丁拱辰有着这样的描述:

> 将火轮车之机械安于船中,换拨水大轮,伸出舷外,爬水而行。初制甚小,每船仅载数千斛至数万斛,惟专门飞递信息而已。今则愈变愈巧,渐增广大,至可容一万二千坦,亦系烧煤炭火,水沸烟冲,其行甚疾,顺风与逆风相等……昼夜可行七百里,现外国甚盛,至以此为渡船,行旅之往来,藉通紧急。近时更以此为战舰,冲锋破阵,越浅侵入重地,作为前导,远望帆影,转瞬在目。②

相比传统的帆船,轮船的航行不需依赖风力,所以更加方便快捷,也具备更好的安全性和稳定性,因而更能适应台海地区复杂的水文条件和气候

---

① ［日］松浦章著,卞凤奎译:《清代台湾海运发展史》,博扬文化事业有限公司(台北)2002 年版,第 71 页。

② 丁拱辰:《演炮图说辑要》,载吴海鹰:《回族典藏全书》第 225 册,甘肃文化出版社、宁夏人民出版社 2008 年版,第 430 页。

状况。加上轮船在吨位和运载量上的优势，使得它更能满足近代台湾地区海洋交通贸易运输活动深入扩大发展的需要，所以轮船文化很快就发展成为近代台湾海船文化的重要组成部分。根据台湾通商口岸的海关统计，开港后进出台湾口岸的轮船数量一直呈增加趋势，而帆船数则逐步下降。[①]从1880年开始，北部淡水港的进出口轮船数便已超过帆船数，1888年以后，轮船航运在南部的打狗港也开始占据优势，对传统帆船文化在台湾的主导地位形成了强大的挑战。

"船坚炮利"的轮船，为帝国主义列强对中国的海洋军事和经济侵略立下了赫赫功劳，也让清政府逐渐认识到轮船在近代海洋活动当中的重要性，于是开始发展自己的轮船文化。而台湾作为中国东南海上要地，对本国轮船的需要自然也十分迫切。1866年，闽浙总督左宗棠在福建马尾创立福州船政局，引进英法等国机器设备与技术人员，先后制造多艘近代轮船，为台湾的海防与海上交通航运提供了重要支持。1874年日军入侵台湾时，清朝派遣由福州船政局所制造的"扬武号"等多艘军轮前往增援当地防务，运送人员物资。1881年，"永保"、"琛航"二轮开始直航于台湾与福州之间，承担客运货运业务。这些都对中国轮船文化在台湾的形成与发展产生了影响。

1885年台湾省建立后，清廷首任台湾巡抚刘铭传认为"台湾面面皆海，臣等察看各口及往来通信，断非轮船不行"，[②]十分重视对轮船的添购与使用。"台北本有伏波、威利、万年青轮船三艘，运载木料砖瓦，办理炮台城署各工"，[③]另有"海镜"一轮供澎湖使用。又购得德国轮船一艘，起名"威定"。"威定"轮"长一百七十尺，机器船身，甫用六年，均属坚固，……较威利短二十余尺，而船身稍阔"。[④] 后因旧有船只折损严重，再以每船十八万

① 参见黄富三等：《清末台湾海关历年资料》，"中央研究院台湾史研究所"（台北）1997年版。

② 刘铭传：《请拨兵商各轮船片》，载刘铭传：《刘壮肃公奏议》，大通书局（台北）1987年版，第252页。

③ 刘铭传：《添购轮船片》，载刘铭传：《刘壮肃公奏议》，大通书局（台北）1987年版，第253页。

④ 刘铭传：《添购轮船片》，载刘铭传：《刘壮肃公奏议》，大通书局（台北）1987年版，第253页。

两的价格添购"驾时"、"斯美"两艘快船，"船身各长二百五十英尺，纯为钢质制成，每点钟能行十五六诺，装兵运货，便捷异常"，①作为载客运货的商轮之用。除运输轮船之外，尚有"飞捷"号水线轮船，原亦负责闽台间航运，1887年台湾岛内以及与大陆之间的水路电线开通后，"飞捷"号"专修水线"，不再担负运输工作。此外，台湾还曾从香港购造"南通""北达""前美""如川"四艘小型轮船，船长七丈到十丈不等，用于澎湖、安平、淡水（沪尾）等各海口，"缉捕运输，兼通文报"。②刘铭传还在台湾建立邮政局和通商局，利用这些轮船经营官办轮船贸易、航运、邮政等事业，打破了外国轮船文化在台湾的垄断局面，实现了本土轮船文化在台湾的初步发展。

但是，近代中国的轮船文化，毕竟尚处于起步阶段。由于当时中国自主设计轮船能力不足，船只多为依照西式轮船图纸进行仿造。且由于资金技术方面的种种局限，大部分自产船只性能有限，事故耗损严重，补充维修也面临诸多困难。而台湾省内的本土轮船制造业更是尚未建立，只能向他国购买或从别处调派。再加上1891年邵友濂接任台湾巡抚之后，苦于台湾省财政窘迫，转而采取紧缩政策，台湾官办轮船业也被废止。这些都使得近代中国的台湾轮船文化水平还停留在比较低下的水平，尚未形成自己独立的优势和特点，总体上仍然处于被西方强势轮船文化所压制的状态，也影响了近代台湾海船文化的全面发展。

第二节　台湾的航海技术与大陆

船只发明之后，便被人们用于各种海洋活动。而在长年的海上活动中，人们逐渐摸索到了在海中航行的方法，并对其不断进行改良，从而使自己能够更好地探索与开发海洋。早期台湾原住民虽然已经掌握了原始的航海技

---

① 刘铭传：《变售旧轮船以资新购折》，载刘铭传：《刘壮肃公奏议》，大通书局（台北）1987年版，第255页。

② 刘铭传：《购造小船片》，载刘铭传：《刘壮肃公奏议》，大通书局（台北）1987年版，第256页。

术,却未能在此基础上更进一步。直到国人将大陆的航海技术传播到台湾,才使得当地的航海技术更上了一个台阶,并从此走上持续发展的轨道。航海技术的发展,是台湾被发现并融入到中国乃至整个世界海洋体系当中的重要原因,为台湾海洋文化的发展提供了重要的推动作用。

一、海洋导航技术

人们出海航行,第一要务就是辨明方位,只有随时掌握自己在海中所处的大致位置,才不至于在茫茫大海中迷失方向,无法完成航行目的,乃至遭遇不测。因此掌握海洋导航技术,对于航海来说至关重要。

中国作为海洋活动历史悠久的大国,航海导航技术的发展起步很早。在近海航行当中,人们主要是把沿岸、岛屿的地理景观作为方位参照物,通过景观的变化来判断自己的位置与移动方向。但如果要在大洋当中航行,由于陆地多远在视野之外,此类地理导航方法有时便不再适用。在这种情况下,天上的日月星辰就成了航海者新的参照物。这可以说是天文导航技术的原始形态。早在汉代,中国人民就已经可以比较熟练地通过日月星辰在海中辨别方向。《淮南子·齐俗训》曰:"夫乘舟而惑者,不知东西,见斗极则寤矣。"[1]在班固所著的《汉书·艺文志》中,也多有对此类书籍的记载,如《海中星占验》《海中五星经杂事》《海中五星顺逆》《海中二十八宿国分》《海中二十八宿臣分》《海中日月彗虹杂占》等。[2] 可见当时天文导航技术的水平。天文与地理导航技术的结合,大大地提高了国人的航海能力。三国时期吴国卫温所率领的大型船队,便是在此种导航技术的支持下到达台湾的。汉代以后,中国的海洋测量技术也有了初步的发展。晋朝人刘徽著《海岛算经》,书中介绍了从陆上测绘海岛高度与距离的方法,"凡天之高,地之广,星辰之远,江海之深,敌营之遐迩,师旅之多寡,皆可以测量知之"。[3]

宋元时期,随着海外贸易活动的日趋发达,中国航海技术的发展也进入

---

① 刘安:《淮南子》,中州古籍出版社 2010 年版。
② 班固:《汉书》卷 41,中华书局 1962 年版。
③ 陶澍:《重差图说序》,载陶澍:《陶文毅公(澍)集》卷 36,文海出版社(台北)1968 年版。

了一个高峰。而其中最大的突破，便是指南针在航海中的应用。早在战国时代，中国人便利用磁铁石的特性，发明了可以指示方向的"司南"。"司南之杓，投之于地，其柢指南"，①这便是指南针的雏形。宋代以来，这种技术被逐渐运用到航海活动当中，用来弥补天文导航技术的不足，"舟师识地理，夜则观星，昼则观日，阴晦观指南针"。② 后来人们将其与罗盘配合使用，逐步作为航海者在海中辨别方向的主要手段。"舟舶往来，惟以指南针为则。昼夜守视惟谨，毫厘之差，生死系矣。"③另一方面，海洋测量与测绘技术也有了进一步发展，宋代航海者已掌握测量水深的初步方法，"或以十丈绳钩，取海底泥嗅之，便知所至"。④ 人们在这一时期还开始运用测量技术绘制海图，用更加直观的形式表现海陆状况与海中位置方向。航海技术的发展与完善，为宋元时期大陆船只来台从事各种海洋活动，以及台湾海上交通的开拓发展提供了技术上的保证。

明清时期，国人已经掌握了能够利用天上星辰位置与其在海平面上的高度角来确定船只航行方向位置的"牵星术"，而对于海洋导航技术的运用水平也有了进一步提高。据《东西洋考》记载："鼓枻扬帆，截流横波，独恃指南针为导引，或单用或指两间，凭其所向。荡舟以行，如欲度道里远近，多少准一昼夜，风利所至，为十更，约行几更，可到某处。又沉绳水底，打量某处水深浅，几托。（《方言》谓：长如两手分开者，为一托。）赖此暗中摸索，可周知某洋岛所在，与某处礁险，宜防，或风涛所遭，容多易位，至风静涛落，驾转犹故，循习既久，如走平原，盖目中有成算也。"⑤可见当时国人已经在长期实践中积累了丰富的航海经验，对导航定位技术的运用也越发自如。

随着明清时期两岸间海上交流往来活动的日益频繁，国人也逐渐总结出了一套适用于台湾海域的航海导航定位方法。清代来往于两岸之间的海船，所依靠的导航定位方式主要有以下数种：

---

① 王充：《论衡》卷17，上海人民出版社1974年版。
② 朱彧：《萍州可谈》卷2，中华书局1985年版。
③ 赵汝适：《诸番志》，大通书局（台北）1984年版，第57页。
④ 朱彧：《萍州可谈》卷2，中华书局1985年版。
⑤ 张燮：《东西洋考》卷9，中华书局1981年版。

首先是依靠北极星等星宿高度位置来确定船只航行方位,高拱乾《台湾府志》曰:"行舟者,皆以北极星为准。"①另一重要导航方式则是指南针,如"黑夜无星可凭,则以指南车按定子午;是以天门测海道也"。《台海使槎录》则称:"放洋全以指南针为信;认定方向,随波上下,曰针路。船由浯屿或大担放洋,用罗经向巽己行,总以风信计水程迟速。"②

而由于"台厦重洋,往来之舟,水程颇近,中有澎湖岛屿相望",③因此地理导航之法在两岸海上航行当中同样发挥着重要的作用,"望见彭湖西屿、头猫屿、花屿,可进;若过黑水沟计程应至彭湖,而诸屿不见,定失所向,仍收泊原处候风信。由彭湖至台湾向巽方行,近鹿耳门隙仔,风日晴和,舟可泊;若有风,仍回彭湖"。④ 国人还在台海交通要道上设置灯塔,以为夜间航行的船只指引方向。乾隆年间,在台湾知府蒋元枢与澎湖通判谢维祺的主持下,于澎湖西屿岛上建造灯塔,"石塔七级,座约五丈,每夜燃灯,光照海上。是为灯塔之始"。⑤ 到了近代,台湾安平、打狗、恒春等地也先后修筑了灯塔,以适应国际航海通商活动的发展需要。

另外,在台湾某些重要港口水道,还使用浮标等工具进行导航。如清代台湾最主要的海港鹿耳门,其水道崎岖狭窄,"两舟不能并驶;稍不慎,冲搁沙线,舟立碎"。⑥ 为了能够安全出入港口,人们在鹿耳门水道两侧插上竹木,用黑、白两色布标记,名曰"荡缨",以为船只导航浮标,并随着水道状况的变化而调整标记的数量和位置,以便出入趋避。还有的船只进港时,招引小船进行领航,称为"招船"。

明清时期航行于两岸之间的航海者,已能灵活运用上述几种导航方法,并辅以沙漏计更、投木测流、铅锤度深等定位方式,以测定航程与方位距离:

---

① 高拱乾:《台湾府志》,大通书局(台北)1984 年版,第 25 页。
② 黄叔璥:《台海使槎录》,大通书局(台北)1984 年版,第 13 页。
③ 王必昌:《重修台湾县志》,大通书局(台北)1984 年版,第 51 页。
④ 黄叔璥:《台海使槎录》,大通书局(台北)1984 年版,第 13 页。
⑤ 连横:《台湾通史》上册,大通书局(台北)1984 年版,第 536 页。
⑥ 丁绍仪:《东瀛识略》,大通书局(台北)1987 年版,第 51 页。

按海洋行舟,以磁为漏筒,如酒壶状,中实细沙,悬之,沙从筒眼渗出,复以一筒承之,上筒沙尽,下筒沙满,更换是为一更。每一日夜共十更。每更舟行可四十余里。而风潮有顺逆,驾驶有迟速;以一人取木片赴船首投海中,即从船首疾行至船尾,木片与人行齐至为准。或人行先木片至,则为不上更;或木片先至,人行后至,则为过更。计所差之尺寸,酌更数之多寡,便知所行远近。所至地方,若有岛屿可望,令望向者曰亚班,登桅远望;如无岛屿可望,则用棉纱为绳,长六七十丈,系铅锤,涂以牛油,坠入海底,粘起泥沙,辨其土色,可知舟至某处。其洋中寄椗候风,亦依此法。倘铅锤粘不起泥沙,非甚深即石底,不可寄泊矣。①

此外,在台湾海峡的不同洋面,其海水颜色与海洋生物活动也存在着差别,"由大担出洋,海水深碧,或翠色如靛。红水沟色稍赤,黑水沟如墨,更进为浅蓝色。入鹿耳门,色黄白如河水。泛海不见飞鸟,则渐至大洋;近岛屿,则先见白鸟飞翔"。② 这也被航行者用于作为判断船只位置的依据。明朝将领沈有容率船队渡海征台时,"行一日夜,计程应望见彭湖山,而浩浩森森,绝不见端倪。长年三老,大有忧色。少选,忽见一飞鸟,三老喜曰:'有飞鸟,山且必近'。已忽远望见东南海中有一点青螺黛,则为飓风飘而已过彭湖矣"。③

另一方面,明清时期海图测绘的发展,也为台海航行提供了更多的便利。随着明代西方殖民者的东来,西方地理海图测绘技术也传入了台湾。17世纪荷兰殖民统治台湾时期,"其时荷兰人所最关心的,是希望在台湾能展开中国贸易。故据台当初所测绘地图,由于实际的需要,关于中国沿岸、澎湖岛、大员等地海图为多"。④ 从现荷兰海牙国家档案馆中收藏的众多荷据时期台湾海图来看,其当时的海图测绘技术已经达到了相当精确的程度。

① 王必昌:《重修台湾县志》,大通书局(台北)1984年版,第51页。
② 黄叔璥:《台海使槎录》,大通书局(台北)1984年版,第10页。
③ 屠隆:《平东番记》,载沈有容:《闽海赠言》,大通书局(台北)1987年版,第22页。
④ 曹永和:《欧洲古地图上之台湾》,载曹永和:《台湾早期历史研究》,联经出版事业公司(台北)1969年版,第332页。

虽然测绘技术不如西方,但国人测绘的台湾海图在这一时期也开始出现。明末郑成功收复台湾时,其庞大舰队之所以能成功从鹿耳门水道突入,便是有赖于何斌所献之台湾地图的指引。绘制于清代康熙年间的"澎台海图",描绘了台湾西部沿岸地区、澎湖群岛及与台湾相对的大陆沿海地区的海陆状况,雍正八年(1730年)又增补了记事、建制、疆界与海道情况,是现存比较详细的专门描绘台湾海峡海域状况的清代海图。光绪年间,台湾兵备道夏献纶编成《台湾舆图》一书,内含台湾各县山水海陆舆图共12幅,并配以文字说明。这些都为国人在台湾海域航行提供了更加直观的参考。

清代国人航海导航定位技术的发展与运用水平的提高,大大增进了两岸海上航行的效率,使得台陆间的海上交通往来更趋发达,令两岸间的海洋文化联系进一步加深。

二、海洋气象气候观测技术

船只往来海中,对于海洋气象气候的观测尤为重要,"海洋泛舟,固畏风,又甚畏无风。大海无橹摇棹拨理,千里万里,只藉一帆风耳"。[1] 只有充分掌握了海洋气象气候的变化规律,才能对各种有利或不利于海上活动的气象条件作出提早准备和及时反应,从而提高航行效率,保障航海安全。

中国的气象观测技术起步很早。从商代以来,中国人便已开始观察划分风向与风力的种类级别,并归纳其与季节时令的关系。《周礼》称:"保章氏掌天星,以志星辰、日月之变动,以观天下之迁,辨其吉凶。……以十有二风,察天地之和命,乖别之妖祥。"[2]而在风帆发明后,这种对风向、风力的辨认和预测,也成为航海技术的重要内容。人们将这种知识运用到航海当中,以便针对风汛的状况作出相应的调整,为船只的航行创造更加安全便捷的条件。东汉应劭《风俗通义》称:"五月有落梅风,江淮以为信风。"[3]说明当时人们已经对季风有所认识。宋元时期以后,国人已经可以熟练地利用季

---

① 郁永河:《裨海纪游》,大通书局(台北)1987年版,第5页。
② 郑玄:《周礼注疏》卷3,上海古籍出版社2010年版。
③ 应劭著,王利器校注:《风俗通义校注》,中华书局2010年版。

风进行航海活动。季风的发现和利用，是海洋气候观测技术的一大进步，对于指导国人在台湾海域的海上活动有着重要的意义。

明清时期，人们对于台湾海域的气象气候条件及其变化状况已经有了比较全面深入的了解。沿海居民与航海者们为了更好地从事各种海洋活动，十分注重对海洋气候变化状况的搜集，积累了丰富的经验。明代人便已认识到台湾海域"隆冬多风，不宜渡海"，冬季北风易作，船只过澎（湖），"则视风进止矣"。① 同时还能对海上的风势变化作出准确的判断，"日将晡，君登舵楼，望遥山，有黑云一片方起，心知是风征也……至夜，果大风，巨浪滔天"。② 而清代台湾方志中，多附有"风潮""占验"等篇，这些都是人们经过长期观测之后，对台湾海域的气象气候特点和变化规律所作出的归纳与总结。

明清时期人们对于台湾海域气象气候的观测分析，其对象主要可以分为以下几类：

一为风候。当时的航海者对台湾海域的台风、季风等风候气象已经相当熟悉，并清楚地认识到其对海上活动的影响。如郁永河在《裨海纪游》中便对台风的特点与变化规律作过详细的描述：

> 海上飓风时作，然岁有常期；或逾期、或不及期，所爽不过三日，别有风期可考。飓之尤甚者曰台，台无定期，必与大雨同至，必拔木坏垣，飘瓦裂石，久而愈劲；舟虽泊澳，常至齑粉，海上人甚畏之，惟得雷声即止。占台风者，每视风向反常为戒：如夏月应南而反北，秋冬与春应北而反南（三月二十三日马祖暴后便应南风，白露后至三月皆应北风；惟七月北风多主台），旋必成台，幸其至也渐，人得早避之。又曰：风四面皆至曰台。不知台虽暴，无四方齐至理；譬如北风台，必转而东，东而南，南又转西，或一二日、或三五七日，不四面传遍不止；是四面递至，非四面并至也。飓骤而祸轻，台缓而祸久且烈。又春风畏始，冬风虑终；

---

① 陈第：《舟师客问》，载沈有容：《闽海赠言》，大通书局（台北）1987年版，第29、30页。

② 屠隆：《平东番记》，载沈有容：《闽海赠言》，大通书局（台北）1987年版，第22页。

又六月闻雷则风止,七月闻雷则风至;又非常之风,常在七月。而海中
鳞介诸物游翔水面,亦风兆也。①

　　而台湾海域的季风同样是航海者所关注的重要对象,对其风向、风力及
变化特点都有着很充分的了解:

　　　　清明以后,地气自南而北,则以南风为常风;霜降以后,地气自北而
　　南,则以北风为常风。若反其常,则台飓将作,不可行舟。
　　　　南风壮而顺,北风烈而严。南风多间,北风罕断。南风驾船,非台
　　飓之时,常患风不胜帆,故商贾以舟小为速;北风驾船,虽非台飓之时,
　　亦患帆不胜风,故商贾以舟大为稳。②

　　在台湾不少方志中,甚至还将一年当中风暴易发的日期都作了标注,时
间精确到每月每日,以供出海者参考。虽未必完全准确,但可见台湾当时的
海洋风候观测已经相当深入。
　　二为潮汐洋流。台湾海域的潮汐洋流,对于船只的海上航行与入港出
港都有着明显的影响,因此欲行海上,"潮汐不可不知也"。国人很早便已
发现月亮与潮汐之间的关系。东汉著作《论衡》曰:"涛之起也,随月盛衰,
小大满损不齐同。"③这一知识自然也被运用到台海潮汐的观测上:

　　　　以水从月,最为精确。验之台海,月初上而潮生,月中天而潮平,月
　　落则汐而复长。晦朔之交,月行差疾,则潮渐大;望亦如之。月弦之际,
　　其行差迟,则潮之去来合沓不尽。朔后三日,明生而潮壮;望后三日,魄
　　具而潮涌。仲春月落,水生而汐微;仲秋月明,水落而潮倍。极阴而凝,
　　盛于大寒;畏阳而缩,弱于大暑。阴阳消长,毫厘不差。其视同安、金、
　　厦潮汐较早一时者,则地处东南,月常早上。初二、十七日夜初昏,即临

---

①　郁永河:《裨海纪游》,大通书局(台北)1987年版,第13—14页。
②　高拱乾:《台湾府志》,大通书局(台北)1984年版,第193页。
③　王充:《论衡》卷16,上海人民出版社1974年版。

卯酉也。若夫晋江去海较远，而潮乃更早。倘所云海之极远者，其得气尤专，故潮亦因之乎？①

根据清代人的观察，"台海潮流止分南北，潮时北流较缓，汐时南流较驶"。② 且台湾南北部情况不同，"从半线以下，潮流过北、汐流过南，与澎湖同；半线以上，则潮流过南、汐流过北矣。惯海者，惟狎知潮候，据其上流方无虞也"。③ 并已推算出台海潮水的具体涨落时刻，清代台湾各方志中多有记录，并附有图解。这证明当时的潮汐观测技术已经达到很高的水准。

三为日、月、星辰、云彩等天象。这些天象时常与晴、雨、风、雾等天气相关，对于海洋活动来说同样有着重要的意义，因而也是航海者观测的主要对象之一，明代张燮《东西洋考》中，便编有"占验"一篇，分为占天、占云、占风、占雾、占电、占日、占月、占海等数种，以测海上未来之晴雨，"备波涛之望气"。④ 此类天象观测方法在台海航行中也被广泛使用，并已达到了相当熟练的程度。如澎湖有经验的渔民会通过观察星辰与云彩状况来判断未来天气是否晴朗，并以此寻找鱼群位置，所谓"鱼星明则海多鱼。或谓星多之方，海鱼亦多。而当天高气清，白云点点作鱼鳞状，则连日晴霁，而海中多鱼。此又海上类然也"。⑤ 台湾的舵师更能根据天象状况，准确预测风信，"乘其将发而辄行者。盖风始发犹未盛，迨盛发时，舟已入澳也。舵师占风，熟极生巧，直是心通造化"。⑥

航海者与沿海居民通过在海洋活动中的长期观测，归纳总结出了一系列台湾海域的气象气候特点和发展规律，寻找其出现或消失前的迹象特征，以为占验未来气象的依据，并以谚语等形式加以传颂，这些都是台湾海洋气象观测的成果。如黄叔璥在《台海使槎录》中便总结称："台湾海域过洋以

① 王必昌：《重修台湾县志》，大通书局（台北）1984 年版，第 75 页。
② 林豪：《澎湖厅志》，大通书局（台北）1984 年版，第 35 页。
③ 高拱乾：《台湾府志》，大通书局（台北）1984 年版，第 196—197 页。
④ 参见张燮：《东西洋考》卷 9，中华书局 1981 年版。
⑤ 林豪：《澎湖厅志》，大通书局（台北）1984 年版，第 47 页。
⑥ 王必昌：《重修台湾县志》，大通书局（台北）1984 年版，第 79 页。

四、七、十月为稳,以四月少飓、七月寒暑初交、十月小春,天气多晴暖故也。六月多台,九月多九降,最忌。"① 而在具体实践中,还需"随时审视云日起色,以卜行止"。② 海洋气象气候观测技术的发展和应用,对于台湾地区海洋活动的开展与两岸海上交流的进行有着重要的指导作用。

三、操船航行技术

船只作为一种海洋航行工具,归根到底需要由人来驾驶。因此操船技术的水平对于船只航行至关重要。尤其在机械自动化操作尚未出现的帆船时代,人力操船技术在航行中的作用就更加明显。航海者在长期的海上生活中锻炼出了优秀的操船航行技术,这使得他们能够克服暴风、巨浪、暗礁等种种航行危险,自如地往来于海上,从事各种活动。

中国操船航行技术的发展,是与其海上导航与海洋气象气候观测技术的发展同步的。随着对海域状况与气象条件的逐渐掌握,国人也慢慢总结出了在各种状况下的最优航行方法,以便及时作出正确的对策。汉代以来,国人利用风力操船的技术便已经相当成熟。三国时期,中国南海地区的航海者已掌握了不同类型的风帆布置方法,用于适应各种风向的需要,并能够在航行中针对风信的变化及时作出相应的调整,"其四帆不正前向,皆使斜移,相聚以取风吹。风吹后者,激而相射,亦并得风力。若急,则随宜减灭之也。斜张相取风气,而无高危之虑"。③

操船航行技术的进步,对于台湾海域海上活动的开展有着重要的意义。由于台湾海域的气象和水文条件十分复杂,灾害天气频发,给航行带来了很大的风险。要在如此险恶的环境下保证船只的航行安全与海上活动的进行,对于航海者的操船技术有着相当高的要求:

> 台、澎洋面,横截两重,潮流迅急,岛澳丛杂,暗礁浅沙,处处险恶,与内地迥然不同;非二十分熟悉谙练,夫宁易以驾驶哉?……不幸而中

---

① 黄叔璥:《台海使槎录》,大通书局(台北)1984 年版,第 11 页。
② 王必昌:《重修台湾县志》,大通书局(台北)1984 年版,第 79 页。
③ 万震:《南州异物志》,载李昉:《太平御览》卷 771,上海古籍出版社 2008 年版。

流风烈,操纵失宜,顷刻间,不在浙之东、广之南,则扶桑天外,一往不可复返。即使收入台港,礁线相迎,不知趋避,冲磕一声,奋飞无翼。①

因此,为了克服台海航行的种种险阻,国人十分注重对台湾风汛水道等自然条件的把握,并在此基础上建立了一套与当地具体情况相适应的台海航行方法。朱景英《海东札记》转引《芝湄纪略》云:"罗经针定子午放洋,各有方向。春夏由镇海坼放洋,正南风坐乾亥向巽巳,西南风坐乾向巽。冬由辽罗放洋,正北风坐戌向辰,至夜半坐乾戌向巽辰,东北风坐辛戌向乙辰。或由围头放洋,正北风坐乾向巽,至夜半坐乾亥向巽巳,东北风坐乾戌向巽辰。至天明,俱可望见澎湖西屿头。由澎湖至台湾,俱向巽方而行,薄暮可望见",并评价"其说甚悉,要为长年三老所习者"。② 可见到了清代,国人在海峡两岸航行中已经可以根据风向的变化,灵活操纵船只变换航向,从而达到航行的最大效率。另一方面,有经验的船夫还会根据季节时令的不同,自由选择最适合航行的路线,平日"乘东风出鹿耳门,直取澎湖、泊西屿,视风便再行,为对渡;今值季秋,多北风,取势宜高,不必更由西屿矣"。③ 而为了适应台海的险阻水道,航海者也会根据实际情况对其航行方式进行调整。如安平鹿耳门港道浅险,因此操纵船只"进港须悬后舵,以防抵触。其纤折处,必探视深浅,盘辟而行"。④

而在长期航海中,船员之间也逐渐形成了明确的分工合作机制,尤其是大型海船,在航行的各个方面都有专人负责,如明代出洋海船,"每舶舶主为政,诸商人附之如蚁。封卫长合并,徙巢亚此,则财副一人爰司掌记,又总管一人,统理舟中事,代舶主传呼,其司战具者,为直库;上樯桅者,为阿班;司椗者,有头椗、二椗;司缭者,有大缭、二缭;司舵者,为舵工,亦二人更代;其司针者名火长。波路壮阔,悉听指挥书,云有常占,风有候此,破浪轻万里

---

① 蓝鼎元:《论哨船兵丁换班书》,载蓝鼎元:《东征集》,大通书局(台北)1987年版,第58—59页。

② 朱景英:《海东札记》,大通书局(台北)1987年版,第15页。

③ 林豪:《澎湖厅志》,大通书局(台北)1984年版,第41页。

④ 王必昌:《重修台湾县志》,大通书局(台北)1984年版,第35—36页。

之势,而问途无七圣之迷者乎?"①除此之外,根据日本学者大庭修的研究,在日本文献《增补华夷通商考》与《长崎土产》中所记载的明末来日贸易的"唐船"人员编制上,还有着管理舢板小船的"舢板工",负责船只修补的木工师傅"押工头"与"押工",掌管风帆的"一仟""二仟""三仟"等。② 根据黄叔璥《台海使槎录》的记载,这种分工也被广泛运用于台海航行当中:

> 南北通商,每船出海一名(即船主)、舵工一名、亚班一名、大缭一名、头碇一名、司杉板船一名、总铺一名、水手二十余名或十余名。通贩外国,船主一名;财副一名,司货物钱财;总捍一名,分理事件;火长一正、一副,掌船中更漏及驶船针路;亚班、舵工各一正、一副;大缭、二缭各一,管船中缭索;一碇、二碇各一,司碇;一迁、二迁、三迁各一,司桅索;杉板船一正、一副,司杉板及头缭;押工一名,修理船中器物;择库一名,清理船舱;香公一名,朝夕焚香楮祀神;总铺一名,司火食;水手数十余名。③

操船职能上的合理分工,使得船只驾驶更加专门、专业化,促进了台湾操船技术的进步。

另一方面,对于台海航行中可能出现的各种紧急状况,明清时期的航海者也有着充分的应对能力,"或值黑夜舟行,海风怒号,舟楫振撼,篷索偶失理,鸦班上下桅杆,攀缘篷外,轻逾鸟隼,捷若猿柔,洵称绝技"。④ 清朝水师将领陈伦炯在《海国闻见录》中则指出,航海者遭风搁浅时,"飘风于何处,计风信而度之,谅在斯矣。至于潮水分合,退为长、长为退,夹流双开、临头汇足,易知近隔、难识远捍,自有一定之理。在悉海国形势于胸中,意会变通,有可到处、有不可到处,安能处处而指识! 岂操舟者把死木之所为哉?"

---

① 张燮:《东西洋考》卷9,中华书局1981年版。
② [日]大庭修著,朱家骏译:《明清的中国商船画卷——日本平户松浦史料博物馆藏〈唐船之图〉考证》,《海交史研究》2011年第1期。
③ 黄叔璥:《台海使槎录》,大通书局(台北)1984年版,第17页。
④ 朱仕玠:《小琉球漫志》,大通书局(台北)1984年版,第7页。

例如在澎湖南大屿地区搁浅，由于当地"大洋之水为沙两隔，节次断续。南北沙头为潮汐临头，四面合流，外长而内退，外退而内长；须沿沙节次撑上断续沙头，夹退流，乘南风，东向尽流南退。虽欲北上求生，而南下者正所以生也。何也？南风夹退潮，方能出溜；虽溜下，然而归于大海，不入内溜，方得乘南风而归"。①

从历史上看，台湾的航海技术与大陆有着紧密的联系。国人将大陆的航海技术带到台湾，建立了两岸之间的海上联系，并广泛用于从事台湾的海上活动。这为台湾航海技术的发展进步起到了至关重要的作用。

第三节　台湾的海上交通移民与大陆

随着造船与航海技术的发展，台湾对外海上关系日益扩大，与大陆、日本、朝鲜、菲律宾等地都建立起了密切的联系，这促进了台湾海洋交通网络的形成与海洋移民活动的开展。尤其是两岸海上移民活动规模的扩大发展，对台湾的海洋文化产生了深远的影响。

一、台湾对外海上交通的发展与航线的开辟

台湾对外海上交通的开辟，是与台陆之间海洋关系的发展联系在一起的。大陆与台湾一衣带水，相距甚近，因而在交通往来上有着天然的优势。台湾最初的对外海上交通，就是由大陆航海者建立的。而随着大陆造船航海技术的发展，两岸之间的海上往来也日益频繁，人们在往返于两岸的过程中，逐渐寻找到了比较适合航行的海上路线，并开始遵循这些路线进行航海活动，这些航路成为两岸之间海上人员物资往来的重要通道，为台湾海洋交通与移民活动的发展打下了必要的基础。

中国海上航路的开辟历史悠久，早在汉代，国人便已开通了前往南海各地的航线。《汉书·地理志》记载道："自日南障塞、徐闻、合浦船行可五月，

①　陈伦炯：《海国闻见录》，大通书局（台北）1987年版，第32页。

有都元国,又船行可四月,有邑卢没国;又船行可二十余日,有谌离国;步行可十余日,有夫甘都卢国。自夫甘都卢国船行可二月余,有黄支国……自黄支船行可八月,到皮宗;船行可二月,到日南、象林界云。黄支之南,有已程不国,汉之译使自此还矣。"①另一方面,"东南沿海地区的海上交通起源也甚早,是另一具备海洋发展潜力的地区",②并逐渐将台湾融入其中。自隋唐以来,两岸之间的海上交通联系日益紧密,这也推动了台陆航线的建立。根据《隋书》的记载,"流求国,居海岛之中,当建安郡东,水行五日而至"。③而宋代学者李复在《潏水集》中则转引张士逊《闽中异事》称:"泉州东至大海一百三十里,自海岸乘舟,无狂风巨浪,二日至高华屿。……又二日至句鼊屿……又一日至流求国。其国别置馆于海隅,以待中华之客。"④可见当时台湾与大陆东南沿海之间的海上交通已经成为常态。

为了标记航路,国人还将海图与指南针相结合,利用指南针与罗盘的指引,将在海图中不同地点所应遵循的航行方向标明出来,并划线连接到一起,这便是航线在海图中的具现,因此古人多将海上航线称为"针路"。人们还将各条针路的资料编成专书,称为"针经""针谱""针策"等,当中详细记载了针路的出发点、目的地、航向、水程等各种要素。元代以后,随着国人航海活动的进一步发展,以通往东洋和西洋的两大针路为基础的海上交通贸易网络也逐渐形成。台湾著名历史学家曹永和先生认为,东洋针路的开辟,与国人在台湾地区的海上活动有着密切的关系。"汉人渔民在台湾西部开拓其渔场后,与渔场附近的土著民之间,自不免要发生某一程度之接触,故自有交易的现象之发生。这种交易关系诸番志尚未有记载,而岛夷志略之时代已发生了。这种交易关系发达,自会依土人来往的航路,再扩展至菲岛,可促进所谓'东洋针

①　班固:《汉书》卷39,中华书局1962年版。

②　李东华:《海上交通与古代福建地区的发展》,载中国海洋发展史论文集编辑委员会:《中国海洋发展史论文集》第2辑,"中央研究院三民主义研究所"(台北)1986年版,第74页。

③　魏征:《隋书》卷81,中华书局1973年版。

④　李复:《潏水集》卷5,载《景印文渊阁四库全书》第1121册,商务印书馆(台北)1986年版。

路'之形成。"①在明代张燮《东西洋考》中,台湾与澎湖已成为东洋针路所途经的重要地点之一:

> (东洋针路)从漳州、泉州、过彭湖,南下吕宋:太武山(用辰巽针七更,取彭湖屿);彭湖屿(是漳泉间一要害地也。多置游兵防倭于此,用丙巳针五更,取虎头山);虎头山(用丙巳七更,取沙马头澳);沙马头澳(用辰巽针十五更,取笔架山);笔架山(远望红豆屿,并浮甲山,进入为大港);大港(用辛酉针三更,取哪哦山);哪哦山(再过为白土山,用辛酉针十更,取密雁);密雁港(南是淡水港,水下一湾,有小港,是米吕荖下一老古湾,是磨力目,再过山头,为岸塘)。……
>
> 往鸡笼、淡水:东番(人称为小东洋,从彭湖一日夜至魍港,又一日夜为打狗仔,又用辰巽针十五更,取交里林,以达鸡笼、淡水)。②

荷兰殖民者侵占台湾以后,随着东印度公司在台湾南部转口贸易业务的开展,台湾进一步融入到东亚和东南亚的海上交通体系当中,与巴达维亚、暹罗、柬埔寨、日本等地都建立了定期的海上贸易航线,而与大陆厦门、漳州等地之间的海上航线,则是台湾海洋交通贸易网络运转的关键部分。随着清代两岸的统一与台陆正口对渡制度的实施,台陆航线更几乎成为台湾对外海上交通的唯一渠道。福建厦门与台湾鹿耳门之间的单口对渡航线,在长达百年的时间内一直是台陆海上交通的象征。台厦针路也成为船只在两岸间航行时的重要参照:

> 通洋海舶,掌更漏及驶船针路者为火长;一正一副,各有传抄海道秘本,名曰水镜。台厦重洋,往来之舟,水程颇近,中有澎湖岛屿相望,不设更漏,但焚香几行为准,针路则以罗盘按定子午。自台抵厦,向乾

---

① 曹永和:《早期台湾的开发与经营》,载曹永和:《台湾早期历史研究》,联经出版事业公司(台北)1969年版,第122页。

② 张燮:《东西洋考》卷9,中华书局1981年版。

方而往；自厦抵台，指巽方而来。若由厦北赴江、浙、锦、盖诸州，南抵广、粤、惠、潮各府，沿海傍山，逐日俱有埃澳可泊，不用更漏筒。①

随着两岸海上交通往来需求的增大，清廷也逐渐开通了更多的台陆官方航线。1784 年开通鹿港对渡泉州蚶江，1788 年又增开淡水八里坌对渡福州五虎门，此后还开放了台湾五条港和乌石港对渡大陆的航线，形成了五口对渡的两岸海上交通航运体系：

其可通大舟者，有北路之上淡水港（名八里坌港）、彰化县之鹿子港（鹿子港与泉州蚶江对峙）、海丰港（名五条港；道光七年奏准准商），可容多舟，皆准通贩，以为商舶贸易之便；惟鹿耳门与厦门形势犄角，为用武必争之地。鹿耳门居台郡之西北、澎湖又居鹿耳门之西北，远望厦门，东南斜对；针路以巽乾为方向（一作大担屿与澎湖乙辰对。澎湖离台湾水程四更，一作五更。厦门至澎湖水程七更；至鹿耳门水程十一更，《同安县志》作十二更、《台湾府志》作十一更、《海国闻见录》作十一更；至北路淡水港水程十七更，至彰化县鹿子港水程十五更，至海丰港水程十四更。鹿子、海丰二港通商在后，《台湾府志》未详）。②

而除官方航线之外，清代台陆间还存在着诸多民间私渡航线，"各船不归正口，私口偷越者多。如台湾淡水之大垵、（后）陇、中港、竹堑、南嵌、大鸡笼、彰化之水里、嘉义之笨港、猴树、盐水港、台邑之大港、凤山之东港、茄藤、打鼓、蟯港，俱为私口，例禁船只出入。内地晋江之祥芝、永宁、围头、古浮、深沪各澳、惠安之獭窟、崇武、臭涂各澳，蒙领渔船小照置造船只，潜赴台地各私口装载货物，俱不由正口挂验、无从稽查、无从配谷，俗谓之偏港船"。③ 两岸正口与私口航线的发达，为两岸之间建立起了密不可分的海上联系，令台湾的海洋发展对大陆的依赖性更为加深。

---

① 王必昌：《重修台湾县志》，大通书局（台北）1984 年版，第 51 页。
② 周凯：《厦门志》上册，大通书局（台北）1984 年版，第 137 页。
③ 周凯：《厦门志》上册，大通书局（台北）1984 年版，第 191—192 页。

近代以来，随着台湾淡水、鸡笼、安平、打狗相继开放为国际通商口岸，台湾在保持原有台陆海上交通体系的基础上，其海上航线也逐步扩展到国外。北部的淡水港与鸡笼港以大陆厦门、香港为转运口岸，建立起了与美国、英国、印度等地的航路。南部安平港与打狗港则与日本横滨、大阪等地开通了海上贸易航线。这些都令台湾的海洋交通体系进一步扩大，融入到世界海洋网络当中。尤其是轮船航线的建立与发展，更提高了台湾海上交通航运的规模、速度与安全性，也为台湾与各地之间的人员流动创造了更为便利的条件。

二、台湾海洋移民的走向、成因与类型

随着台湾对外海上交通往来的扩大与深化，台湾与各地之间的人员往来也日益频繁，这也促进了台湾海洋移民活动的发展。

移民活动的产生，自然有其内在原因。目前在学术界比较一致的观点，是将其归纳为迁出地的"推力"与迁入地的"拉力"共同作用的结果。所谓"推力"指的是种种不利于人们选择继续在迁出地居住的条件，如战乱、灾害、贫穷等。而"拉力"指的则是迁入地用于吸引移民的优势，如生活条件、发展前景等。而关于移民的类型，从不同的角度可以作出各种不同的划分，有学者认为，"但就性质而言，却基本只有两种——生存型和发展型"，①生存型移民的出现主要是由于迁出地的"推力"，而发展型移民的产生则是以迁入地的"拉力"为主导，这些理论也被运用于台湾海洋移民的研究当中。②

不过，这样的分类也有其局限性，毕竟"'生存'与'发展'似乎是很难割裂开来的。"③许多移民活动本身便兼有生存与发展的双重性质，有时候很难判断其究竟是出于生存还是发展。具体到台湾海洋移民的研究，我们必须全面分析其历史上的移民活动走向与特点，才能对其类型作出准确的区分。从历史上看，台湾传统海洋移民活动的两大特点，一是以台陆间的移民活动为绝对主导，二是迁入活动远多于迁出活动。这是由主导移民活动的

---

① 葛剑雄：《中国移民史》第 1 册，福建人民出版社 1997 年版，第 48 页。
② 参见李祖基：《大陆移民渡台的原因与类型》，《台湾研究集刊》2004 年第 3 期。
③ 陈孔立：《清代台湾移民社会研究》，九州出版社 2003 年版，第 10 页。

"推力"与"拉力"综合作用的结果。明清以来中国大陆东南沿海地区的实际状况,在许多方面都对当地居民产生了强大的"推力"。促成了大规模海洋移民活动的产生。

一为战乱与自然灾害。明清时期,大陆东南沿海一带自然灾害频发,根据李祖基先生对《晋江县志》的统计,从明崇祯四年(1631年)到清嘉庆二十一年(1816年)的185年时间内,晋江县发生的洪水、旱灾、疫病等各种自然灾害就多达84起,平均每不到3年便有一起。① 而广东潮州府在清初的100年中更是经历了89年次的自然灾害,平均不到两年就有一次大的灾害发生。② 另一方面,东南地区又经历了明末清初时期的严重战乱。郑成功部队与清军在闽南一带长期展开拉锯战,清廷为了扼杀郑氏势力,甚至在东南各省推行残酷的禁海迁界政策,强制居民内迁。频繁的自然灾害与战乱带来的破坏,令无数居民流离失所,丧失在大陆的生活基础,迫使其向外移民。

二为当地人口与土地资源的不平衡状况。以福建为例,当地大部分区域属于丘陵和山地,平原稀少,土地较为贫瘠,因此农业生产发展空间有限。随着人口的增长,到了明清时期,福建土地的人口承载量已达极限,于是向海洋发展便成为当地人民的自然选择。"闽之福兴泉漳,襟山带海,田不足耕,非市舶无以助衣食。"③这也推动了其海洋移民活动,以解决人民生计,减轻当地人口压力。如许多人常年漂洋过海前往东南亚各国经商,久而之,便在当地定居下来。"漳人以彼为市,父兄久住",④其在原籍之亲友也纷纷前往投靠谋生,逐渐形成了一处处闽人移民社会,"漳泉民贩吕宋者……流寓土夷,筑庐舍,操庸贾杂作为生活,或娶妻长子孙者有之,人口以数万计"。⑤

---

① 参见李祖基:《大陆移民渡台的原因与类型》,《台湾研究集刊》2004年第3期。
② 参见邓孔昭主编:《闽粤移民与台湾社会历史发展研究》,厦门大学出版社2011年版,第22页。
③ 陈子龙等编:《明经世文编》卷400,中华书局1962年版。
④ 陈子龙等编:《明经世文编》卷400,中华书局1962年版。
⑤ 顾炎武:《天下郡国利病书》卷93,上海科学技术文献出版社2002年版。

三为当地文化性格的影响。传统的封建社会居民普遍持安土重迁的思想观念，不愿离开家乡前往异地生活。但是以大陆闽南沿海地区为代表的广大民众，在向海洋发展的过程中养成了开放进取、敢于冒险、追逐利益的海洋性格，"闽南人的冒险进取精神使得他们在生产生活空间变得艰难、狭窄的情况下会毅然背井离乡，去谋求新的发展机会"。① 这种性格一直保持到近代。如19世纪末20世纪初，日本驻福建领事馆在其报告中便声称福建泉州、漳州、兴化等地"出海谋生风气盛行，民众富于冒险精神"，②这也在客观上推动了福建等地人民漂洋过海，前往异地移民发展的意愿，导致当地"移民之业颇为兴盛，并对当地之通商贸易影响甚巨"。③

而就台湾的角度而言，当地同样存在着种种有利因素，从而对大陆移民产生了强大的"拉力"。一为台湾当地巨大的开发潜力。台湾之所以吸引大陆移民，并不是因为其生产条件比大陆更为优越。相反，台湾地区不但开发较晚，而且环境也相当恶劣。直到清统治之初，中北部大片地区仍然是荒芜烟瘴，凶番出没之地，"自斗六门至鸡笼山后八百余里，溪涧崖谷，既险且远。……流移开垦之众，极远不过斗六门"。④ "凡隶役闻鸡笼、淡水之遣，皆唏嘘悲叹，如使绝域；水师例春秋更戍，以得生还为幸。"⑤不过，如此广阔的待开发土地，也正是台湾的发展前景所在，"自凤山县南沙马矶至诸罗县北鸡笼山，衷二千八百四十五里，此其大略也。虽沿海沙岸，实平壤沃土……秋成纳稼倍内地；更产糖蔗杂粮，有种必获。故内地穷黎，裾至辐辏，乐出其市。惜芜地尚多，求辟土千一耳"。⑥ 台湾大片肥沃的无主土地，蕴藏着巨大的农业生产潜力，这正是其相比经过长年开发，已经"地无余

---

① 周典恩：《也谈明清时期大陆移民渡台的原因与类型》，《湛江师范学院学报》2008年第4期。

② 《福建省事情》，第62页。载松浦章：《明清时代东亚海域的文化交流》（郑洁西等译），江苏人民出版社2009年版，第337页。

③ 《通商汇纂》，明治39年第34、35号。载松浦章：《明清时代东亚海域的文化交流》（郑洁西等译），江苏人民出版社2009年版，第325页。

④ 周钟瑄：《诸罗县志》，大通书局（台北）1984年版，第110页。

⑤ 郁永河：《裨海纪游》，大通书局（台北）1987年版，第16页。

⑥ 郁永河：《裨海纪游》，大通书局（台北）1987年版，第11—12页。

力"的大陆闽南等地的优势所在,吸引着大批急需土地的大陆移民前去开发经营。

二为台陆间海上交通的发展与航线的开辟。在两岸海上交通尚不发达的年代,海洋一直都是阻碍台陆移民活动开展的巨大障碍。台湾海峡风高浪大,又有水流湍急的"黑水沟"位于其间,船只难以逾越。这对两岸之间的海上往来造成了明显阻碍,不利于移民台湾活动的形成。但如前所述,到了明清时期,随着东洋针路的发达,台陆间的海上交通也逐渐发展起来,人们对于台湾地区的自然气候条件与海域水文状况日益熟悉,并逐步掌握了在台海航行的技术与方法,在两岸之间建立起了固定的海上航线,这为台陆间的海洋移民活动提供了重要的指导与支持。台海的航行条件相比过去,已经大为便利。明末闽南漳州、泉州等地的居民,"在夏季可乘西风或南风到澎湖,其中又以金门、厦门的位置更为有利,往澎湖可用西风,返金、厦则乘南风,在适宜航海的夏季可来去自如"。① 清代闽台间有名的三口对渡(厦门—鹿耳门、泉州蚶江—鹿港、福州五虎门—淡水八里坌),都是夏季可利用西风及南风来往的航线,加上大陆与台湾之间的水程本就远比南洋等地为近,两岸在海上交通移民条件上的优势,也成为台湾吸引大陆移民的又一因素。

三为人们对所谓的台湾优越生活的向往,这一点在清代体现得尤为明显。清统治台湾之初,虽然中北部地区尚待开发,但是台湾南部安平一带,经过荷据、郑氏时代的长年开发,已经十分繁华。这些地区的生活水平较高,并形成了崇尚奢侈的风气。"近者海内恒苦贫,斗米百钱,民多饥色;贾人责负声,日沸阛阓。台郡独似富庶,市中百物价倍,购者无吝色,贸易之肆,期约不愆;佣人计日百钱,趑趄不应召;屠儿牧竖,腰缠常数十金,每遇搀蒱,浪弃一掷间,意不甚惜"。② 大陆移民前往台湾,能够获得更好的就业机会和更高的薪酬。如台湾知府沈起元便在上疏中提到过,"漳、泉内地无籍之民无田可耕、无工可雇、无食可觅,一到台地,上之可以致富,下之可以温

---

① 余光弘:《清代的班兵与移民:澎湖的个案研究》,稻乡出版社(台北)1998年版,第129页。

② 郁永河:《裨海纪游》,大通书局(台北)1987年版,第30页。

饱,一切农工商贾以及百艺之末,计工授直,比内地率皆倍蓰"。① 这种富足饱暖的生活,自然为众多大陆人所向往。而且,"鼓吹迁入地有多么优越的条件,往往是掮客、'客头'的欺骗手腕,②他们编造出"台湾钱,淹脚目"等种种夸张不实之词,诱骗更多的人产生移民台湾的念头,以从中谋利。这一切都加剧了台湾对大陆移民的吸引力。

从上可见,明清时期中国大陆东南沿海福建等地的实际状况,给予了当地居民以强大的移民推力,加上当地庞大的人口数量,使其成为当时整个东亚地区最大的移民活动策源地。这一点是其他地区所无法比拟的。而对于大陆人民而言,台湾当地广阔的发展前景、富庶的生活方式、日趋便利的海上交通,都是吸引其移民台湾的强大拉力。而前两者也使得台湾当地无法形成足够的推力,让当地居民产生向外移民的需求,因而导致台湾海洋移民迁入远大于迁出的现象。此外,历史上也存在着部分在政权力量下强制推动的移民活动,主导这些移民活动的,是政权统治者自身的主观意志与政权力量,可以说是一种特殊的移民动力。

总的说来,就台湾的传统海洋移民活动走向而言,与台湾关系最为密切的就是中国大陆东南沿海地区。台陆之间的海洋移民活动,是台湾海洋移民活动的主要组成部分。当然,除了中国大陆之外,历史上台湾也和其他地区产生过海洋移民往来,如南洋与日本等地。荷据时期,荷兰东印度公司当局为了建立和维持对台湾的殖民统治,多次从巴达维亚等地派遣官员、士兵驻守台湾。17世纪西班牙殖民者侵占台湾北部期间,也曾从菲律宾招揽移民前往台湾进行开发。这些移民包括殖民官员、士兵、商人、农民及其眷属等,有原先居住在南洋、日本等地的华人,也有荷兰、西班牙、日本等国人,甚至还有东南亚当地的原住民。③ 不过,相比台陆之间的移民活动,这些海洋移民活动相当零星稀少,在台湾传统海洋移民历史上的地位和影响均无法与前者相比。

---

① 沈起元:《条陈台湾事宜状》,载《清经世文编选录》,大通书局(台北)1984年版。
② 陈孔立:《清代台湾移民社会研究》,九州出版社2003年版,第8页。
③ 参见郑瑞明:《台湾早期的海洋移民——以荷兰时代为中心》,载邱文彦主编:《海洋文化与历史》,胡氏图书出版社(台北)2003年版,第11—44页。

通过以上对台湾海洋移民活动成因的分析，我们大致可以将历史上的台湾传统海洋移民活动分为以下几种类型：

一为经济性移民。无论是生存型移民还是发展型移民，当中绝大部分人的移民动机归根到底都是出于经济因素。或是因为战争、自然灾害等因素毁坏了人们在原籍地生活的经济基础，或是由于认为迁入地较之原籍地在经济上有着更大的发展空间，在经济上的趋利避害，一直都是移民活动产生的重要原因。这种移民也构成了历史上两岸海洋移民的主要组成部分。自明末开始几乎贯穿整个清代的大陆移民赴台大潮，其人数多达上百万，当中经济性因素就起到了主要的作用。

二为社会性移民。人类作为一种社会性生物，本能地会趋向于社会、群体和家庭生活。随着移民活动的深入开展，移民社会在迁入地也逐渐得到建立，这反过来也会进一步吸引那些还留在原籍地的居民，为了实现与家人、好友、同乡、同族之间的团聚，而产生了追随其步伐，前往迁出地共同生活的需求。所谓"有父母妻子之系恋、有仰事俯育之辛勤，自必顾惜身家，各思保聚。……在台者身同羁旅，常怀内顾之忧；在籍者怅望天涯，不免向隅之泣"。① 为了满足民众的这种需求，清雍正十年到乾隆五年（1732—1740 年）、乾隆十一年到乾隆十三年（1746—1748 年）、乾隆二十五年到乾隆二十六年（1760—1761 年）间，清廷曾先后三次开放在台大陆移民回籍搬眷到台团聚，此类移民便属于社会性移民。

三为政治性移民。在历史上，统治者出于各种因素，曾经多次利用政权力量，采用强制、半强制的手段，在两岸之间进行居民迁移。如三国时期，吴国卫温率船队到达台湾，返回时将当地土著居民数千人掠回大陆，以充作劳力。隋朝陈棱征伐流求，又俘走当地居民数千。明末郑成功收复台湾后，号令其在大陆的众多下属及其家眷迁往台湾，加上其征台时所带去的军队，总人数约有数万。而清廷统一台湾之后，又将大批郑氏政权的军民迁回大陆，同时向台湾派驻官员与军队。这些政治性移民的产生，很多时候并不是移

① 吴士功：《题准台民搬眷过台疏》，载余文仪：《续修台湾府志》下册，大通书局（台北）1984 年版，第 727 页。

民本身的意愿,因此有时也面临着诸多阻力。如郑成功迁民台湾的举措,便遭到了不少下属的抵制,"郑泰、洪旭、黄廷等皆不欲行,于是不发一船至台湾",①严重阻碍了移民计划的执行。这种政治性移民活动虽然在短时间内能够形成相当的规模,但次数和持续时间毕竟有限,在台湾的传统海洋移民活动中并不占据主要地位。

台湾历史上的海洋移民活动,尤其是中国大陆对台湾的大规模移民,对台湾的海洋文化发展有着重大意义。超过百万的大陆移民漂洋过海来到台湾,成为台湾开发的主力军,为当地的发展作出了不可磨灭的卓越贡献。而大量移民的涌入,也导致了台湾人口结构的根本性改变与社会文化的转型。汉族在当地居民中的绝对优势地位得以确立。这些大陆移民又以福建、广东籍移民为主,他们在定居台湾的同时,也将其祖籍地以海为生的海洋思想传统带到了台湾,在当地继续发扬光大。令台湾出现了商品经济发达,海上贸易盛行的局面,"千仓万箱,不但本郡足食,并可资赡内地。居民止知逐利,肩贩舟载,不尽不休,所以户鲜盖藏","洋贩之利归于台湾"。② 这些都为台湾的海洋文化发展打下了深刻的大陆印记。

---

① 阮旻锡:《海上见闻录》,大通书局(台北)1987年版,第40页。
② 黄叔璥:《台海使槎录》,大通书局(台北)1984年版,第38、51页。

第三章 台湾的海洋经济与大陆

文化是社会政治经济的反映,海洋经济对于海洋文化的产生发展有着关键性的影响,海洋经济文化是海洋文化的重要组成部分。台湾身为海岛的自然地理条件,决定了海洋经济会在台湾的发展中起到主导作用。历史上,台湾的海洋经济的建立与发展,在各方面均与大陆有着密不可分的关系,成为中国海洋经济体系的重要一环。

第一节 台湾本土的海洋生产消费

台湾的海洋捕捞、养殖、制盐等生产活动历史悠久,可以说是台湾早期海洋经济的重要组成部分,也是当地居民海产品日常消费的主要来源之一。

一、台湾的渔业生产

台湾的海洋渔业生产活动,早在原住民时代便已开始零星地进行,而其得以成规模发展起来,则要归因于大陆渔民在台湾的活动。宋元时期,已有成规模的大陆人移居澎湖,从事渔业捕捞活动。元代汪大渊《岛夷志略》记载,当时澎湖"泉人结茅舍以居……采鱼、虾、螺、蛤以佐食"。[1] 而邻近澎湖的台湾本岛丰富的渔业资源,也逐渐为大陆渔民所发现,其活动区域遂扩大至台湾西部海域,在当地建立渔场。

---

[1] 汪大渊著,苏继庼校译:《岛夷志略》,中华书局1981年版。

到了明代，"自嘉靖末年以来，最迟是万历初年以来，大陆上已有许多商船和渔船，进入台湾本岛，南起北港，而北部一直到淡水、鸡笼"。① 荷兰殖民统治时期，大陆渔民来台捕鱼已经具备相当规模，根据曹永和先生对《大员商馆日志》的统计，单在 1637 年和 1638 年这两年时间内，自大陆前往台湾大员港，然后赴台湾各地进行捕鱼活动的船只，1637 年多达 303 艘，1638 年也有 193 艘，②分别约占当年大陆前往台湾船只总数的 61.7% 和 61.9%。

而郑氏与清廷统治时期，随着大陆移民来台定居数量的增加，农业逐渐成为台湾当地的生产主导，"专门以捕鱼为生者即不免成为少数人矣"。③ 不过除渔民群体之外，来台移民中也有相当部分人以捕鱼作为副业，因此这一时期的台湾渔业依然有所发展。清代台湾北至诸罗县、南至凤山县，周边海域均有渔区。安平鹿耳门一带海域的渔业更是兴旺，"迎岸皆浅沙，沙间多渔舍，时有小艇往来不绝"，④"二鲲身至七鲲身，居者多渔户。每斜阳晒网，笭箵家家，烟月苍茫，渔灯明灭，佳景如披图画"。⑤ 而澎湖由于土地贫瘠，农业不发达，渔业更是成为当地人民重要的生活支柱，"男子日则乘潮掀网，夜则驾舟往海捕钓。女人亦终日随潮涨落，赴海取虾、蟹、螺、蛤之属，名曰讨海"。⑥

这一时期，台湾的海洋养殖业也已形成。相传郑成功入台后为改善军民生活，便在台江一带大力养殖虱目鱼。到了清代，虱目鱼养殖业已经十分发达，"台南沿海多育之，岁值数百万金；亦府海中之巨利也"。⑦ 根据《诸罗县志》的记载，清统治台湾初期，官府已开始对养殖业征收饷税，"港口潴

① 曹永和：《明代台湾渔业志略》，载曹永和：《台湾早期历史研究》，联经出版事业公司（台北）1969 年版，第 165 页。
② 参见曹永和：《明代台湾渔业志略补说》，载曹永和：《台湾早期历史研究》，联经出版事业公司（台北）1969 年版，第 212—213 页。
③ 台湾省文献委员会编：《重修台湾省通志》卷 4，经济志渔业篇，台湾省文献委员会（南投）1993 年版，第 63—64 页。
④ 郁永河：《裨海纪游》，大通书局（台北）1987 年版，第 8 页。
⑤ 李元春：《台湾志略》，大通书局（台北）1984 年版，第 8 页。
⑥ 林豪：《澎湖厅志》，大通书局（台北）1984 年版，第 308 页。
⑦ 连横：《雅言》，海东山房（台南）1958 年版。

水饲鱼为埒,大者有征,谓之埒饷"。① 在清代后期成书的《东瀛识略》中,对台湾的此种养殖业亦有描述:"埒者,沿壖筑岸,纳水其中:咸待鱼繁,以资捕取。"②

台湾传统的海洋渔业生产活动,其所使用的捕鱼工具与方式大约可分为以下几类:

一为渔网,按其大小,又分为罟、罾、綟、罺等。当中最大者称为罟,"结网长百余丈、广丈余,驾船载出,常数十人,曰牵罟"。③ 綟小于罟,罺又小于綟,长度也有数十丈之多,宽五六尺。渔网捕鱼,又有拖网、泊网等法。所谓拖网法,即将渔网撒入海中,用船只拖曳捕鱼之法,"每罟一张,驾船二只先放海底,后用四五十人两头牵挽,围拢海边,得鱼最多"。④ 罺下则系有网袋,挂以铅坠沉达海底,"鱼入袋中,辄蔽不能出"。泊网法在澎湖最为盛行,即在海滩涨潮之处,以土、木、石块等筑围,中留一门,两旁竖起木柱,上系泊网,"泊者,削竹片为之,绳缚如簾,高七八尺,长数十丈。就海坪处所竖木杙,趁潮水未满,缚泊于木杙上",⑤涨潮时鱼虾随潮水流入围中,以网阻塞此门,退潮后鱼虾便为泊网所截留。

二为渔钩,渔业所使用的渔钩称为"縗","縗,垂饵以钓鱼也;大绳长数十丈,系一头于岸,浮舟出海,每尺许拴数钓,大小不一,绳尽则返棹而收"。⑥

三为蠔等采集工具,用于在泥沙中采取牡蛎等贝类。"蠔,蛎房也,即以为取之之名;用竹二,长丈余,各贯铁于末如剪刀,于海水浅处钩致蛎房。"⑦还有人使用铁钯进行采集,"海坪产蠔之处而言;驾小船用铁钯于水底取之"。⑧

---

①　周钟瑄:《诸罗县志》,大通书局(台北)1984年版,第96页。
②　丁绍仪:《东瀛识略》,大通书局(台北)1987年版,第21页。
③　黄叔璥:《台海使槎录》,大通书局(台北)1984年版,第22页。
④　尹士俍:《台湾志略》,九州出版社2003年版。
⑤　黄叔璥:《台海使槎录》,大通书局(台北)1984年版,第22页。
⑥　黄叔璥:《台海使槎录》,大通书局(台北)1984年版,第22页。
⑦　黄叔璥:《台海使槎录》,大通书局(台北)1984年版,第22页。
⑧　尹士俍:《台湾志略》,九州出版社2003年版。

此外,台湾渔民还会利用某些鱼类(如飞鱼等)趋光的习性加以采捕,"伺夜深时悬灯以待,乃结阵飞入舟中,甚至舟力不胜灭灯以避"。①

从捕鱼工具与捕鱼技术等方面来看,台湾历史上的传统海洋渔业生产与大陆密不可分。明代的台湾渔业生产活动,实际上是大陆渔业活动在台湾的延伸发展,其实施者是大陆的渔民,其所使用的捕鱼船只、捕鱼工具、捕鱼方法均来自大陆,而所获产品也被运回大陆,供当地人民消费之用。而从郑氏时期开始形成的台湾本地渔业生产,也"完全循用大陆古老捕鱼方法,以小帆船及竹筏,简略之渔具,原始之技术,多在距岸不远之海面,以毫无规模之方式进行"。② 虽然直到清代,台湾传统的海洋渔业生产仍然处在一种个体经营的分散状态,技术与组织形式都还比较落后,但这种历史悠久、运用广泛的海洋生产方式,在台湾的海洋生活当中却长期占据着重要的地位,对于台湾的海洋饮食、海洋消费、海洋习俗等文化都产生了深远的影响。

二、台湾的海盐生产

台湾濒临大洋,海盐生产条件十分优越。早在宋元时期,台湾与澎湖的居民便已学会"煮海为盐",从海水中提取盐分。郑氏政权收复台湾之后,又将大陆较为先进的晒盐法传入台湾,为台湾当地的海盐生产活动注入了新的动力:"永历十九年,咨议参军陈永华始教民晒盐,择地于天兴之南,则今之濑口也。其法筑埕海隅,铺以碎砖,引水于池,俟其发卤,泼而晒之,即日可成,色白而咸,用功甚少。许民自卖,而课其税。归清以后,盐户日多,销路愈广;争晒竞售,市价不一。"③随着台湾海盐生产的发展,其在台湾社会经济中的地位也日益重要。因此清廷统一台湾后,于雍正四年(1726年)将盐业奏归官办,从此把台湾的海盐生产纳入到国家管理之下。"其盐场分设四处:洲南、洲北二场,坐落台邑武定

---

① 黄叔璥:《台海使槎录》,大通书局(台北)1984年版,第66页。

② 台湾省文献委员会编:《重修台湾省通志》卷4,经济志渔业篇,台湾省文献委员会(南投)1993年版,第66页。

③ 连横:《台湾通史》上册,大通书局(台北)1984年版,第496页。

里;濑南一场,坐落凤邑大竹桥庄;濑北一场,原坐落凤邑新昌里,今割归台邑管辖。"①乾隆二十一年(1756年),又在凤山县增设濑东、濑西盐场。其台盐生产由官方垄断,禁止民间私下煮盐晒盐。但是,随着台湾北部地区的开发与人口的增长,当地海盐需求量日大,而台湾所开辟盐场多在南部,转运供给多有不便。因此清廷曾于咸丰年间开放竹堑虎仔山地区,允许民众在当地晒盐,一时间私盐生产大兴,官府利润锐减。于是到了同治六年(1867年)又为清廷所禁,将虎仔山盐场收归官办。但民间私下的海盐生产活动仍然屡禁不绝。

台湾的海盐生产活动,原先使用的是将海水煮干,从中提取盐分的煮盐之法。不过此种原始的采盐法,所得之盐多含杂质,味道苦涩,质量低劣,影响使用效果。而晒盐法自郑氏时期传入台湾之后,很快便取代了煮盐法,成为台湾主要的海盐生产方式,在南部沿海一带更是被广泛使用,乃至在访者中有"各省盐或煎、或晒,台地止于海岸晒盐"②之说。台湾的海盐生产,以盐场生产为主导。每年阳光明媚的春、冬两季,是台湾各盐场的晒盐季节,春称大汛,冬称小汛。盐场晒盐有专门工作人员负责,称为晒丁,另配有专人巡视盐场,将每日晒得盐粒收存,以防偷漏:

> 大汛晒收盐石,另派有缉私委员带同巡勇,每日于傍晚时,会同场员随带哨勇,遍历各盐田,眼同晒丁,将晒成盐粒扫刷净尽,押令挑赴场内,先堆仓外,俟隔夜流卤稍乾,次早,场员眼同晒丁过秤,再入仓廒。盐面,盖用盐印,不致暗被偷漏。③

在日人所著的《台湾盐务考》当中,对于清代台湾的盐业生产方式更有着详细的介绍:

> 台湾气候,最宜制盐。现制盐者,以台南为多,台北、台中甚少。其

---

① 尹士俍:《台湾志略》卷上,九州出版社2003年版,第41页。
② 黄叔璥:《台海使槎录》,大通书局(台北)1984年版,第70页。
③ 唐赞衮:《台阳见闻录》,大通书局(台北)1987年版,第64页。

制造场制成者，不论多少，皆运往台南。故台南制盐业最甚；四面临海，地势平坦，引用海水甚为利用；唯于降雨时节，制造不宜。自南部以至北部，气候略异：当夏五、六月间，南风披拂，霖雨多降；自七、八月至九、十月间，北风凛烈。十一、十二至正、二、三、四六个月间，降雨甚少，暴风几绝；各地制盐者，皆从事于斯时。缘冬季热度减少，飒飒北风，空气吹来常带干燥，以故蒸发毫无遗憾。其地制盐，分大信、小信二期：以十月、十一月、十二月为大信，二月、三月、四月为小信——比温度略低，制成亦略减少。以正月、九月为修缮期，正月为大信修缮月、九月为小信修缮月。其制盐方法，依地所宜构造盐田，总皆平地，于潮来之际引入海水；每阔二亩，间作一沟渠，以便泄水。各水门以水车吸满海水，至蒸发池上引入土埕；周围筑坚固土堤约高三尺，以防海水、风雨破坏。盐田地积，大小不一；其小者半町、大者一町，用晒丁一人。其盐田土埕，筑以粘土质壤以防流注海水，用木槌筑至坚固。引入海水，随其流之多少，装置竹管及签中依法注入，渐次勾配；不可大高，以防障碍。至于广地积盐田，以甲池移至乙池，用汲水器甚不便云。既贮于蒸发土埕，即移至结晶池前，溜注于最深之土埕中；于埕之旁吸上浓厚之水，造便利阶级高约三尺。其结晶池底，补石块或瓦片，以防盐泥混和。于每月上旬，计海潮已满，可吸上第一埕，一日间可蒸发；次日，除竹管签，引入第二土埕。此时土埕全空，再吸上海水。第三日，第二土埕之海水吸上第三埕、第三埕之海水又至第四埕，逐次引入。五、六日开潦地之海水既蒸发，运至深地；又以桔槔引之，移于七日土埕；若九日至十日，则海水既带浓厚之色，可运至结晶池；再复二、三日，海水已于池中结成晶，始制成食盐。其结晶之期，在小信期则十四、五日至十七、八日之间；在大信期，则十二、三日至十四、五日成矣。在打狗地方略速，约十日间至十一日间耳。其引入海水之量、蒸发池之面积、结晶池之构造，最关紧要云。①

除此之外，在台湾的原住民群体当中同样存在着海盐生产活动。据黄

---

① 麦仲华：《清朝经世文新编》卷10，文海出版社（台北）1972年版。

叔璥《台海使槎录》记载，"南社，冬日海岸水浸浮沙，凝而为盐；扫取食之，不须煎晒。所产不多，渍物易坏。崇爻山有咸水泉，番编竹为镬，内外涂以泥，取其水煎之成盐"。① 而清廷为了归化原住民，也特许其"煮海自食"。因此到了清代后期，"如中港、后垄各地熟番，亦有挑沙沥卤自煮，官不征课"。② 台湾原住民在与大陆移民的交往交流中，逐渐学会了初步的晒盐法，凤山县一带"海边多石，各番于空洞处倾晒海水成盐"，③甚至出现了"盐则不甚惜，以海滨得自晒用"④这样的现象，可见当地原住民晒盐生产活动之普遍。

历史上，台湾海盐业的建立与发展在很大程度上要归因于大陆的作用。大陆官方对台湾的经营，为台湾带来了较为先进的海盐生产技术，并将当地的海盐生产纳入到官方管理之下，这些都促进了台湾海盐生产技术的提高和生产规模的扩大。但是，台湾的海盐业生产也存在着技术革新缓慢，储存手段和条件落后等诸多弊病。"溯查从前设场建仓，晒盐储运，其场外竹围及储盐竹仓，皆系田主、晒丁自建。如有捐坏，应归田主、晒丁修理。现在每场盐仓，俱有一面数十间，田主、晒丁穷苦，年久失修，半多渗漏；虽可储盐，而风雨飘淋，上盖雨漏，或遇海滨大水，往往溢于仓内，化卤消失，积年计之，为数不少。"⑤据清廷于光绪十六年（1890 年）九月所作的调查，台湾洲南、洲北、濑东、濑北四处盐场，合计流失藏盐竟达 25365 石以上。如此严重的无谓损耗，大大降低了生产效率。而清廷对于海盐业生产的僵硬管理，也限制了台湾海盐生产活动的进一步发展。如"澎湖四面皆海，小岛错列，其地斥卤，处处可以晒盐"，盐业生产条件本来相当优越，但清廷却未在当地设置盐场，又禁止民间私自晒盐，导致当地用盐需由台湾本岛供给，"坐令货弃于地、人废其力"。⑥ 因此，从总体上看，台湾历史上的传统海盐业生产仍

① 黄叔璥：《台海使槎录》，大通书局（台北）1984 年版，第 70 页。
② 陈培桂：《淡水厅志》，大通书局（台北）1984 年版，第 109 页。
③ 黄叔璥：《台海使槎录》，大通书局（台北）1984 年版，第 156 页。
④ 王瑛曾：《重修凤山县志》，大通书局（台北）1984 年版，第 77 页。
⑤ 唐赞衮：《台阳见闻录》，大通书局（台北）1987 年版，第 65 页。
⑥ 林豪：《东瀛纪事》，大通书局（台北）1987 年版，第 69 页。

然停留在一个比较低下的水准。

三、台湾的土生海产品消费

台湾本土出产的海产品，同样是当地人民日常消费的重要来源，这也是由当地的海洋环境和海洋生产生活历史传统所决定的。

台湾的渔业资源十分丰富，渔业生产历史悠久，对当地原住民的饮食习惯产生了深远的影响，其"所食者生蟹、乌鱼，略加以盐，活嚼生吞，相对欢甚"。① 澎湖由于地处海中，加之土地贫瘠，不宜农业生产，更是"以海为田，以鱼为粮"，当地居民日常进餐多"以海藻、鱼虾杂薯米为糜"，②称为"糊涂粥"或"黍糊"。而明清时期迁入台湾的大批大陆移民，其祖籍地福建、广东的海洋生产生活历史传统就更为悠久，因而当地嗜食海产的饮食习惯也被其带到台湾，形成带有浓厚大陆特色的台湾海洋饮食文化。"其平时一日三餐颇俭朴，即蔬菜亦罕登盘，惟海腥咸鱼是嗜，犹有漳、泉遗风焉。"③台湾南部甚至直到民国时期还广泛流传着大陆古代的泔鱼之法，"台南妇女皆知之。……台南泔鱼之法，先以猪油入鼎，次以葱珠煸焦；乃下鱼，以酱油而煮之，味甚美。不图二千年前之语，且为鲁人烹和之名，尚存于台南一隅，宁不可贵！"④

而在台湾的海洋产品消费当中，海盐的地位同样重要。盐是人类为维持身体健康所必须摄入的成分，同时对食品的调味与保鲜也有着重要的作用。尤其是沿海渔民捕获到的鱼类，必须先用盐加以腌制，才能长期保存，否则容易变质。而台湾内山产盐缺乏，除凤山县等少数地区之外，大部分地区原住民平日消费用盐均需由外界供给，视盐尤其珍贵。清代噶玛兰地区每逢番汉交易之时，"各熟番牵舟竞进。每番给予盐一二瓯，欢极而去，陆续挟鹿茸兽皮各货来，换布匹等物"。⑤ 因此台湾无论沿海内山，对于盐均

① 黄叔璥：《台海使槎录》，大通书局（台北）1984 年版，第 140 页。
② 林豪：《澎湖厅志》，大通书局（台北）1984 年版，第 488 页。
③ 丁绍仪：《东瀛识略》，大通书局（台北）1987 年版，第 34 页。
④ 连横：《雅言》，海东山房（台南）1958 年版。
⑤ 陈培桂：《淡水厅志》，大通书局（台北）1984 年版，第 456 页。

有迫切需求。这也促成了台盐消费市场的形成。

早在荷据时代，来台的渔船上便多载有盐，以供腌制咸鱼和与当地居民交易之用。自郑氏时期以来，台湾的海盐生产业开始建立，台盐也成为当地人民的消费对象。清代更将台湾海盐业收归官办，建立了一套完整的海盐生产销售体系。官府在台湾县与凤山县等地开设多处盐场，发展海盐生产。同时在台湾各地设立盐馆，各盐贩到盐馆缴费领单，然后从盐场领盐运往各地销售。其销售总额原无定数，"乾隆二十四年，始定销盐十一万石；嗣又加销溢额盐二万石。道光初，又加代销漳州府属官办滞销引盐一万七千石：年共应销盐十四万七千石"。① 清代中前期，台盐一直是当地人民海盐消费的主要来源。但是，清廷出于商业垄断的目的，一直在各方面对台盐的生产销售加以限制，阻碍了其规模的进一步扩大。随着清代后期台湾人口的大规模增长，这种官方控制下的台盐生产销售已经无法满足当地人民巨大的消费需求。加上在长期垄断之下，台湾官盐生产弊病丛生，质次价昂，更严重影响到人民消费。如澎湖官盐"盐色灰黑，殊逊内地"，②卖价却高达"每斤十余文，或以七八十斤为一百斤；所获之鱼，每不足抵买盐之价"。③ 在这种情况下，台湾官盐市场，便逐渐为价格低廉的大陆私盐所挤占，官盐生产逐渐衰落：

> 内地私盐每斤二文，偷载至台每斤卖四五文；而官盐每斤十二三文，故民间趋之若鹜。私盐出入，小口居多；关吏利其贿，不问也。内山生、熟番及粤庄人，皆食此盐。台盐每年减销，不啻十之六七，而官与商俱困矣。④

到了光绪年间，已经出现了"台湾盐务，场产不足，半由内地运售"⑤的情况。来自大陆的"唐盐"大量输入台湾，以填补台盐生产的空缺。截至清

---

① 丁绍仪：《东瀛识略》卷3，大通书局(台北)1987年版，第17页。
② 林豪：《东瀛纪事》，大通书局(台北)1987年版，第68页。
③ 林豪：《澎湖厅志》，大通书局(台北)1984年版，第385页。
④ 刘家谋：《海音诗》，中华书局(台北)1971年版。
⑤ 唐赞衮：《台阳见闻录》，大通书局(台北)1987年版，第66页。

末,台湾土产海盐在当地海盐消费市场中的主导地位,已逐步被大陆海盐所取代。

通过以上叙述可以得知,台湾的海洋生产所使用的生产技术、生产工具和生产方式多来自于大陆,而其海洋生产业在历史上的发展,也与大陆较先进技术的传入和大陆官府的集中管理密切相关。台湾海洋饮食消费习惯的形成,带有浓厚的大陆色彩。甚至大陆的海盐等海产品也在台湾的海产品消费市场中占据过重要的位置。因此我们可以说,台湾历史上的传统海洋生产确实与大陆有着很深的渊源。

第二节　台湾的海洋商品贸易与大陆

一、台湾海洋商品出口贸易与大陆

台湾海洋商品输出的形成,是台陆间海洋商业往来发展的结果。"台湾商业的产生并不是台湾岛内社会分工的结果,而是大陆汉族人民活动的产物。"[①]宋代之前,台湾与大陆的经贸联系较少,尚未出现成规模的产品输出。"无它奇货……故商贾不通。土人间以所产黄蜡、土金、鳌尾、豹脯,往售于三屿。"[②]宋元以后,随着台陆海上交通的发展,大陆商人来台活动日益增多,与当地原住民之间的商品贸易交换活动也逐渐成为常态。元代汪大渊的《岛夷志略》当中,便称台湾"地产沙金、黄豆、黍子、硫黄、黄蜡、鹿、豹、麂皮。贸易之货,用土珠、玛瑙、金珠、麂碗、处州瓷器之属"。[③]

到了明代,两岸之间的经贸往来已经相当频繁,台湾已成为大陆渔民、商人活动的重要场所。1624年荷兰殖民者侵占台湾南部之后,以安平为中心,建立起了以转口贸易为基础的台湾海洋贸易体系。郑氏收复台湾后,更将台湾建设成为东亚海洋贸易的重要据点,令台湾对外海洋产品输出迎来了第一个发展时期。

---

① 黄福才:《台湾商业史》,江西人民出版社1990年版,第15页。
② 赵汝适:《诸番志》,大通书局(台北)1984年版,第37页。
③ 汪大渊著,苏继庼校译:《岛夷志略》,中华书局1981年版。

（一）明代台湾海洋商品输出

在明代,台湾的海洋贸易得到了空前的发展,成为台湾海洋经济的重要内容。这一时期,台湾对外输出产品主要可分为以下几类:

一为渔业产品。如前所述,在明代台湾海域已经成为大陆渔民的重要渔场。每年都有大批渔民前往台湾海域捕鱼,将产品运回大陆。这种渔业活动在荷据时期达到高峰。根据《巴达维亚城日记》的记载,1625年"台窝湾(安平)港有戎克船约计一百艘,来自中国从事渔业"。[①] 到了1641年,来台的大陆渔船已达200艘,而在荷兰人眼中还属于"渔业颇为不振"的情况,[②]可见当时台湾渔业产品输出之盛。根据曹永和先生的估计,在正常情况下,每年应有300—400艘大陆渔船来台捕鱼,以平均每艘渔船获鱼30担(1担约合100斤)计,台湾每年向大陆输出的水产品可达100万斤到120万斤。[③] 这也成为了荷兰殖民当局的重要经济来源之一,他们针对输出到大陆的水产品征收鱼税,获利甚丰。不过后清廷为了扼杀郑氏势力,在大陆东南沿海采取禁海迁界政策,令台湾对大陆的渔业产品输出受到严重影响。

二为鹿皮、鹿肉等鹿制品。台湾森林遍布,鹿群众多,为原住民狩猎的重要对象。而除了食用之外,鹿身上的皮毛还可用于制作衣物和装饰品,鹿茸、鹿鞭可以入药,因此成为商人们追逐的对象,他们以米、盐等生活物资向原住民大量交换鹿皮、鹿肉等鹿制品,运往大陆、日本等地销售。特别在日本,鹿皮更被广泛用于制作服装、甲胄等皮革制品,因而当地对其需求量极大,成为这一时期台湾鹿制品输出的主要对象。荷兰殖民者侵占台湾时,这种贸易已经相当发达,"据闻每年鹿皮可得二十万张,鹿脯及鱼干甚多,可得相当数量之供给"。[④] 由于鹿皮贸易获利巨大,因此逐渐被官方纳入到其

---

① ［日］村上直次郎原译,郭辉译:《巴达维亚城日记》第一册,台湾省文献委员会(台中)1970年版,第49页。

② ［日］村上直次郎原译,郭辉译:《巴达维亚城日记》第二册,台湾省文献委员会(台中)1970年版,第364页。

③ 参见曹永和:《明代台湾渔业志略补说》,载曹永和:《台湾早期历史研究》,联经出版事业公司(台北)1969年版,第234—235页。

④ ［日］村上直次郎原译,郭辉译:《巴达维亚城日记》第一册,台湾省文献委员会(台中)1970年版,第49页。

控制之下。荷据时期，在荷兰人控制下，鹿皮贸易主要在台湾荷兰殖民当局与日本之间进行，"由于荷兰人采取各种手段垄断鹿皮，因此从台湾返回大陆的商船中，很少见有鹿皮输出。唯 40 年代初期，由于荷兰人对日本贸易下降，鹿皮过剩，才允许有少量鹿皮由中国人贩卖"。① 郑氏统治时期，同样将鹿皮贸易列入官方专卖范畴。但是，长年的滥捕也对台湾的鹿群资源造成了严重破坏，加上大片森林被开辟为耕地，使得台湾鹿制品的输出逐年下降。到郑氏时期，鹿皮"兴贩从无一年九万张额……每年鹿皮只有四五万张，所称九万者，庚申、辛酉合并出洋之数"，②规模已大不如前。

三为丝织品、瓷器等转口贸易商品输出。荷兰在台湾所进行的转口贸易，实质上是从大陆等地购入商品，再由台湾转输其他地区的"再出口"。因此其输出产品并非台湾本地所生产，而是来自大陆、日本、东南亚等地。而从中国大陆所购入的商品，则是台湾转口贸易输出的重要来源。依照 1629 年荷兰驻台总督纳茨的叙述，荷兰台湾殖民当局每年需按合同规定，向日本提供总额达 74 万荷兰盾的中国商品，而在这件事上，"从来没有发生过任何困难"，"公司每年能够拿得出多少资金，我们就能从这个国家买到多少商品"。③ 1637 年，从台湾输往日本的大陆商品总价值已达 2042302 荷兰盾，1638 年更达到 2775381 荷兰盾之多。④ 从大陆"输进供荷兰商人转贩贸易的商品，主要是国际市场需要的生丝、丝绸、瓷器，日本、波斯等地需要的糖"。⑤ 根据《巴达维亚城日记》的记载，单是 1637 年日本平户商馆所订购的黄色、白色绢丝等货品，其总价值便高达 1774268 荷兰盾以上。⑥ 另一方面，大陆同样也是台湾的转口贸易输出地之一，此类商品输出以东南亚

---

① 杨彦杰：《荷据时代台湾史》，江西人民出版社 1992 年版，第 209 页。

② 季麟光：《详陈鹿皮缺额文》，载季麟光：《东宁政事集》，台湾文献汇刊第 4 辑第 2 册，九州出版社 2004 年版，第 288 页。

③ 甘为霖：《荷兰人侵占下的台湾》，载厦门大学郑成功历史调查组：《郑成功收复台湾史料选编》，福建人民出版社 1982 年版，第 108 页。

④ 参见曹永和：《明郑时期以前之台湾》，载曹永和：《台湾早期历史研究续集》，联经事业出版公司(台北)2000 年版，第 68 页。

⑤ 黄福才：《台湾商业史》，江西人民出版社 1990 年版，第 32 页。

⑥ [日]村上直次郎原译，郭辉译：《巴达维亚城日记》第一册，台湾省文献委员会(台中)1970 年版，第 190 页。

等地出产的胡椒、丁香等香料为主,由荷兰殖民当局由巴达维亚等地运往台湾,然后转输大陆东南地区。

荷兰在台湾所经营的转口贸易输出,在相当大程度上依赖于中国大陆。其转口贸易经营所具备的三大要素商船、商品和商人,无不与大陆有着密不可分的联系。由于荷兰商船前往大陆一直受到种种限制,所以台湾对大陆商品的获得,在很大程度上必须仰仗从大陆前来的商船。这些商船均为大陆所制造,归许心素、郑芝龙、Hambguan 等中国海商所有。而台湾转口贸易所销售的商品,也大都产自大陆。因此台湾转口贸易输出的前景,可以说基本取决于大陆对台湾的供货渠道是否畅通。1634 年后台湾转口贸易输出迎来高峰,便是台湾海峡局势稳定与大陆海禁逐渐松弛,令大陆商船来台数量增加的结果。而 1640 年后,随着荷兰与郑芝龙等中国海商势力关系的恶化以及大陆东南沿海战事日趋激烈,台湾转口贸易输出也开始明显下滑。由于各类丝织品严重不足,1644 年大员港所能输出的商品尚不及订货额一半。[①] 此后也一直未有起色,直至荷兰殖民者被郑氏驱逐出台湾。

郑氏统治时期,以金门、厦门等地为口岸,继续从事转口贸易。由于清廷此时实施海禁政策,因而郑氏得以独占大陆贸易利益。他们通过走私、贿赂等各种手段,突破清廷的封锁,将丝织品等大陆商品购回台湾,然后转销各地,号称“凡中国各货,海外人皆仰资郑氏;于是通洋之利,惟郑氏独操之”。[②] 不过这种建立在高风险基础上的走私贸易,其效益毕竟无法同荷据时期相比。随着时间的推移,郑氏在大陆的立足点先后丧失,从大陆获得商品也日趋困难,最终令转口贸易走向衰落。

此外,从荷据时代后期开始,台湾本地所生产的米、糖等农产品也逐渐成为台湾对外输出的主要商品。在转口贸易不振的情况下,荷兰殖民者转而将目光投向了台湾岛内,大力发展当地农业生产,将米、糖等农产品用于对外输出,以填补出口空缺。“如果说 1640 年以前台湾主要是转口贸易基

---

① [日]村上直次郎原译,程大学译:《巴达维亚城日记》第三册,台湾省文献委员会(台中)1970 年版,第 78 页。

② 郁永河:《裨海纪游》,大通书局(台北)1987 年版,第 48 页。

地的话,那么在此之后转口贸易则开始衰落,本地生产出口的比重在明显提升,这时台湾逐渐演变为'转口—出口'混合型贸易的基地"。① 郑氏时期,农产品依然是台湾的出口大宗,台糖远销日本、东南亚等地,成为官方专卖产品。1682 年郑将刘国轩名下的一艘商船前往日本贸易时,便载有白糖2050 担、冰糖 150 担,共售得银 13520 两。根据当时驻台英国商馆官员的报告,郑氏时期台糖产量虽不及荷据时期,但年产量仍可达 100 万斤以上。②

(二)清代台湾海洋商品输出

清统一台湾后,随着两岸海上联系的恢复与台陆对渡交通贸易制度的建立,台湾对大陆的产品输出大大增加。"一六八三年清朝统治台湾以后,到一八六〇年台湾对西方开放贸易以前,大陆却几乎成为台湾对外贸易唯一对象。"③而近代台湾各通商口岸的相继开放,使得台湾商品的国际性、地区性输出再次得到发展。清代台湾的商品输出,使其与大陆之间的经贸联系进一步紧密。

清代台湾的海洋商品输出,主要分为以下几大类:

一是以米、糖为代表的传统农产品输出。台湾土地肥沃,耕地面积广大,适合发展粮食生产,"台土宜稼,收获倍蓰,治田千亩,给数万人,日食有余"。④ 自荷据时代以来,随着台湾土地的开发,农业生产也逐渐发展起来。不过在郑氏统治时期,由于战争需要,台湾一直维持大量军队,因此所产米粮多被作为本土消费之用,而非输出商品。清统一台湾后,将大批郑氏军民迁回内地,当地粮食产量出现过剩,需要寻找外部市场。而大陆东南沿海福建等地长期以来人多地少,粮食生产不足供给,正需台米接济。于是清廷从 1725 年开始实施台米配运,将台米输出福建等地。"岁拨存粟碾米五万石,运赴内地平粜,又岁运供粟二万一千余石,为赏给内

---

① 杨彦杰:《荷据时代台湾史》,江西人民出版社 1992 年版,第 139 页。

② 周宪文:《台湾经济史》,台湾开明书店(台北)1980 年版,第 183 页。

③ 林满红:《四百年来的两岸分合——一个经贸史的回顾》,自立晚报社文化出版部(台北)1994 年版,第 22 页。

④ 郁永河:《裨海纪游》,大通书局(台北)1987 年版,第 31 页。

地班兵眷口月米。又自雍正五年为始,岁运供粟二万四千余石,为金厦提镇两标兵丁月米。"①民间贩运活动也十分活跃,"拨运四府及各营兵饷之外,内地采买既多,并商船所带每年不下四五十万。又南北各港来台小船巧借失风名色,私装米谷透越内地"。② 这种出口在清统治前期达到高峰。不过随着台湾人口的增长,当地米粮需求量逐渐增加,这也令台米的输出受到影响。到近代开港后,台米出口又受到洋米冲击,渐呈衰落趋势,甚至出现需要进口的现象,在商品出口中不再占据主要地位。

台糖出口在清统治时期仍是台湾重要的对外商品输出之一。大陆在这一时期也成为台糖输出的重要市场,"台地糖米之利,近济东南、远资西北"。③ 而由于清廷规定,台糖不能直接贩运外国,所以此类输出也多由大陆口岸转运。台人"植蔗为糖,岁产五六十万,商舶购之,以贸日本、吕宋诸国"。④ 到康熙末年,"三县每岁所出蔗糖约六十余万篓,每篓一百七八十斤;乌糖百斤价银八九钱,白糖百斤价银一两三四钱。全台仰望资生,四方奔趋图息,莫此为甚"。⑤ 而近代国际通商口岸的开放与外商的涌入,更使得台糖的出口市场扩大到英国、澳洲与美国地区。1868 年至 1875 年,台糖出口一直是台湾的出口主导,独占出口总值的 50%—60%。⑥ 而自 1876 年之后的九年时间内,台糖输出在全台贸易输出总值中的比重虽然有所下降,但绝对数量仍有巨大增长,平均每年出口额超过 1 亿磅。⑦

二是以茶叶、樟脑等为代表的近代新兴农产品输出。台地产茶历史虽久,但土茶产量一直不多。清代后期,随着大陆优良茶种的传入,茶叶种植逐渐在台湾发展起来。"嘉庆时,有柯朝者归自福建,始以武夷之茶,植于

---

① 《户部为闽督喀尔吉善等奏移会》,载《台案汇录丙集》卷 5,大通书局(台北)1987 年版。

② 《清高宗实录选辑》上册,乾隆七年十二月二十六日,大通书局(台北)1984 年版,第 28 页。

③ 刘家谋:《海音诗》,中华书局(台北)1971 年版。

④ 郁永河:《裨海纪游》,大通书局(台北)1987 年版,第 31 页。

⑤ 黄叔璥:《台海使槎录》,大通书局(台北)1984 年版,第 21 页。

⑥ 参见林满红:《茶、糖、樟脑业与台湾之社会经济变迁(1860—1895)》,联经出版事业公司(台北)1997 年版,第 3 页。

⑦ 参见周宪文:《台湾经济史》,台湾开明书店(台北)1980 年版,第 336—337 页。

嵊鱼坑,发育甚佳。既以茶子二斗播之,收成亦丰,遂互相传植。"①道光年间,台湾淡水地区已开始向福州出口茶叶。淡水沪尾开港后,台湾北部茶叶可直接由沪尾出口国外,由于台湾茶风味独特,价格低廉,在国际市场上深受欢迎,于是"茶叶出产,递年愈广"。② 在西方茶商的推动下,台湾茶叶的出口扩展到澳门、纽约等地,规模也迅速扩大。1871 年,台湾茶叶出口量为246882100 磅,至 1891 年,已达到 412074733 磅,增长约 66.9%。③ 逐渐取代砂糖,成为台湾的出口主导。

在台湾的茶叶输出当中,厦门等大陆通商口岸发挥了非常重要的作用。根据厦门与淡水海关税务司的报告,台湾的茶叶出口,是以厦门为"总的贸易中心","所有茶叶运到本口岸(厦门)后仍然在本地转售外国商人,由外国商人经办复出口。"④从 1872 年到 1891 年,台湾向美国出口的茶叶约占台茶总出口额的 90%,而当中高达 98%是由厦门转输。⑤ 可见台茶出口与大陆的密切联系。

樟脑输出也是近代以来台湾兴起的重要出口贸易之一。台湾中北部彰化、淡水等地樟树资源丰富,但多生于内山原住民居住地,"从前,因生番屡出滋事,内山樟木不能斫伐,以致樟脑无出。"⑥到了清代后期,随着清廷"开山抚番"工作的全面展开,台湾的樟脑生产也得以迅速发展起来。近代以后,台湾已成为与日本并列的世界两大樟脑产地之一。由于樟脑用途广泛,可以入药,也可以用于防腐,因此开港后很快成为台湾一大输出商品,主要供应欧美地区。因为利润可观,清廷曾于 1863 年和 1886 年两度施行樟脑专卖,但均在外国压力下被迫废止。而 1890 年以后,由于合成塑胶制造中开始大量使用樟脑,加上日本樟脑产量的下降,因此台湾樟脑出口迎来高

---

① 连横:《台湾通史》下册,大通书局(台北)1984 年版,第 654 页。

② 陈培桂:《淡水厅志》,大通书局(台北)1984 年版,第 114 页。

③ 参见林满红:《茶、糖、樟脑业与台湾之社会经济变迁(1860—1895)》,联经出版事业公司(台北)1997 年版,第 20 页。

④ 厦门市志编纂委员会:《近代厦门社会经济概况》,鹭江出版社 1990 年版。

⑤ 参见林满红:《茶、糖、樟脑业与台湾之社会经济变迁(1860—1895)》,联经出版事业公司(台北)1997 年版,第 21—22 页。

⑥ 唐赞衮:《台阳见闻录》,大通书局(台北)1987 年版,第 23 页。

峰,年产量从 1890 年的 1064113 磅,跃升为 1895 年的 6935285 磅。1893 年后已经超越日本,成为全球最大的樟脑输出地。①

此外,清代台湾的主要输出产品尚有以花生油、芝麻油、豆油等为代表的油类输出和以煤炭、硫黄为代表的矿产输出等。尤其是煤炭作为蒸汽机的重要燃料,是近代中外所追逐的重要战略资源。因此开港之后,台湾北部基隆等地丰富的煤矿资源便成为重点开发对象。在沈葆桢、刘铭传等清廷大员的支持下,台湾引进西方先进人员技术设备,大力发展基隆煤矿生产,日产量可达 10000 斤以上。1868 年到 1895 年,台湾煤炭出口总值共计 1571713 两。1889 年达到 134958 两,甚至要高过当年的樟脑出口总值。

二、台湾的海洋商品进口贸易与大陆

台湾历史上的海洋商品进口贸易,主要以日常用品与原材料贸易为代表。台湾地区开辟较晚,当地生产又以农业为主要发展方向,经济结构相对单一,手工制造业发展较为落后,远不如大陆福建等地发达。因而台湾居民所消费的日常用品,长期仰赖于从大陆进口。荷据时期台湾从大陆进口的商品,除大部分用于转口贸易的丝织品、瓷器等货物之外,还有一部分便是供应台湾岛内生活需要的日常用品以及建筑材料。而在台湾农业生产发展起来之前,米、麦、面粉等日常食用品也是荷据时期大陆渔民、商人向台湾贩运的重要货物。②

郑氏时期,大陆的日用品更是台湾人民生活的重要支柱。根据清廷方面的资料,郑氏"一切需用粮米、铁木、物料,皆系陆地所产,若无奸民交通商贩,潜为资助,则逆贼坐困可待。向因滨海各处奸民商贩,暗与交通,互相贸易,将内地各项物料,供送逆贼……凡杉桅、桐油、铁器、硝黄、湖丝、蚝绫、粮米一切应用之物,俱咨行贩卖,供送海逆"。③ 除此之外,郑氏还从日本、

---

① 周宪文:《台湾经济史》,台湾开明书店(台北)1980 年版,第 335 页。
② 黄福才:《台湾商业史》,江西人民出版社 1990 年版,第 34 页。
③ 《严禁通海敕谕》,载《郑氏史料续编》(四),大通书局(台北)1984 年版,第 1268—1269 页。

暹罗等地大量进口铜、铅、木材等原材料,用于制造铜钱、刀剑、盔甲、枪炮、洋船等物。

而随着清代两岸的统一,台陆之间的商品流通也日益发达,进出口规模进一步扩大。大陆商船在从台湾输出米、糖等产品的同时,也给台湾带来了大陆各地的大量商品。其中,以手工业制品为主的日用品仍然在台湾进口商品当中占据主导地位,产品种类也更趋广泛:

> 海船多漳、泉商贾,贸易于漳州,则载丝线、漳纱、翦绒、纸料、烟、布、草席、砖瓦、小杉料、鼎铛、雨伞、柑、柚、青果、橘饼、柿饼,泉州则载磁器、纸张,兴化则载杉板、砖瓦,福州则载大小杉料、干笋、香菇,建宁则载茶;回时载米、麦、菽、豆、黑白糖饧、番薯、鹿肉售于厦门诸海口,或载糖、靛、鱼翅至上海。小艇拨运姑苏行市,船回则载布匹、纱缎、枲绵、凉暖帽子、牛油、金腿、包酒、惠泉酒;至浙江则载绫罗、棉绸、绉纱、湖帕、绒线;宁波则载棉花、草席;至山东贩卖粗细碗碟、杉枋、糖、纸、胡椒、苏木,回日则载白蜡、紫草、药材、茧绸、麦、豆、盐、肉、红枣、核桃、柿饼;关东贩卖乌茶、黄茶、绸缎、布匹、碗、纸、糖、面、胡椒、苏木,回日则载药材、瓜子、松子、榛子、海参、银鱼、蛏干。海壖弹丸,商旅辐辏,器物流通,实有资于内地。①

这一时期,大陆各地的日用品齐聚台湾市场,琳琅满目,种类齐全,成为台湾地区人民生活消费最主要来源。澎湖更是"家常器物,无一不待济于台、厦。如市帛磁瓦、杉木、纸札等货,则资于漳泉;糖米、薪炭则来自台郡。然而铺家以杂货销售甚少,不肯多置,故或商舶不至,则百货腾贵,日无从购矣"。②

近代开港后,随着台湾贸易的日益国际化,外国商品也开始大量输入台湾。台湾"居民既多,几至三百万人,所需洋货亦盛"。③ 产自西方的棉毛纺

---

① 黄叔璥:《台海使槎录》,大通书局(台北)1984年版,第47—48页。
② 林豪:《澎湖厅志》,大通书局(台北)1984年版,第306页。
③ 连横:《台湾通史》下册,大通书局(台北)1984年版,第629页。

织品、金属材料以及各种日用品杂货,均在台湾市场中占据了一席之地。而当中又以鸦片销售为大宗。鸦片作为一种药材,有定神镇痛之效,但吸食过多便会成瘾,因此成为不法商人用于谋利的工具。鸦片自荷据时代便已传入台湾,前期主要在当地原住民当中流行。康熙年间的《台海使槎录》便对原住民吸食鸦片的情况有所记载,称"土人服此为导淫具;肢体萎缩,脏腑溃出,不杀身不止。官弁每为严禁。常有身被逮系,犹求缓须臾,再吸一筒者"。① 19 世纪后,西方商人开始大规模对华倾销鸦片,印度等地生产的大量鸦片经大陆流入台湾,于是台地吸食鸦片之风大行。而随着 1840 年鸦片战争后鸦片贸易的合法化,鸦片更是以"洋药"的名义,源源不断地输入台湾,成为当地主要的输入商品,长年占据台湾进口总额的一半以上。"烟土之禁,不弛而弛,即以每人每日约计之,须银二钱;就台地贵贱贫富良莠男女约略吸烟者不下数十万人,以五十万计之,每日即耗银十万两矣。此有去之日、无来之日,业数十余年矣,安得而不穷且盗乎?"②这不但令台银大批外流,更对台地人民的身体健康与生产生活造成了严重损害。

　　通过以上分析我们可以看出,台湾历史上的海洋商品进出口贸易发展,在很大程度上是建立在大陆坚实支持的基础上。台湾海洋产品输出的建立,是大陆商人在台活动的结果,以大陆为最初的输出对象。荷据时期台湾的转口贸易依赖于大陆的商品供给,输出的大部分商品均产自大陆。清代长期以来,大陆都是台湾主要的输出市场。即便在近代开港之后,台湾的国际贸易输出,也有相当部分需要通过大陆通商口岸进行。而台湾的海洋进口贸易同样与大陆有着相当密切的联系。由于台湾手工业生产发展的相对落后,自荷据时代以来,大陆进口商品一直在台湾的日用品和原材料消费市场占据着主导地位,是台湾人民日常生产生活的支柱。所以,大陆在台湾历史上的海洋商品贸易发展过程中,一直起着至关重要、无可替代的作用。

---

① 黄叔璥:《台海使槎录》,大通书局(台北)1984 年版,第 43 页。
② 徐宗干:《请筹议备贮书》,载丁曰健:《治台必告录》,大通书局(台北)1984 年版,第 283 页。

第三节　台湾的海港经济与大陆

一、台湾历史上海港的发展阶段

台湾海港的形成与发展，是在大陆人民渔业和商业活动推动下的结果。由大陆人最初涉足的澎湖起步，逐渐向台湾本岛延伸。从早期分散各处的渔港、商港等单一性质据点，逐步发展为连接台湾与大陆，进而成为整个东亚乃至世界海洋网络的重要组成部分，集商业、工业、渔业、交通、运输、军事等各种社会人文属性于一体的海港网络。截至1895年台湾被日本侵占之前，台湾海港总体上的发展历程，大致可以归纳为四个阶段：

第一个阶段是在1624年以前，属于早期分散发展阶段。随着大陆人民在台湾地区从事商业、渔业活动的增多，在澎湖群岛与台湾本岛逐渐形成了一些海港，如大员、鸡笼、打狗等。这些海港有的是大陆商人与日本商人和当地原住民进行交易的地点，有的则是大陆渔民来台捕鱼时，用于停泊、补给和避风的场所。但在1624年荷兰殖民者占领台湾南部之前，台湾地区的海港还处于一种分散发展的阶段，并没有一个明确的发展主导。

第二个阶段是从1624年到1784年，是以台湾南部安平地区海港为主导的发展阶段。1624年，荷兰殖民者占领台湾南部，开始以安平大员港为据点，在东印度公司的经济力量支持下推动当地的海洋转口贸易。安平地区因此迅速发展起来，成为台湾的海洋活动中心。到了郑氏统治时期，安平鹿耳门港兴起，取代了大员港的地位。1683年清廷统一台湾后，开放鹿耳门与福建厦门单口对渡，此后约百年时间内，鹿耳门一直是唯一的对渡大陆口岸，在台湾海洋交通贸易中独占鳌头。这种状况一直持续到1784年清廷增开鹿港作为对渡正口为止。

第三个阶段是从1784年到1862年，是台湾海港南、中、北三线同时发展的阶段。在这一阶段，随着台湾中、北部地区逐渐得到开发，这些地方与大陆交流往来的需求也日益增加，清廷因此于1784年开放中部鹿港对渡泉州蚶江，1788年开放北部淡水八里坌对渡福州五虎门，后又增开五条港、乌石港为对渡口岸。这一时期，台湾南部有安平、打狗，中部有鹿港、五条港，北部有淡水、鸡笼和乌石港，均是台湾对内、对外海洋交流的重要口岸，形成了南中北三线共同发展的局面。

第四个阶段是从 1862 年到 1895 年，是在台湾北部海港（鸡笼、淡水）为主导的发展阶段。这一阶段的开始以 1862 年、1863 年淡水和鸡笼相继开放为国际通商口岸为标志。淡水、鸡笼开港后，在国际海洋贸易的刺激下，当地发展十分迅速，这也导致了台湾政治、经济重心的北移。因此虽然在这一阶段，台湾南部的打狗港也已发展成为与淡水并称的大港，但台湾海港的发展仍然是在以淡水为代表的北部海港的主导之下。

在了解了历史上台湾海港的大体发展历程之后，接下来我们就试从物质文化的角度，结合自然、区位条件与港市设施建设这两大要素，具体对台湾历史上各主要地区海港经济的发展状况进行一番分析与介绍。

二、台湾历史上主要海港的经济建设发展

（一）澎湖

台湾海港的开发，是从澎湖群岛开始的。"台湾的早期开发，也如同其他中国海岛一样，是以海洋经济的最原始产业——海洋渔业经济为先导的，渔民成为台湾的早期移民，位于台湾与大陆之间的澎湖群岛，自然成为台湾开发的前沿基地。"[①]

澎湖群岛位于台湾岛东南、福建以西海域，包括澎湖、白沙、西屿等 64 个大小岛屿，现属台湾省澎湖县管辖。"其地遥峙海中，逶迤如修蛇，多岐港零屿，其中空间可藏巨艘。"[②]适合船只停泊，是连接台湾岛与中国大陆海上交通的重要枢纽。澎湖群岛成为台湾地区最初的海洋活动据点，首先是因为其适合发展渔业的自然条件和邻近中国大陆的地理优势。澎湖临近福建等地，有着丰富的渔业资源。"闽南渔人自沿岸渔业发展为近海渔业，进而为海洋渔业时，则其渔场亦必扩展至澎湖之近海。……则澎湖因其地近

---

① 吕淑梅：《陆岛网络：台湾海港的兴起》，江西高校出版社 1999 年版，第 17—18 页。

② 张廷玉：《明史》卷 91，中华书局 1974 年版。

渔场,自会被利用为寄泊汲水避风或操业的根据地。"①

南宋之时,中国文献中已有大陆移民在澎湖定居生活的记载。据周必大《文忠集》所载汪大猷神道碑,"海中大洲,号平湖,邦人就植栗、麦、麻。"②当时,澎湖屡受附近之少数民族毗舍耶人渡海掳掠。为巩固附近一带海防,南宋当局在澎湖建立了固定的军事设施,以供守备部队居住。"造屋二百间,遣将分屯,军民以为便,不敢犯境。"③还有学者认为,这一措施表明南宋已在澎湖设立了"巡检司军政机构"。④ 这些设施的建设有效地抵御了毗舍耶人的侵扰,在很大程度上改善了澎湖的海防环境,促进了当地的海洋发展。到了元代,澎湖已成为泉州人聚居之地,海上贸易发达,"当是时,澎湖居民日多,已有一千六百余人,贸易至者岁常数十艘,为泉外府",⑤并设有巡检司加以管理。但明朝建立后,官方奉行海禁政策,为防备倭寇入侵,对海中诸岛多采取消极的墟地徙民方针。江夏侯周德兴于洪武二十年(1387年)奉命整顿福建海防时,便将澎湖弃守,徙其民于泉州,撤除巡检司,这是对澎湖港口建设的极大破坏,造成了当地海洋商业的严重倒退。

而且,澎湖废弃之后,当地的海防安全不但没有因此而得到保障,"反而复为'东洋'海域逃民蝟集之所"。⑥ 闽南沿海渔民以澎湖地处海中,官府催课不及,纷纷前往当地从事捕鱼活动,并在当地搭建渔寮,以供居住之用。隆庆元年(1567年)明朝部分开放海禁后,"在商品经济的冲击下,沿海豪强世族私置武装大船,强行下海走私,澎湖、台湾遂成为海上武装势力的'潜聚'之所。"⑦1604年与1622年,澎湖更是两度遭到荷兰殖民者侵占,严

---

① 曹永和:《早期台湾的开发与经营》,载曹永和:《台湾早期历史研究》,联经出版事业公司(台北)1969年版,第107页。

② 周必大:《文忠集》卷67,载《景印文渊阁四库全书》第1148册,商务印书馆(台北)1986年版。

③ 楼钥:《攻媿集》卷88,中华书局1985年版。

④ 吴幼雄:《南宋初置兵立成澎湖》,《历史教学》1987年第5期。

⑤ 连横:《台湾通史》上册,大通书局(台北)1984年版,第9页。

⑥ 曹永和:《早期台湾的开发与经营》,载曹永和:《台湾早期历史研究》,联经出版事业公司(台北)1969年版,第135页。

⑦ 杨彦杰:《荷据时代台湾史》,江西人民出版社1992年版,第3页。

重威胁到中国东南的海防安全。因此,1624 年荷兰殖民者被驱逐之后,明朝当局便重新加强了对澎湖的控制,着力于对澎湖港市设施的开发建设,"如筑城于妈宫,筑铳台于风柜、于西安、于案山,而官舍、营房、仓厫之无不备","又彭湖固渔薮也,若招置沿海渔船,听其搭盖渔寮,给与縣票,行什一之税"。①

　　这些设施的建设,为澎湖未来的海港经济发展与海防打下了重要的物质基础。到了清代,澎湖的妈宫港已经逐渐发展起来,成为当地的渔业、商业中心,"澎湖适中之处,莫如妈宫澳。其地外险内夷,西有金龟头,东南有风柜尾,左右拱卫,居中控扼,若衣之有要领,是以官商聚焉"。② 随着人口的聚集,妈宫当地的街市建设也渐成规模,街道分为仓前街(后改为善后街)、左营街、大井头街、右营直街、右营横街、太平街、东门街、小南门街、渡头街(又名水仙宫街)、海边街等。街中有渔市、菜市等,澎湖盐馆总办亦设于妈宫。除妈宫港外,其余各澳社也设有盐馆、油车、咸鱼行、染房、杂货铺等设施,但"或一二间而已,不成为市也。此外十三澳别无码头,市镇及墟场交易之处",③因此妈宫港在澎湖海港经济当中的地位就尤为突出。

　　妈宫港街市的建设发展,促进了妈宫港口商业贸易的兴盛,令当地成为了澎湖的商品贸易集散地,扮演着为澎湖居民提供生活用品来源的重要角色。"凡衣食器用,皆购于妈宫市。而妈宫诸货,又皆藉台、厦商船、南澳船源源接济,以足于用;则通商惠工,实守土者之要务也。"④与台厦之间建立起了高度依存的贸易联系。在妈宫逐渐组成了由中国商人所主持的台厦郊,从事厦门、台湾之对渡往来贸易。"郊商仍开铺面,所卖货物,自五谷、布帛以至油酒、香烛、干果、纸笔之类及家常应用器,无物不有,称为街内。"⑤当地船只"巨者贸易于远方,小者逐末于近地,利亦溥哉!"⑥而渔业

　　① 《条陈澎湖善后事宜》,载《明季荷兰人侵据澎湖残档》,大通书局(台北)1987年版。
　　② 林豪:《澎湖厅志》,大通书局(台北)1984 年版,第 170 页。
　　③ 林豪:《澎湖厅志》,大通书局(台北)1984 年版,第 83 页。
　　④ 林豪:《澎湖厅志》,大通书局(台北)1984 年版,第 82 页。
　　⑤ 林豪:《澎湖厅志》,大通书局(台北)1984 年版,第 306 页。
　　⑥ 周于仁、胡格:《澎湖志略》,台湾省文献委员会(南投)1993 年版。

仍是澎湖最重要的海洋产业之一，"附岛居民，咸置小艇捕鱼，以糊其口"，①贸易、生产活动已经十分繁忙。19世纪60年代台湾开港通商之后，妈宫港成为"中外通商轮船往来必经之地"，②海上贸易进一步发展。

在历史上，澎湖海港因其地理位置和自然条件优势，一直扮演着中国大陆与台湾之间贸易交通往来重要中转站的角色，与厦门、台湾等地都建立了密切的联系，逐渐形成了以妈宫港为中心的港口街市体系，成为澎湖海洋经济的发展主导。

（二）安平

安平地区位于台湾岛西南岸，现在的台南市安平区一带。其沿海多沙洲，"逶迤而西南，有鲲身者七（自打鼓山蜿蜒而亘西南，共结七堆土阜，有蛛丝马迹之象，如鲲渔鼓浪然。自一鲲身递至七鲲身，相距有十里许；并无硬石，俱皆沙土生成。然任风涛飘荡，不能崩陷。上多荆棘杂木，望之有苍翠之色。外系西南大海、内系台湾内港，宛在水中央。采捕之人居之）"，③安平地区最初的港口——大员便坐落其上。

当时的大员港，有着发展海洋经济的良好自然条件。台湾西南沿岸是寒暖流交汇之所，吸引乌鱼等鱼群在此大量聚集。而大员本身的水文条件，也比较适合担任港口的角色。1622年荷兰殖民者入侵澎湖时，也曾派人到安平地区考察，认为大员是船舶便于停泊的地方。在《巴达维亚城日记》中，对当地的自然条件有着这样的描述：

> 发现港内之水，如上述在潮水最干时为十二尺，并算定其潮水满时当在十五至十六尺。在此附近海岸多砂丘，随处有丛林，内地高处稍见树木及竹，但欲得之则甚困难。如能获得材料则港口之南侧则适合筑城。此处如有城则船舶之进港，当属困难。④

---

① 周于仁、胡格：《澎湖志略》，台湾省文献委员会（南投）1993年版。
② 林豪：《澎湖厅志》，大通书局（台北）1984年版，第364页。
③ 高拱乾：《台湾府志》，大通书局（台北）1984年版，第13—14页。
④ ［日］村上直次郎原译，郭辉译：《巴达维亚城日记》第一册，台湾省文献委员会（台中）1970年版，第11页。

根据荷兰人的调查，虽然大员港外水深偏浅，水道弯曲，大型船只进入有所不便，但内港的水位颇深，"一到港内，水就有五浔多深，船只就能在那里碇泊避风"。① 当时荷人对台湾西南沿岸的其他地区也进行过考察，得出的结论是没有比大员条件更好的港口。

由于大员的自然环境较为优厚，它在被中国大陆渔民所发现后，便逐渐发展为台湾南部主要的商港与渔港。早在荷兰人涉足大员之前，来自中国大陆与日本等地的商人便已在当地进行贸易活动，乃至定居下来。"据中国人言，此港为日本人每年以戎克船二三艘渡来，经营贸易之处。此地多鹿皮，日本人向土番采购之。又自中国每年有戎克船三四艘，载运丝织品前来，与日本人交易。"②中国渔民同样在大员从事渔业活动，荷兰人前往大员考察，便是以在当地捕鱼的中国渔民为向导。他们在考察过程中，也曾遇到过一艘渔船。③

1624年，荷兰殖民者被明军逐出澎湖，此后便全力经营大员，要将其建设成与中国大陆、日本开展海上贸易的重要港口和进行殖民活动的基地。他们在大员沙洲上建造城堡，取名奥兰治城（Fort Orange），后改名热兰遮城（Fort Zeelandia）。该城历经数次扩建，成为当地最为坚固的要塞据点，也是荷兰在台湾殖民统治的中心。余文仪《续修台湾府志》曰：

> 红毛城：在安平镇。亦名安平城，又名赤嵌城。荷兰于一鲲身顶筑小城，又绕其麓而周筑之为外城。城垣用糖水调灰叠砖，坚埒于石；凡三层。下一层入地丈余而空其中，凡食物及备用者悉贮之。雉堞俱钉以铁。广二百七十七丈六尺，高三丈有奇。女陴、更寮星联内城。楼屋曲折高低，栋梁坚巨，灰饰精致。瞭亭螺梯、风洞机井，鬼工奇绝。④

---

① 甘为霖：《荷兰人侵占下的台湾》，载厦门大学郑成功历史调查组编：《郑成功收复台湾史料选编》，福建人民出版社1982年版，第105页。1浔＝1.852米。

② ［日］村上直次郎原译，郭辉译：《巴达维亚城日记》第一册，台湾省文献委员会（台中）1970年版，第11页。

③ ［日］村上直次郎原译，郭辉译：《巴达维亚城日记》第一册，台湾省文献委员会（台中）1970年版，第11页。

④ 余文仪：《续修台湾府志》下册，大通书局（台北）1984年版，第639—640页。

在建设军事设施的同时,荷兰人还在大员以北的北线尾岛上建立了商馆。1625 年,为了进一步发展当地的贸易与渔业,荷兰人从原住民手中廉价买下了大员对岸台湾本岛的一块地区,将商馆迁于此处,并在那里兴建新的街市,名为普罗文察市(Provintia),以吸引中国大陆等地的移民前来定居开发。"选定地点之一方有淡水之河川,土地肥沃,野兽群生,又有多栖鱼类之泽沼,沿岸亦多鱼类,故有中国人及日本人之移住,自无疑义。"①在荷兰殖民当局的大力建设下,普罗文察市逐渐繁荣起来,成为不少大陆移民和商人定居之所。市内住房、仓库、医院、马厩、羊圈等设施相继齐备,后期还出现了木材厂与铁匠铺。港口街市设施的建设,为大员港的贸易发展提供了有力的支持。前往大员的船只数量显著增加。当地的商业和渔业等活动迅速发展起来,与中国大陆等地建立了密切依赖的经贸联系。

1634 年以后,随着大陆海禁的松弛与台湾海峡海盗活动的逐渐平息,大员港的商业贸易更趋繁荣。荷兰殖民者乐观地指出:"贸易已较从前自由推行,从前不敢来台窝湾(安平)之海澄及其他地方商人,来者已不少。……又自台窝湾(安平)带往中国之货品,皆得自由贩卖。……是故,长官深信公司已能照希望,获得泉州(漳州?)精巧货品及杂货之充分供应。"②由于从中国大陆输入的商品大大增加,以至令荷兰殖民者颇有船只紧张之感。除荷兰人以外,不少居住在大员的中国商人也以当地为据点从事海外贸易活动。这一时期的大员港,聚集着大批从各地来台进行贸易、渔业等活动的船只,可以说是台湾海洋经济的中心。

但是到了荷兰统治末期,大员港的水位却日渐狭浅,使它逐步丧失了作为良港所必需的自然条件,大员在台湾海上交通贸易当中的作用也渐为其北面的鹿耳门港所取代。清廷统治时期,大员港更加淤浅,大船已无法进出。而鹿耳门港尽管港道狭隘,但涨潮之时航行仍属便利,"从前平定郑克

---

① 〔日〕村上直次郎原译,郭辉译:《巴达维亚城日记》第一册,台湾省文献委员会(台中)1970 年版,第 48 页。

② 〔日〕村上直次郎原译,郭辉译:《巴达维亚城日记》第一册,台湾省文献委员会(台中)1970 年版,第 134—135 页。

埌、朱一贵皆乘风潮,舟行入港,水高港平,众艘奔赴,无所阻碍",①且正当澎湖与台湾之航路,因此被清廷视为台湾之门户,加以重点经营。清廷统一台湾后,将台湾府治设于安平,又于康熙二十三年(1684 年)指定鹿耳门为台湾唯一正口,与福建厦门单口对渡。在随后长达百年的时间内,绝大部分往来台湾船只皆需经由鹿耳门,"自厦至台大商船及台属小商船往诸、彰、淡水贸易,俱由此出入"。② 如此地位独尊,使其得以总揽台湾岛之海上贸易交通。安平也成为全台的政治经济中心与台陆商品货物的集散地。

在此基础上,安平港口街市设施的建设渐成体系。到康熙中期,安平府城已形成了以大街为中心,街界东安、西定、宁南、镇北四坊的坊市结构,各坊间有鱼市、菜市、柴市等,大街更是"街界四坊,百货所聚"。③ 雍正年间,又出现了专门从事台陆间贸易的商业组织"行郊",有与上海、天津等地贸易的"北郊"、与厦门、泉州、香港等地贸易的"南郊"及专事糖类销售的"糖郊"等。这些行郊商人聚集于府城大西门外经营,逐渐形成商业市街。同时仓廒、盐馆等设施也先后建立。"府城商业规模的大小,也影响鹿耳门进出货物吞吐量之多寡",这些商业设施的齐备,使得安平地区港口真正具备了"区域性商业中地机能。"④为鹿耳门港成为清代中前期台湾海港经济的发展主导奠定了基础。

18 世纪晚期,自鹿港与泉州蚶江、淡水八里坌与福州五虎门之间也相继开放对渡后,鹿耳门港的统治地位开始受到动摇。而鹿耳门本身的自然条件也逐渐劣化。"因受积沙的影响,台南一带的海岸线逐渐向西延伸,海岸一带的地壳也逐渐隆起。最严重的是道光三年(一八二三年)曾文溪洪水泛滥,台江内海受到大量泥沙之淤填浮成陆埔,鹿耳门终于失去了港湾的

---

① 《清世宗实录选辑》,雍正十一年十二月十一日,大通书局(台北)1984 年版,第45 页。

② 余文仪:《续修台湾府志》上册,大通书局(台北)1984 年版,第 108—109 页。

③ 高拱乾:《台湾府志》,大通书局(台北)1984 年版,第 47 页。

④ 参见林玉茹:《清代台湾港口的空间结构》,知书房出版社(台北)1996 年版,第117、173 页。

机能,也失去了它的天险。"①根据《东槎纪略》的叙述,山洪暴发后的鹿耳门,其港口环境已经发生了根本性的改变:

> 乃十月以后,北自嘉义之曾文,南至郡城之小北门外四十余里,东自洲仔尾海岸,西至鹿耳门内十五六里,弥漫浩瀚之区,忽已水涸沙高,变为陆埔,渐有民人搭盖草寮,居然鱼市。自埔上西望鹿耳门,不过咫尺。北线内深水二三里,即系浅水,至埔约五六里。现际春水潮大,水裁尺许,秋冬之后,可以撩衣而涉。自安平东望埔上鱼市。如隔一沟。昔时郡内三郊商货,皆用小船由内海驳运至鹿耳门。今则转由安平大港外始能出入。目前如此,更数十年,继长增高,恐鹿耳门即可登岸,无事更过安平。则向之所谓内险,已无所据依。北路空虚,殊为可虑!②

由于自然条件严重恶化,鹿耳门港的地位也一落千丈。至道光二十年(1840年)鸦片战争之时,鹿耳门"水深不过数口,小船亦难出入",③在清廷官员眼中已成废口,为防英军进攻,甚至准备将其填塞。昔日的全台第一港从此逐渐退出历史舞台。

在这种情况下,疏浚河道便成为安平海港建设的第一要务。"三郊为维护航道之畅通,不得不整修从国赛港至四草湖(又称竹筏港)之河道,引海舶停靠于四草湖。复整治四草湖至五条港区之河道(即旧运河),以竹筏将四草湖卸下之货物运入五条港区。"④而安平大港(即原来的大员港)的淤积状况在这一时期有所好转,重新和四草港等一起担负起安平地区的航运任务。虽然因安平地区开发多年,经济基础与设施建设较为扎实,加之又于同治四年(1865年)被开放为通商口岸,因此其港口经济仍可保持相当规

---

① 周宗贤:《鹿耳门暨四草炮台建置始末》,《淡江人文社会学刊》2004年第20期。
② 姚莹:《筹建鹿耳门炮台》,载姚莹:《东槎纪略》,大通书局(台北)1984年版,第31页。
③ 姚莹:《台湾十七口设防图说状》,载姚莹:《中复堂选集》,大通书局(台北)1984年版,第78页。
④ 卓克华:《清代台湾的商战集团》,台原出版社(台北)1990年版,第176页。

模,但毕竟地位已不比当年。

（三）鹿港

鹿港,又称鹿仔港,其地位于今台湾省彰化县鹿港镇一带。早期鹿群聚集,为原住民打猎采捕之所。清廷治台之后,随着大陆移民开发活动向台湾中部地区扩展,鹿港当地也逐步得到建设。到了乾隆年间,当地的鹿仔港街已有居民数千户,"水陆码头,谷米聚处"。① 人们在鹿港港口建立水棚,"可容六七十人。冬日,捕取乌鱼;商船到此,载芝麻、粟、豆"。② 鹿港米市街西畔还设有仓廒,共计十六间。港口街市的建设与发展,刺激了当地的贸易活动,加上附近海域又是每年冬季乌鱼大潮的起源地,因而鹿港的海洋经济逐渐发展起来,成为台湾中部主要的海港,"帆樯麋集,牙侩居奇,竟成通津矣"。③

随着鹿港海洋经济的发展,与大陆之间的海上交通贸易往来需求也不断增加。由于鹿港地近福建泉州蚶江,"是以台地北路商贩,贪便取利,即多由此偷渡",④从而对清廷台陆单口对渡的政策产生了冲击。乾隆四十八年(1783年),清福州将军永德认为既然当地与大陆通航条件便利,私渡贸易活动又难以禁绝,不如"听民自便",于是奏准朝廷增开鹿港为正口,与泉州蚶江对渡。次年,鹿港正式开口。

鹿港成为台陆对渡正口之后,"由泉州之蚶江往,海道仅四百里;风顺半日可达。此鹿港所以为台地最要门户,较鹿耳门更缓急可恃也",⑤其港市建设更加受到重视。"行郊亦纷纷成立,嘉庆二十一年(1816年)以前已设有八郊;而且,又大兴土木,重要建筑俱于本期兴建,市镇规模扩展极迅速。因此,乾隆末年至道光初年,实为鹿港黄金时代。"⑥市内"街衢纵横皆

---

① 范咸:《重修台湾府志》上册,大通书局(台北)1984年版,第77页。

② 余文仪:《续修台湾府志》上册,大通书局(台北)1984年版,第27页。

③ 朱景英:《海东札记》,大通书局(台北)1987年版,第8页。

④ 永德:《请设鹿港正口疏》,载周玺:《彰化县志》,大通书局(台北)1984年版,第396页。

⑤ 赵翼:《移彰化县城议》,载周玺:《彰化县志》,大通书局(台北)1984年版,第406页。

⑥ 林玉茹:《清代台湾港口的空间结构》,知书房出版社(台北)1996年版,第227页。

有,大街长三里许,泉、厦郊商居多,舟车辐辏,百货充盈。台自郡城而外,各处货市,当以鹿港为最。港中街名甚多,总以鹿港街概之"。① 台湾水师协左营游击、台湾北路理番同知等政府机构也先后进驻鹿港,并相继建成官署、营房、火药局等配套设施。港市设施建设的完善,进一步促进了鹿港海洋经贸活动的发展繁荣,甚至一度有赶超鹿耳门,成为台湾第一大港的趋势。"其时一二千石大舟均可直抵港岸,商艘云集,盛于鹿耳。"②而长期台陆对渡交通贸易活动的开展,也令鹿港与福建泉州等地建立了紧密的经济联系,由大陆商人组成的行郊更是当地的贸易主导,"行郊商皆内地股户之人,出资遣伙来鹿港,正对渡于蚶江、深沪、獭窟、崇武者曰'泉郊',斜对渡于厦门曰'厦郊'。间有糖船直透天津、上海等处者,未及郡治北郊之多。若澎湖船则来载腌咸海味,往运米油地瓜而已。其在本地囤积五谷者,半属土著股户。其余负贩贸易,颇似泉、漳"。③

在两岸交通贸易往来的推动下,鹿港的海洋经济发展于 19 世纪前期达到顶峰。但是鹿港在地理环境上的缺陷,决定了它的经济繁荣无法长久保持。由于"沙汕时常淤塞,深则大船可入,浅惟小船得到",④使得鹿港港口无法保证稳定的通航条件。早在嘉庆中期,其主口便已无法通航大型船只。不过,因为鹿港经过多年建设,"港口设施和功能最为完备",⑤使得其在主口淤浅之后的相当长时间内,仍然能够依靠邻近的其他外口接济大船,再换用小船将大船所载商品货物运入鹿港,以维持航运贸易,可见港口设施等物质文化建设基础,对于海港经济发展的强大支持作用。

但是,自 19 世纪中期以后,在王功港、三林港(番仔挖)等外口也相继淤浅的影响下,鹿港的海洋交通贸易活动终于逐渐难以为继。当西方列强与清廷议定开放台湾通商口岸之时,因为鹿港"近年沙汕涨坍靡定,涨则舟

① 周玺:《彰化县志》,大通书局(台北)1984 年版,第 40 页。
② 丁绍仪:《东瀛识略》,大通书局(台北)1987 年版,第 52 页。
③ 周玺:《彰化县志》,大通书局(台北)1984 年版,第 290 页。
④ 周玺:《彰化县志》,大通书局(台北)1984 年版,第 25 页。
⑤ 林玉茹:《清代台湾港口的空间结构》,知书房出版社(台北)1996 年版,第 227 页。

不能通,须泊二三十里外;有时通利,亦沙线环绕,非小舟引道不敢行",①不适合外国轮船进出,所以便被排除在外。而随着淡水、鸡笼、安平、打狗等地的相继开港,鹿港在台湾航运贸易中的地位明显下降,客源货源大量流失,其港口经济从此走向衰落。

(四)淡水、鸡笼

淡水和鸡笼均为台湾北部的主要海港,明代文献多将两者并称。早先已有少数原住民居住于当地,从事渔业和简单的物物交换。15 世纪以后,鸡笼、淡水为中国大陆渔民发现,逐渐成为台湾北部主要的商港和渔港,另一方面也招来了西班牙殖民者的入侵。

西班牙殖民者对鸡笼的占领,主要是出于东亚海上贸易和殖民竞争的考虑。为了在与荷兰的殖民争霸中占据主动,西班牙一直希望能在台湾获得一个立足点,以开辟同中国和日本的贸易,并屏护其在马尼拉的殖民地。而 1624 年荷兰殖民者对台湾南部的侵占,更刺激了西班牙人对台湾的野心。在这种情况下,鸡笼以其良好的水文条件,成为西班牙人心目中合适的选择。早在 1597 年就有人指出,鸡笼"港湾宽阔、水深、而宜于避风",②是"台湾最适于建立殖民地之处"。③ 根据 1626 年西班牙菲律宾总督席尔瓦(Fernando de Silva)给西班牙国王的报告,鸡笼是"所能想象的最好港口……其入口有 18 英寻宽,可以容纳 50 艘船。……有很美的水及很多西班牙的水果。……另外对任何因风被迫进港的卡斯提亚船只而言,这是个不错的港口"。④

1626 年,西班牙殖民者占领鸡笼,随后又于 1628 年占领淡水,着手将当地海港建设成为其进行海上贸易与殖民活动的据点。他们在鸡笼的社寮

---

① 丁绍仪:《东瀛识略》,大通书局(台北)1987 年版,第 52 页。

② 《Don Fernando de los Rios Coronel 上校为占领福尔摩沙岛港口重要性,致菲利浦二世国王函,1597—6—27》,转引自欧阳泰:《福尔摩沙如何变成台湾府?》,远流出版公司(台北)2007 年版,第 165 页。

③ 欧阳泰:《福尔摩沙如何变成台湾府?》,远流出版公司(台北)2007 年版,第 165 页。

④ Archivo general de Indias,Filipinas,21,R・2,N・8,转引自林盛彬:《一六二六年西班牙进占台湾北部及其相关史料研究》,《台湾风物》1997 年第 47 卷第 3 期。

岛（今和平岛）上修建城塞，起名为圣萨尔瓦多（San Salvador）城，从中国大陆和马尼拉等地招揽移民，并建立街市作为中国汉人的居住区，这种居住区被称为"涧内"。此外还在淡水河口修筑木城，取名"圣多明戈"（Santo Domingo），并修建淡水和鸡笼之间的道路。西班牙殖民者希望能够将鸡笼和淡水建设成为其在东亚进行海洋贸易的重要海港，与荷兰控制的大员在商业上展开竞争。

但是，西班牙人对台湾北部海港的建设最终并没有得到他们所预想的结果，这是由当时的内外环境所决定的。首先是台湾北部气候阴冷潮湿，疫病流行，严重影响了当地移民社区的发展。荷兰人在1634年的《巴达维亚城日记》中也提到，"在鸡笼患病及死亡甚多，此外亦有不便，故先是迁往该地之自由移民多数搭也哈多船归去，乘船者中有西班牙人一百人、葡萄牙人二十人"。① 而外部环境更是对鸡笼的发展不利。1633年以后，日本开始进入锁国时代，西班牙同日本的贸易由此中断，令西班牙人将鸡笼建设成为对日贸易中心的期望化为泡影。由于荷兰人控制的大员港的竞争，来到鸡笼的中国船只也不如想象中那么多。这些都令鸡笼在西班牙人眼中的地位明显下降。而"此地全赖菲律宾的财源挹注，当马尼拉于一六三〇和一六四〇年代景气转趋低迷，此一据点就成为裁减的首要对象。"②1635年，西班牙新任菲律宾总督科奎拉（Don Sebastian Hurtado de Corcuera）上任后，便决定削减西班牙在台湾的开支，拆毁圣多明戈城等设施，并撤走大部分兵力。由于缺乏资金和物资人员支持，西班牙在鸡笼和淡水港的建设不可避免地衰落下去，最终归于失败。

郑氏政权统治时期，对台湾北部有所开发，以刘国轩镇守鸡笼山，"剿抚诸番，拓地日广"。③ 同时，郑氏还以鸡笼作为商港，与日本商人进行贸易，不过当地的海港经济规模仍然有限。清廷治台之初，视安平地区为统治

---

① ［日］村上直次郎原译，郭辉译：《巴达维亚城日记》第一册，台湾省文献委员会（台中）1970年版，第113页。

② 欧阳泰：《福尔摩沙如何变成台湾府？》，远流出版公司（台北）2007年版，第199页。

③ 连横：《台湾通史》下册，大通书局（台北）1984年版，第759页。

重心,以台湾北部远离府治,交通补给不便,对其治理态度较为消极。直到雍正元年(1723年)清廷设立管辖台湾北部的淡水厅,当地的港市建设才开始走上正轨,移民逐渐在此聚集,修建市街。"居者渐聚,耕渔并耦,鸡狗相闻。由淡水而鸡笼,由鸡笼而噶玛兰,盖已大启土宇矣。"①其中位于淡水河口的八里坌,成为台湾北部经济发展最快的地区。

八里坌港位于淡水河入海口的南岸,港口距福州五虎门约六七百里水程,"港道宽阔,可容大船出入……非偏僻港口仅容小船者可比"。② 汉人移居淡水河流域,起初多居住于此,于是逐渐形成村庄街市,慢慢兴盛起来。随着淡水当地乃至整个台湾北部地区的发展,"在时间和数量上均有严格限制的社船贸易已无法满足北部地区土地的开发和经济的发展以及伴随之而来的日益迫切的对外发展交通的需求"。③ 无视当时清廷对台陆港口对渡的限制,私自从福州等地直接前往八里坌贸易经商的大陆人越来越多,令当地成为台湾北部主要的商港。

乾隆五十三年(1788年),清廷见"小民等趋利如鹜,势难禁遏","只因封禁转启偷越勒索之弊,自不若明设口岸以便商民",④决定在八里坌与福州五虎门之间开设对渡。但八里坌后由于"近时淤浅,口内近山有沙一线,商船不便",⑤其对渡正口的作用实际上逐步被淡水河北岸的沪尾港所取代。因此淡水的政治、经济重心也开始向与沪尾港水程甚近,"关渡在适中之区,两山夹峙,阔一箭地,三四百石之船及大号者,尽可乘潮直抵"⑥的艋舺等地转移。到了道光年间,艋舺已是郊商云集,"民居铺户,约四五千家,外即八里坌口,商船聚集,阛阓最盛,淡水仓在焉。同知岁中半居此,盖民富

---

①　连横:《台湾通史》上册,大通书局(台北)1984年版,第118页。

②　《大学士九卿议覆公中堂福议奏》,载陈国瑛:《台湾采访册》,大通书局(台北)1984年版,第70页。

③　李祖基:《清代台湾的开发与岛上对外交通》,《台湾研究集刊》2002年第2期。

④　《大学士九卿议覆公中堂福议奏》,载陈国瑛:《台湾采访册》,大通书局(台北)1984年版,第70页。

⑤　姚莹:《台湾十七口设防图说状》,载姚莹:《中复堂选集》,大通书局(台北)1984年版,第82页。

⑥　陈培桂:《淡水厅志》,大通书局(台北)1984年版,第184页。

而事繁也"。① 咸丰三年（1853 年），同安郊商林右藻又组织开发淡水河东岸大稻埕，"出首招同各户，先行创造大街店屋，始建市镇，百计邀集各商结合在此营业，或贩什货，或开商行，生理日兴，万商云集，成大稻埕之胜境"。②

行郊与街市的兴旺，有力地推动了淡水与大陆之间的贸易发展，将其与福州、厦门、天津等地紧密联系在一起，成为台陆海洋活动网络的重要节点。"商人择地所宜，雇船装贩，近则福州、漳、泉、厦门，远则宁波、上海、乍浦、天津以及广东。凡港路可通，争相贸易。所售之值，或易他货而还。"③同治元年（1862 年），沪尾港正式开放为国际通商口岸，设关征税，港市建设也进一步国际化，1870 年至 1872 年间，淡水港先后成立宝顺、德记、怡记、水陆及和记等洋行。"洋行大量收购各地物产，更加强通商港的中心集散与分配机能"，④物质建设的完善，令淡水的海港经济更加发达，"年来夹板帆樯林立，洋楼客栈，阛阓喧嚣"，⑤"商贾，估客辏集，以淡为台郡第一"。⑥ 也令清廷在台政治经济中心逐步转移到北部，在淡水修建台北府城，又移台湾省会于此，使当地商业更趋发展：

> 十三年，邀江浙商人集资五万两，设兴市公司，创建城内之石坊、西门、新起诸街，以栖商贾，治大路，行马车。聘日本人凿井，曰自来水，汲者便之。翼年，设电汽灯，燃煤为之，凡巡抚、布政各署机器局及大街均点之。而大稻埕铁桥亦以是年成，费款七万余元，上利行人，而下通船舶。设机为组，可以启闭。当是时，省会初建，冠盖云集，江浙闽奥之人，多来贸易。而糖、脑、茶、金出产日盛，收厘愈多。⑦

---

① 姚莹：《台北道里记》，载姚莹：《东槎纪略》，大通书局（台北）1984 年版，第 90 页。

② 《台湾私法商事编》，大通书局（台北）1987 年版，第 28 页。

③ 陈培桂：《淡水厅志》，大通书局（台北）1984 年版，第 298—299 页。

④ 林玉茹：《清代台湾港口的空间结构》，知书房出版社（台北）1996 年版，第 295 页。

⑤ 沈葆桢：《台北拟建一府三县折》，载沈葆桢：《沈文肃公（葆桢）政书》卷 5，文海出版社（台北）1967 年版，第 1027 页。

⑥ 陈培桂：《淡水厅志》，大通书局（台北）1984 年版，第 298 页。

⑦ 连横：《台湾通史》下册，大通书局（台北）1984 年版，第 630 页。

另一方面,随着淡水海上交通贸易的日趋繁荣,以及噶玛兰等周边地区的开辟,鸡笼港作为"内可泊巨艘"的优良海港,地处邻近交通所经之处,成为船只聚集之地。1862年淡水开港时,鸡笼本不在通商之列,但因其港水深易泊,出入无须候潮,"各国洋艘咸收入鸡笼,远赴沪完税,其领事申请上宪增开鸡笼子口",①因此也于次年正式开放为通商口岸。

鸡笼开港之后,港口经济规模迅速扩大,"通商以后,竟成都会,且煤务方兴,末技之民四集,海防既重,讼事尤繁"。② 这与港市的基础设施建设发展是分不开的。为了发展台湾商务,台湾巡抚刘铭传大力推动鸡笼(1875年改名基隆)的铁路建设,指出"现在贸易未开,内山货物难以出运,非造铁路不足以繁兴商务,鼓舞新机。……只基隆一口,无须候潮,泊船较便,因距淡水旱道六十里,运货殊难,中外各商不得已往来沪尾,若能就基隆开修车路,以达台南,不独全台商务兴,且于海防所裨甚大"。③ 1891年,从基隆经淡水(台北)到新竹的铁路线正式竣工,总长106.7公里。这条铁路的建设,对于台湾北部港口的商品贸易流通有着重要的意义,大大促进了基隆、淡水地区的经济发展。

同时,清廷也认识到,由于进出鸡笼船只数量规模的日益庞大,鸡笼原有的港口设施已逐渐无法满足当地海洋经济发展的需要,"此间市肆日新,已有蒸蒸日上之势,加以铁路告成,是邦之珍锡毕呈,各国之梯航踵至,若不豫留一绰然有余之所,必将有限于尺幅之时",④同治六年(1867年),清廷在鸡笼港"左右两边建置白塔两株,高可四丈五尺左右,兼于港内砂石两处设备浮表或竹桩,以为洋船出入指认之处,庶往来船只,无失路搁浅之患。"⑤光绪十三年(1887年),台湾巡抚刘铭传还计划对基隆港进行修筑,只是因资金技术上的缺乏,工程最后未能完成。

---

① 陈培桂:《淡水厅志》,大通书局(台北)1984年版,第156页。
② 唐赞衮:《台阳见闻录》,大通书局(台北)1987年版,第15页。
③ 刘铭传:《拟修铁路创办商务折》,载刘铭传:《刘壮肃公奏议》,大通书局(台北)1987年版,第268页。
④ 周宪文:《台湾经济史》,台湾开明书店(台北)1980年版,第312页。
⑤ 唐赞衮:《台阳见闻录》,大通书局(台北)1987年版,第41—42页。

开港后,淡水与基隆的港口贸易逐步国际化,促成了当地经济的繁荣,使其成为近代台湾主要的海港,导致了台湾政治经济重心的北移,也成为清廷的建设重点。官方为了发展港口经济,大力推动铁路、仓库、馆署、码头、塔表等港市基础设施的建设,为当地港口的近代化奠定了物质基础。

(五)打狗

打狗位于台湾岛南部,今台湾省高雄市一带,因平埔族打狗社原住民居于当地而得名。打狗港由打鼓、旗后两山夹峙,"其港口,有巨石裂成一门;门甚窄,仅容一舰",①入口狭窄,水流较急,但港内却适合停泊避风,附近海域更有着丰富的乌鱼资源,因而自明代中期以后为大陆渔民所发现后,便成为其在台湾南部重要的渔港与避风港。传说明代著名海盗林道乾为明军所败后,便曾率船队避入打狗港,并将财宝埋藏于打鼓山中。随着船只在打狗活动的频繁,当地也逐渐得到初步建设。人们开始在打狗修筑房屋,以供渔民居住之用。荷据时代,打狗港已建有小屋数间,为众多大陆渔民休息之所。到了郑氏时期,逐渐有成规模的渔民在打狗旗后一带定居,并对当地加以开发建设:

> 立开垦旗后庄人徐阿华,于康熙十二年,自置一小渔船,住眷捕鱼为业,船因风台,逃入旗港。该旗一带砂汕并无居民,华睹此山近海,捕鱼深为简便,先搭盖一小草寮暂蔽风雨,后则邀同渔人洪应、王光好、蔡月、李奇、白圭、潘踄各盖盖一草寮在旗捕鱼,计共十余家居民,均属浅鲜,阴盛阳衰,光殁肆出。爰是公议既有建庄,住家未免建立庙宇保护。四处捐缘,集腋成裘,随置妈祖宫一座,坐西南,向东北,像祀妈祖婆众境主。迨康熙三十年,成旗起盖,人烟稠密。②

清朝时期,打狗港仍为渔业主要产区,"打鼓山之西南,曰旗后山(山不甚高,临于海边);为渔人采捕之区也"。③ 位于打鼓山麓的岐后"港阔三里

---

① 高拱乾:《台湾府志》,大通书局(台北)1984年版,第21页。
② 《台湾私法物权编》,大通书局(台北)1987年版。
③ 陈文达:《凤山县志》,大通书局(台北)1984年版,第5页。

许,往来岐后贸易及采捕之人经此。外为岐后汛,弁兵渔庄往来甚伙"。① 而随着凤山县经济的开发,打狗港也逐渐成为县海上航运的总出入口,"巨舶商船至此,必入打鼓港内,方有澳泊之处,否则危道也"。② 且打狗距全台之门户鹿耳门"水程不过二更耳,而船之自内地来者,遇北风盛发,恒至打鼓登岸"。③ 使得打狗港的海上交通更加繁忙。当鹿耳门淤浅之后,打狗港却沙去水深,地位也更显重要,"海舶往来,遂不赴鹿耳,而趋打狗"。④ 逐渐成为台湾南部的主要海港之一。但当时港市经贸设施的建设开发却严重滞后,"港口既未形成市街,也不及府城北边的盐水港繁荣",⑤这抑制了当地经济的进一步发展与港口规模的扩大。

打狗当地港市建设真正开始全面发展,成为国际性的商业大港,则要到近代被开放为通商口岸之后。开港后,为了适应国际贸易需要,打狗(旗后)港的建设正式走上轨道,洋行、海关、通商局等商业机构设施相继建立。港口海关"设立于1863年10月26日,而台湾府海关迟至1865年1月1日才开关,且反而成为打狗港的附属港"。⑥ 光绪四年(1878年),清廷在旗后建立通商分局,以处理涉外商务。另一方面,按通商条款规定,通商口岸需分设浮桩、号船、塔表、望楼,由外国领事官与地方官会同酌视建造。因此列强从自身商业利益出发,也开始积极参与到打狗港的港口设施建设当中。同治十年(1871年),英国怡记洋行(Elles & Co.)获得清廷许可,在打狗港建设浮桩,"以为轮船进口系缆之用"⑦。光绪九年(1883年),在外国要求下,清廷又雇佣英籍工程师于旗后山上修建灯塔,以方便船只夜间航行。而与基隆港一样,为了适应港口经济规模的扩大需求,对打狗港口的修筑与疏通也曾被提上议事日程。台湾兵备道夏献纶在任时,便曾力主实施打狗开

① 余文仪:《续修台湾府志》上册,大通书局(台北)1984年版,第94页。
② 王瑛曾:《重修凤山县志》,大通书局(台北)1984年版,第25页。
③ 陈文达:《凤山县志》,大通书局(台北)1984年版,第33页。
④ 丁绍仪:《东瀛识略》,大通书局(台北)1987年版,第51页。
⑤ 林玉茹:《清代台湾港口的空间结构》,知书房出版社(台北)1996年版,第246页。
⑥ 戴宝村:《近代台湾海运发展》,玉山社(台北)2000年版,第91页。
⑦ 唐赞衮:《台阳见闻录》,大通书局(台北)1987年版,第36页。

港工程。后光绪九年(1883年)，英国台南领事又建议清廷使用外国挖泥机对打狗港进行疏浚，只是出于种种原因，才最终未能付诸实施。随着港口的建设，打狗港的经贸活动也得到了长足的发展，呈现出"洋船竞趋"，"南艇、白底艍群聚"①的繁荣景象，成为近代台湾重要的海港之一。

打狗港作为凤山县的主要出海口，随着港口腹地经济的开发，逐渐从单纯的渔港发展成为商业港口。但由于港口建设的缺失，阻碍了打狗港港口经济的进一步扩大。而近代开港后打狗港市设施建设的全面开展，令打狗港初步完成了向国际化商港的转型，对当地港口经济的发展有着重要的意义，也为后来日据时期对打狗港的大规模开发建设打下了一定的基础。

三、台湾历史上海港的发展特点

通过前文叙述，我们也可以总结出历史上台湾海港建设发展的几个主要特点。

（一）台湾地区海港的兴起发展与台湾的经济开发紧密结合

历史上台湾海港的发展次序，大体上可以归纳为"从南到北，先西后东"，这与台湾经济开发的地域次序基本是一致的，可以说，台湾的海港正是沿着大陆移民开发台湾的足迹而崛起的。从荷据时代开始，台湾以安平为中心的南部地区的经济最先得到了发展，清代康熙末年，经济开发向北延伸到了中部的彰化平原地区。到了乾隆年间，北部的淡水河流域也发展起来，随后东北部的噶玛兰地区则在嘉庆年间得到开发。而这也正是这些地区海港兴起的先后次序。首先发展起来的是南部的大员、鹿耳门，接着是中部彰化的鹿港，然后是北部淡水的八里坌，以及噶玛兰地区的乌石港。淡水八里坌港之所以成为淡水地区乃至整个台湾北部最先兴起的港口，便是因为该地区是汉人移民淡水河流域最先到达、定居并开发的地方。

随着台湾北部地区经济的日益发展，淡水、鸡笼等台湾北部港口城市地位越发重要，这也引起了台湾政治经济重心的北移。1875年清廷设立台北府，以淡水艋舺为府治，并在当地修建台北府城。1885年台湾正式建省后，

---

① 《台湾府舆图纂要》，大通书局(台北)1984年版，第74页。

台北便成为台湾巡抚衙门所在地。1894年，台湾省会也正式迁往台北。台湾政治经济重心的北移，自然有利于淡水、鸡笼等北部海港的发展，而台湾北部海港的发展同样促进了北部地区的经济开发，这两者是相辅相成、紧密结合的。

（二）台湾海港的发展呈现出"市港并行"与"先市后港"两种不同特色

纵观历史上台湾海港的发展，可以说曾经呈现出"市港并行"与"先市后港"两种不同特色的发展方式。所谓的"市港并行"，指的是同时建设市镇与港口的发展方式。17世纪荷兰殖民者对安平大员港的经营，便是属于这种发展方式。荷兰殖民者占领台湾南部后，在经营建设大员港的同时，便在安平地区扩张土地，建设市街，招揽中国大陆商人、移民前来开发。这是以外部力量同时推动市镇与港口发展，是一种一步到位的发展方式。但是，这种比较速成的发展方式缺乏本地深厚的经济基础支持，比较依赖于外部环境，因此伴随着相当的风险。一旦外部环境出现不利变化，便会严重影响海港的发展。当17世纪中期以后，荷兰殖民者因与郑氏势力关系恶化和中国大陆的战乱加剧，导致无法获得充分的大陆商品时，大员港的发展便受到了明显影响。而西班牙殖民者在台湾北部鸡笼、淡水的经营最终因为日本的锁国以及大员港的竞争而归于失败，就更是此种发展方式的反面例证。

而"先市后港"的发展方式，指的是先将市镇发展到一定阶段，然后再反过来推动港口的发展。清代台湾中部、北部众多港口的兴起，便是属于这种发展方式。在大陆移民的多年开发积累的基础上，在当地逐渐形成村庄街市，经济慢慢发展起来。随着当地城市的发展，对外海上交通贸易的需求也日益增加，产生了利用当地海港的强烈要求，从而反过来推动港口的建设开发。相比"市港并行"，"先市后港"的发展方式要比较缓慢，但是拥有着更为扎实的经济基础，有着当地内在的、自觉的发展海港的根本性动力，并不依赖于外部环境，甚至可以在外部环境不利的情况下，最终冲破阻挠，求得发展。清代台湾的两大海港鹿港与八里坌的发展，就是典型的例子。1784年以前，清廷一直以鹿耳门为台陆对渡的唯一正口，禁止由其他港口私渡。但是，随着鹿港与八里坌地区经济的发展，在与大陆经贸交流的要求刺激下,许多商人不顾清廷禁令,从大陆直接前往两地进行贸易,最终迫使清廷顺应形势,"听民自便",于1784年和1788年分别开放鹿港与八里坌为两岸对渡正口,为两地的进一步发展扫清了障碍。"市港并行"与"先市后港"这两种各具特色的发展方式,为历史上台湾海港的发展起到了不同程度的促进作用。

（三）自然条件的频繁变迁是决定台湾历史上各海港发展兴衰的重要原因

自然环境的变迁对台湾海港的兴衰起着重要的影响。我们前面说过,自然地理条件决定了当地建设海港的可行性、类型与规模,它与外部环境是主导海港发展的两大要素。虽然相对外部环境而言,自然条件是比较稳定的因素,但实际上它也是在变化着的,虽然缓慢却从未间断。如果放在台湾历史的角度观察,这种趋势就更为明显。相比中国大陆,台湾本岛出现海洋活动据点的历史较短,但就在这段时间内,因台湾岛沿海特有的地理环境,使得自然条件的变迁相对频繁,因此在海港发展中所起的作用更加突出。

由于台湾沿海多沙汕地形,水文环境变化无常,所以对港口造成的影响也十分明显。如果当地泥沙逐渐被潮水所冲刷而去,则可发展成为水深良港,吸引船只聚集。而一旦港口沙积水浅,则各种海洋活动都将受到严重阻碍,势必令相当部分船只另觅他港,从而造成港口地位的逐渐下降,最终导致衰落。清代台湾三大台陆对渡正口鹿耳门、鹿港、八里坌的兴衰,都充分说明了这一点。

作为曾长期执全台海上交通贸易之牛耳的大港,安平鹿耳门港的崛起,便与自然条件的改变有着密不可分的联系。在鹿耳门之前,安平大员港一直占据着台湾海洋活动中心的位置。但正是因为大员港自身的逐渐淤浅,其地位才被鹿耳门所取代。但是随着时间的推移,鹿耳门也出现了淤塞现象,而发生于清道光三年(1823年)的曾文溪洪水泛滥,更是令鹿耳门港道被大量泥沙所填埋,通航条件遭受沉重打击,从此衰落下去。反而是大员(清代称为大港)的淤塞情况在这一时期出现好转,代替荒废的鹿耳门重新承担起了安平地区的主要航运任务。这种角色转换,不能不说是大自然的一个恶作剧。

鹿港的兴衰,同样与自然环境的变迁是分不开的。据《理台末议》与《台海使槎录》的记载,17世纪末18世纪初,鹿港仅能通行"小舟""杉板船",①而到了18世纪末19世纪初,已成一二千石"大舟"可以直达的良港,鹿港当地的发展也在这一时期达到鼎盛,成为台湾中部最重要的港口。但19世纪中期以后,由于"沙汕涨坍靡定",鹿港的航运再次受到严重影响,也因此失去了开放为通商口岸的机会,最终走向衰落。

八里坌被开放为正口之后,一度成为台湾北部最为繁忙的海港,但19世纪以后,却因为泥沙淤积而逐渐丧失了作为重要海洋航运贸易枢纽的地位,其正口地位也被淡水沪尾港所代替。而在日据时代,由于淡水河中上游的过度开发导致植被破坏,引起严重的水土流失,令淡水河下游出现淤塞,当地港口条件逐渐劣化,导致沪尾至整个淡水地区海港的衰落。

可以说,自然条件变迁相对频繁是台湾海港发展史上一个显著的特点,它主导了台湾本岛四百多年来众多港口经济的兴起与衰落,"桑田沧海,于此可征"。②

(四)所处区位的重要性决定了历史上台湾海港总体发展的持续性

自从1624年明朝收复澎湖,荷人占领台湾本岛以来,台湾与澎湖的海港就进入了持续发展的阶段,即使有的地方中途衰落,但又会有其他新海港兴起,形成后浪推前浪之势。相比历史上海洋活动据点发展长期受制于"禁海"政策的中国大陆,台湾地区海洋活动据点的发展历程可谓拥有相当的持续性。这是由台湾地区重要的区位条件所决定的。

台湾岛与澎湖群岛西邻中国大陆、北达日本、南面东南亚,地处东亚交通贸易要道,这样出色的区位条件,让其成为建设东亚海洋交通贸易中转站的理想地点,同时在海洋军事上也具备极高的战略价值。这使得它无论对于大陆中央政权、地方性政权,还是西方殖民者来说都是不容放弃的对象。建设各类据点以满足台湾海洋活动的需要,符合中外的共同利益。荷兰等西方殖民者入侵台湾的动机,便是争取一个同中国大陆与日本开展海上贸

---

① 参见黄叔璥:《台海使槎录》,大通书局(台北)1984年版,第33—34页。
② 丁绍仪:《东瀛识略》,大通书局(台北)1987年版,第51页。

易以及进行海上殖民扩张的据点。之后收复台湾的郑氏势力本身便是个规模庞大的武装海商集团,同样看重台湾在东亚海洋贸易当中的重要区位作用,为了获得支持其与大陆清廷相对抗的财政来源,着力发展台湾的海洋贸易。清廷统治时期台湾被官方视为中国大陆的重要海防屏障,两岸之间的物资人员交流互补活动同样频繁,后又被西方列强选中开放为通商口岸,对海港的大力建设同样贯穿始终。

由于台湾海港的发展意义重大,所以虽然"台湾西部沿岸则为沙丘连绵,东部沿岸乃又断崖绝壁",[①]以天然港口的标准而言,台湾港澳条件本非优良,但在巨大海洋利益的驱动下,人们不可能因此便放弃当地的广泛机遇,而是择其中条件相对较优者加以发展。大员、鹿耳门、淡水、鸡笼、打狗等台湾历史上的主要港口,其实均有港道狭窄曲折等硬件问题,但因其自然航行条件在台湾已属突出,所以被视为"良港"进行经营。如17世纪荷兰殖民者选择"海峡的入口处很窄","并且相当弯曲"[②]的大员作为其海洋殖民据点,便是因为它已是台湾西南沿海最适合作为港口的地方。即便某些地区因各种原因而衰落,人们也会转向台湾其他据点发展,使得台湾海洋活动据点总体上的发展不致出现停滞或倒退。而随着近代以来科学技术的进步,人们更是开始主动改造台湾港口的自然环境,使其得到更大的发展。如日本殖民统治时期对基隆、高雄的大型筑港工程;以及国民党当局对台湾旧港口的不断扩建,乃至修建台中、花莲等新港口,这些都促进了台湾海洋活动据点的持续发展。

（五）与中国大陆之间的紧密联系是台湾海港网络形成并融入世界体系的关键因素

台湾之所以能建立起地区性的海港经济网络,并成为世界海洋体系当中的重要一环,和它与中国大陆之间的紧密联系是分不开的。

首先,台湾当地海港活动网络的形成发展是中国大陆人民长期以来努力开发的结果。中国大陆的人民最早来到台湾地区,并在当地从事各种海

---

① 周宪文:《台湾经济史》,台湾开明书店(台北)1980年版,第311页。

② 甘为霖:《荷兰人侵占下的台湾》,载厦门大学郑成功历史调查组编:《郑成功收复台湾史料选编》,福建人民出版社1982年版,第93、104页。

洋活动与陆地开发。自荷据时代以来,历经郑氏、清廷统治时期,中国大陆人一直是台湾地区开发的主力军。他们勤劳的陆地开发,为海洋活动据点的发展提供了良好的腹地条件;他们积极的海洋活动,则在台湾原本孤立的各海洋活动据点之间建立起了联系。经过多年开发,台湾地区的海洋活动据点建设事业得到了长足的发展,形成了以安平、淡水等地为中心的海洋交通贸易活动网络,这与中国大陆人民的辛勤工作是分不开的。

其次,中国大陆在历史上长期以来一直是台湾地区的重要交通贸易对象,令两岸海港之间建立了紧密的联系,逐渐形成了台湾与中国大陆之间的海洋活动网络。在荷据时代,大员的荷兰人就"一向用中国帆船把现款从大员和福尔摩沙运到漳州港口的厦门,交给驻在那边的代理人,有时交给可靠的私商,让他们购买适合于日本、东印度或我国市场需要的商品"。[1] 郑氏时期也以厦门、东山等地作为据点,与中国大陆之间进行物资交易。而清朝时期的闽台对渡政策,更将这种联系推向了高峰。自 17 世纪末到 19 世纪中期长达约一个半世纪的时间里,中国大陆几乎成为台湾对外贸易的唯一对象。"港口位置是否利于与大陆地区联结,攸关港口的发展。"[2]鹿耳门、鹿港、八里坌等官方正口总揽台陆海洋活动,又有民间私口往来交杂其间,"这样,由这些正口、私口与大陆沿海各港、近海各岛之间形成的陆岛、岛岛商贸网络更为扩张"。[3]

最后,中国大陆在近代台湾地区融入世界海洋活动体系的过程中扮演着重要的桥梁作用。19 世纪 60 年代以后,台湾鸡笼、淡水、安平、打狗等地相继开放为对外通商口岸,与欧美、日本等地的海洋联系大为加强,开始逐渐融入世界海洋体系当中,"但这并不表示开港以前台湾与大陆间密切的贸易关系因之式微"[4],相反其贸易总量还有所增加。更重要的是,开港后

---

① 甘为霖:《荷兰人侵占下的台湾》,载厦门大学郑成功历史调查研究组编:《郑成功收复台湾史料选编》,福建人民出版社 1982 年版,第 105 页。

② 林玉茹:《清代台湾港口的空间结构》,知书房出版社(台北)1996 年版,第 75 页。

③ 吕淑梅:《陆岛网络:台湾海港的兴起》,江西高校出版社 1999 年版,第 255 页。

④ 林满红:《四百年来的两岸分合——一个经贸史的回顾》,自立晚报社文化出版部(台北)1994 年版,第 30 页。

台湾的通商口岸与中国大陆之间还建立起了一种特殊而密切的关系,在台湾融入世界的历程中起到了突出的作用。台湾通商口岸从国外进出口的商品,基本上都要先通过大陆厦门、香港等地进行加工。根据当时厦门海关税务司的报告,"打狗和淡水口岸每年都从厦门运去大量的外国棉毛制品、棉纱、金属、鸦片和其他杂货"。① 而在台湾非常重要的茶叶出口贸易当中,厦门是它的总的贸易中心。报告当中甚至还表示:"由于厦门所处的有利位置,台湾的通商口岸对厦门处于附属的地位。"②可以说,台湾地区正是通过祖国大陆而逐步走向世界,与后者共同成为世界海洋经济体系中的一环,而在这一过程当中,祖国大陆扮演着不可或缺的桥梁角色。

---

① 厦门市志编纂委员会:《近代厦门社会经济概况》,鹭江出版社 1990 年版,第 84 页。

② 厦门市志编纂委员会:《近代厦门社会经济概况》,鹭江出版社 1990 年版,第 154 页。

第四章　台湾官方海洋体制与大陆

历史上,台湾的中外统治者出于各种目的,在当地建立了不同的海洋体制,以官方意志来规范台湾的海洋发展,使其符合自己的需要。这些制度体系的建立,对于台湾的海洋文化发展变迁起到了深远的影响。

第一节　宋元至明末对台湾的经营

早在南宋时期,澎湖已隶属中国管辖。南宋人赵汝适在《诸番志》中称:"泉有海岛曰彭湖,隶晋江县。"[1]当时,泉州地方当局已经在澎湖设立了巡防制度。起初是定期派兵戍守,"每遇南风,遣戍为备",[2]"春夏遣戍,秋暮始归"。[3] 但如此往返劳费巨大,且难以应对邻近的毗舍耶等少数民族的不时海上袭扰。因此泉州知州汪大猷便在澎湖建立房屋,留驻军队长年屯守,有效地防范了毗舍耶人的侵犯。在南宋的统治下,澎湖地区的人口稳步增加,居民"编户甚蕃"。[4] 元朝时期,澎湖的生产贸易活动已经十分繁忙,官府也在当地设立巡检司制度进行管理,并征收赋税。汪大渊《岛夷志略》

---

① 赵汝适:《诸番志》,大通书局(台北)1984年版,第38页。
② 楼钥:《攻媿集》卷88,中华书局1985年版。
③ 周必大:《文忠集》卷67,载《景印文渊阁四库全书》第1148册,商务印书馆(台北)1986年版。
④ 陈学尹:《谕西夷记》,载沈有容:《闽海赠言》,大通书局(台北)1987年版,第34页。

记载:澎湖"地隶泉州晋江县,至元年间立巡检司,以周岁额办盐课中统钱钞一十锭二十五两,别无科差"。①

明朝建国后,实行全面的海禁制度,对人民出海活动进行严格的限制,此制度自然也适用于台湾地区。在由明太祖朱元璋亲自制定的官方正统法典《大明律》中,对此有着详细的规定:

> 凡沿海去处,下海船只除有号票文引,许令出洋外,若奸豪势要及军民人等,擅造二桅以上违式大船,将带违禁货物下海,前往番国买卖,潜通海贼,同谋结聚,及为向导,劫掠良民者,正犯比照谋叛已行律处斩,仍枭首示众,全家发边卫充军。其打造前项海船,卖与夷人图利者,比照将应禁军器下海因而走泄事情律,为首者处斩,为从者发边充军。若止将大船雇与下海之人分取蕃货,及虽不曾造有大船,但纠通下海之人接买蕃货,与探听下海之人蕃货到来,私买贩卖苏木、胡椒至一千斤以上者,俱发边卫充军,蕃货并入官。②

在海禁的大环境推动下,明朝于 1387 年对澎湖迁民墟地,并撤裁了巡检司。但是官方的海禁制度一直遭到以海为生的中国东南沿海居民的抵制,在巡检司制度废除之后,民间海上武装势力便将台湾地区作为活动之所,同时台湾也成为倭寇等外来侵略势力的目标。这让明朝不得不建立相应制度进行防范。1563 年,明将俞大猷率军驱逐澎湖的林道乾海盗集团,并一路追击至台湾本岛附近,因不熟水道而撤军。之后为监视海盗活动,明军便留驻澎湖,定期巡哨鹿耳门外,后由于林道乾远走南洋而废止。1592 年,日本入侵朝鲜,"哨者云将侵鸡笼、淡水,鸡笼密迩澎湖,于是议设兵戍险"。③ 1598 年,明朝在澎湖设游兵巡防制度,"春、冬汛守"。④

---

① 汪大渊著,苏继庼校译:《岛夷志略》,中华书局 1981 年版。
② 《大明会典》卷 167,载《续修四库全书》卷 792,上海古籍出版社 1995 年版。
③ 顾祖禹:《读史方舆纪要》卷 99,中华书局 2005 年版。
④ 顾祖禹:《读史方舆纪要》卷 99,中华书局 2005 年版。

而在东南沿海居民的长期抵制下,海禁制度逐渐受到动摇,民间海上活动屡禁不止,明朝内部也有不少官员主张开放海禁。在各方推动下,明朝终于在 1567 年部分解除了对民间海上贸易的限制。张燮《东西洋考》记载:

> 隆庆改元,福建巡抚都御史涂泽民请开海禁,准贩东西二洋:盖东洋若吕宋、苏禄诸国,西洋若交阯、占城、暹罗诸国,皆我羁縻外臣,无侵叛,而特严禁贩倭奴者,比於通番接济之例。此商舶之大原也。先是发舶在南诏之梅岭,后以盗贼梗阻,改道海澄。①

1575 年,明朝为了增加财政收入,对出洋船只建立了船引征税制度,以船引为船只出海之合法凭据,上面登记船主姓名、籍贯、职业、船只目的地等资料以便盘查,"于时商引俱海防官管给,每引征税有差,名曰引税",②该制度第一次对前往台湾地区船只的征税标准作出了明确规定:"东西洋每引,税银三两;鸡笼、淡水,税银一两;其后加增东西洋,税银六两;鸡笼、淡水,二两。"③按 1589 年的规定,明朝每年的出洋船只限额为八十八只(后增为一百一十只),但前往台湾地区的船只却不在限额之列:"鸡笼、淡水……与广东、福宁州、浙江、北港船引,一例原无限数。"④除船引税外,又有水饷、陆饷等,以"鸡笼、淡水地近,船小,每船面阔一尺,征水饷五钱",陆饷"胡椒、苏木等货,计值一两者,征饷二分"。⑤ 可以看出,明代后期海禁松弛后建立的船引征税制度,对前往台湾地区活动的船只无论是征税标准还是船只数量限制上的规定都相对宽松,这无疑对台湾地区的海洋活动发展有着积极的影响。

---

① 张燮:《东西洋考》卷 7,中华书局 1981 年版。
② 张燮:《东西洋考》卷 7,中华书局 1981 年版。
③ 张燮:《东西洋考》卷 7,中华书局 1981 年版。
④ 许孚远:《敬和堂集》卷 7,载《四库全书存目丛书集部·别集类》,齐鲁书社 1997 年版。
⑤ 张燮:《东西洋考》卷 7,中华书局 1981 年版。

第二节　荷据时期台湾的商馆制度

1624 年,荷兰东印度公司殖民者被明军从澎湖驱逐,随后转而侵占台湾南部,在当地建立了殖民统治制度,而作为荷兰在东亚推行海洋贸易殖民活动的重要根据地,台湾的海洋相关规章制度便是其制度当中的重要一环。

一、荷兰在台湾的商馆贸易制度

成立于 1602 年的荷兰东印度公司,本身便是个从事海外贸易,攫取商业利润的"商业掠夺机构",①它占据台湾的最大目的,便是以此作为进行海洋贸易的基地。因此台湾海洋规章制度的建立与发展变化,皆是以保障东印度公司的商业贸易利益为根本目的。就像我们之前曾提到过的那样,荷兰人在台湾建立的殖民管理机构有着浓厚的商业性质。其成员基本都为东印度公司的职员。可以说就是东印度公司在台湾的管理机构。因此东印度公司内部的相关规章制度自然也被移植到了台湾。比利时学者韩家宝(Pol Heyns)对此有着如下叙述:

> 荷兰东印度公司驻于福尔摩沙的职员需签署三五或十年的工作契约,期满后,通常在提高薪水、职位的条件下续约。公司各类职员包括:长官、士兵、水手、商人、砖匠、木匠、牧场主人、探访传道(Ziekentrooster)、牧师、检察官(Fiscaal)、装订工、猎人、测量师等,皆必须遵守公司规定,譬如:签约职员不能私自经商,公司商务员才允许从商。中国商人与荷兰东印度公司职员私下贸易被查获,将惩处公司职员并没收中国商人货物。在荷兰东印度公司治理的地区,除了签约职员之外,还有少数未继续签约荷兰公民(Burgher),但公司也有权管制,

---

① 参见廖大柯:《试论荷兰东印度公司从商业掠夺机构到殖民地统治机构的演变》,《南洋问题研究》1987 年第 4 期。

甚至限定他们的贸易范围。如此,荷兰东印度公司能够完全控制福尔摩沙贸易,使利润极大化。①

　　而在对外方面,东印度公司则建立起关税制度,这既是公司的收入来源,同时也是排挤他国商人,使自己独占台湾与中国大陆的贸易利益的手段。在荷兰人到来之前,中国大陆与日本的商人已经在台湾进行了多年的走私贸易。为了"设法将大部分的生意吸引到公司这边来",②荷兰殖民者于1625年决定颁布禁令,禁止居住在日本的汉人来台经商,并且对来台贸易的日本商人征收什一税(即百分之十的税率),这引起了日本方面的坚决抵制,双方关系严重恶化,并由此引发了1628年荷兰驻台行政长官纳茨(Pieter Nuyts)遭日本武装商人劫持的"滨田弥兵卫事件",导致荷兰与日本贸易一度中断。直到1633年后日本进入锁国时代,禁止商人出海,这一矛盾才最终得到解决。

　　而中国大陆来台的商人,则是荷兰殖民者与中国大陆方面开展海上贸易的重要中介。东印度公司在亚洲的商业活动,是建立在商馆运行机制的基础上。公司在亚洲众多地区都设有商馆,这些商馆相互联系,在巴达维亚的公司总部指示下进行商业活动。台湾商馆自然也是这个体系当中的一员。"台湾商馆负责接受从各地商馆发来的订单,按要求购买所需商品,再运往各个目的地。同样,它也向各地商馆发出订单,让它们代购所需货物,以便销往中国获利。"③但由于明朝当局并未批准荷兰人前往中国大陆进行贸易,这为台湾商馆收购中国货物造成了障碍。早期荷兰人尚能通过买通地方官员的方式,"派几只帆船到厦门去,在当局的默许下,买进大量的中国商品"。④ 但随着郑芝龙武装海商集团的崛起,东印度公司在大陆的贸易

---

　　① 韩家宝:《荷兰东印度公司与中国人在大员一带的经济关系(1625—1640)》,《汉学研究》2000年第18卷第1期。

　　② 甘为霖:《荷兰人侵占下的台湾》,载厦门大学郑成功历史调查组编:《郑成功收复台湾史料选编》,福建人民出版社1982年版,第110页。

　　③ 杨彦杰:《荷据时代台湾史》,江西人民出版社1992年版,第115页。

　　④ 甘为霖:《荷兰人侵占下的台湾》,载厦门大学郑成功历史调查组编:《郑成功收复台湾史料选编》,福建人民出版社1982年版,第105页。

遭到其越来越大的阻力。于是从前往大员的中国商人手中收购货物，逐渐成为大员商馆获得中国商品的主要来源。在这种情况下，建立制度以鼓励中国商人前往大员，便成为荷兰人发展台湾海上贸易的必要手段。1637年，荷兰殖民者取消了原先为垄断贸易而禁止中国商人从台湾输出商品的规定，允许其在安平自由贸易，而如果事态发展对公司有利，则还可扩大到"自安平航渡广南、柬埔寨、暹罗及巴达尼湾之商人，从中国输入货品之中国人实行"。① 这显然是以在大员的出口贸易经营权为诱饵，吸引更多的中国商人从中国大陆运载商品前来大员。

二、荷兰在台湾的海洋管理制度

为了对中国商人的贸易活动进行管理，为自身获取商业利益，荷兰殖民当局也建立许可证（执照）制度，规定所有想在大员从事海外贸易的中国商人都必须向荷兰方面申请许可证，"对于进出口缴纳定例税金十分之一，又以不将公司经办之货品输送该地，或从该地持归为条件"。② 为防范走私贸易，荷兰人还一再颁布规定，禁止任何无照中国帆船进入台湾海岸，与台湾原住民交易，"胆敢触犯者将受到重罚，罚款之外还连帆船带全部货品、船长与水手都要没官"。③ 但是，这种禁令显然不利于台湾海洋经贸的发展，遭到中国商人与原住民的广泛反对，而公司本身也无力将如此严格的禁令贯彻执行。1644 年以后，荷兰人见单纯的严禁无法达到效果，于是转变思路，干脆将与原住民的贸易承包权以村为单位，每年公开向中国商人招标出售，价高者得，这就是瞨社制度。该制度允许中标的中国商人在一年期限内独占与该村原住民进行贸易的权利，其余中国商人要想从事该村贸易，必须得到其许可。而荷兰人也能通过征收承包税得到更多收入。美国学者欧阳泰对

---

① ［日］村上直次郎原译，郭辉译：《巴达维亚城日记》第一册，台湾省文献委员会（台中）1990 年版，第 217 页。

② ［日］村上直次郎原译，郭辉译：《巴达维亚城日记》第二册，台湾省文献委员会（台中）1990 年版，第 298—299 页。

③ 欧阳泰：《福尔摩沙如何变成台湾府？》，远流出版公司（台北）2007 年版，第 307 页。

此直截了当地评价道："此制度的成功完全依赖所垄断的程度,只要赎商可以垄断生意,出赎就会有赚头。保证垄断正是公司利益之所趋,公司遂尽力为之。"①因此赎社制度很快发展起来,成为荷据时代台湾的重要贸易制度。

从中国大陆前往台湾捕鱼的中国渔民,同样受到荷兰人所建立的什一税与许可证制度的管理。起初,"自大陆来到大员的渔船,先要向荷兰人领取执照,以后出发至各个渔场从事捕鱼;捕鱼后再回至大员缴纳什一税。"②从1630年开始,荷兰当局对部分船只不再采用按次征收的方式抽取实物税,而是改为按月发放执照,并收取货币费用。曹永和先生在其论文《明代台湾渔业志略补说》当中曾引用荷兰方面档案,对此作过一番介绍:

> 中国人在此地的海峡内外,每日用小舢板船从事捕鱼,他们要向公司缴纳渔获物的什一税;但是他们用各种方法企图逃避,并且也毫无疑问地,时常有在暗夜或其他适合入泊于码头(监察处)的困难发生。故他们对此曾要求缴纳月税金以代替什一税。于是……允许每一只舢板船每月可发给一张执照,而每领取一张执照需要缴纳一里尔。……但是这些训令,只适用于到码头的舢板船,至在北风期中用戎克船、艋舺船及其他船舶向大员以南或以北出发捕鱼的收入,则仍保留照从前一样征收什一税。③

1640年,荷兰当局"为明瞭渔夫,造酒人等之纳税额起见,令数人包办一年间税额",④其中就包括300里尔的渔场税(前引文中所述对冬季来

---

①　欧阳泰:《福尔摩沙如何变成台湾府?》,远流出版公司(台北)2007年版,第308页。

②　曹永和:《明代台湾渔业志略补说》,载曹永和:《台湾早期历史研究》,联经出版事业公司(台北)1969年版,第219页。

③　Copie-resolutien des comptoirs Taijouan van 27 Feb. tot 30 Sept. 1630.[Koloniaal Archief, Nr.1013.],载曹永和:《明代台湾渔业志略补说》,《台湾早期历史研究》,联经出版事业公司(台北)1969年版,第237页。

④　[日]村上直次郎原译,郭辉译:《巴达维亚城日记》第二册,台湾省文献委员会(台中)1990年版,第312页。

台捕鱼的渔民所征收之什一税，即乌鱼税，并不包括在内），渔业税征收从此逐渐转为承包制。随着瞨社制度的兴起，荷兰人也将乌鱼税的征税权公开招标，允许招标获得者将征税得到之实物乌鱼、鱼子等免税出口中国大陆，以获取利润。"此种以税收承包（瞨）间接抽税的方式，使殖民当局得以在免除税务行政开销的情况下，征集最大量的税款。"①此外，从1644年开始，荷兰人还对台湾船只加收每船次1里尔的航运税，与渔业税一并征收。

荷兰殖民者在向来台湾活动的中国商人和渔民征收税款的同时，也建立规章制度保护他们的人身财产安全不受海盗或原住民的威胁，以维持荷兰当局主导下的台湾海上贸易生产秩序。早在1626年7月10日，荷兰殖民者就颁布公告，要求所有来台居住或从事贸易的中国人都必须前往大员申请居留证，以此"来辨认村落里的商人，工人及海盗。……未申请者，将受到惩罚"。②此外，荷兰殖民者也建立了海上巡防与护卫制度，派遣军用船只负责重点海域的巡视，以防止海盗的袭击。此外，船主也可以向当局申请武装保护，或用船只护航，或让士兵随舰护卫。如1641年《巴达维亚城日记》便记载道："中国人白哥·詹锡（Samsiacq）及杨·士德高（Jan Soete Caw）在台湾岛之淡水从事硫磺之贸易，准其申请以搭乘荷兰人及中国人海员之公司帆船淡水号，护卫其所有帆船台窝湾号。"③

荷兰人在台湾所建立的一系列海洋规章制度，本质上是为东印度公司攫取商业利益的工具，而发展台湾的海上贸易正与其利益密切相关，公司对此自然持支持与鼓励的态度。这一点反映到了相关海洋规章制度当中，在一定程度上促进了台湾地区海洋经贸活动的发展。但是，这些制度毕竟是建立在严重殖民剥削和压迫的基础上，在荷兰东印度公司大发利市的同时，

---

① 韩家宝：《荷兰治台时期——西方法制对中国人社群之影响》，载邱文彦主编：《海洋文化与历史》，胡氏图书出版社（台北）2003年版，第51页。

② VOC 1093，folio 371.转引自韩家宝：《荷兰东印度公司与中国人在大员一带的经济关系（1625—1640）》，《汉学研究》2000年第18卷第1期。

③ ［日］村上直次郎原译，郭辉译：《巴达维亚城日记》第二册，台湾省文献委员会（台中）1990年版，第322页。

牺牲的是台湾广大汉人与原住民的利益。其贸易制度"不是建立在台湾本岛社会经济发展的基础之上,而是依靠大陆商品源源不断的供应才发展起来的",①反映的是一种畸形的殖民地经济。随着台湾当地汉人移民的不断增加和台湾本岛的逐渐开发,荷兰殖民者所建立的这种制度已经越发无法满足当地生产力发展的需要,最终由于荷兰在台殖民统治的结束而瓦解。

第三节　郑氏时期台湾海洋管理制度

1662 年,郑成功率军驱逐荷兰殖民者,收复台湾,建立了郑氏政权。作为当时中国东南沿海最强大的海上武装商业势力,郑氏政权自然也极富海洋色彩,最具代表性的便是以牌饷征收制度与东西洋船贸易制度为基础的海洋商业体制。

一、郑氏海洋商业体制

牌饷征收制度,是由郑芝龙时期的水饷征收制度发展而来。"郑成功承其父的海上利薮,也不废水饷,不过不用水饷之名,而称之为牌饷"。② 前往东西洋贸易的船只,均需向郑氏缴纳饷银,领取船牌作为通行凭证。关于牌饷制度的具体规定,郑成功本人在与其日本胞弟田川氏的通信当中,曾经作过详细的说明:

> 东洋船应纳饷银,大者两千一百两,小者亦纳饷银五百两,俱有定例,周年一换。其发牌之商,须查船之大小,照例纳饷银与弟,切不可为卖,听其短少。不佞有令,着汛守兵丁、地方官查验,遇有无牌及旧牌之船,船主、舵工拿解。③

---

① 杨彦杰:《荷据时代台湾史》,江西人民出版社 1992 年版,第 152 页。
② 张菼:《关于台湾郑氏的"牌饷"》,《台湾文献》1968 年第 19 卷第 2 期。
③ 转引自张菼:《关于台湾郑氏的"牌饷"》,《台湾文献》1968 年第 19 卷第 2 期。

从郑成功的信当中，我们可以看到，郑氏牌饷征收制度已经是贸易中的"定例"，对征收标准与征收流程都有着明确的规定。而对违反规定船只人员的惩处措施，更已经是政府公权力的集中体现。

除了向其他商人的出洋贸易船只征收饷银之外，郑氏自身经营的海上贸易同样有着完善的体系。郑氏经营的海上贸易，以东西洋船贸易制度为基础。郑氏经营海上贸易的船队，根据贸易区域的不同，分为东洋船队和西洋船队。东洋船队主要负责日本、中国台湾、菲律宾等地的贸易，而西洋船队主要负责越南、柬埔寨、泰国、马来西亚、印尼等南洋地区。为了给这两支庞大的船队提供货源，郑成功建立了山海十商制度。山海十商，指的是郑氏在中国大陆各地所建立的十家商行，当中"山海两路，各设五大商，行财射利"。[1] 山五商以水、木、金、火、土为号，总部设于杭州，负责在当地采购丝绸等货物，将其交给海五商。海五商"原以仁、义、礼、智、信五字为号，建置海船，每一字号下各设有船十二只"，[2]总部设在厦门，负责接收山五商送来的货物，对出洋船货进行统一调配。郑氏还设立了裕国、利民二库，作为存放贸易资金的公库，"陆路各商领得公款购妥货物，运交海五商后至公库结账，再领款购货；海五商接货后交船，船将货售出后将货款交与公库。"[3]以上所有机构，统归户官主管，后者因此操有郑氏海外贸易之大权。为了对其进行监督，郑成功还设有六察官，行使稽查之权，负责核对账目。如永历十一年（1657年，清顺治十四年）二月，"六察尝（常）寿宁在三都告假先回，藩行令对居守户官郑宫传、察算裕国库张恢、利民库林义等稽算东西二洋船本利息，并仁、义、礼、智、信、金、木、水、火、土各行出入银两。"[4]此外，郑氏政权还会将自己的船只租赁其他海商，并从中收取租金。

---

① 《福建巡抚许世昌残题本》，载《郑氏史料三编》，大通书局（台北）1984年版，第3页。

② 《候补都司金事史伟琦密题台湾郑氏通洋情形并陈剿抚机宜事本》，载厦门大学台湾研究所：《康熙统一台湾档案史料选辑》，福建人民出版社1983年版，第82页。

③ 南栖：《台湾郑氏五商之研究》，《台湾经济史十集》，1966年。

④ 杨英：《从征实录》，大通书局（台北）1987年版，第111页。

　　此时的台湾虽然仍然处在荷兰殖民者的统治之下,但已经成为郑氏政权所建立的商业体系当中的重要一环。早在郑芝龙时期,荷兰殖民者与郑氏势力之间就已经有了广泛的商业往来,大量郑氏名下的商船前往台湾大员,向荷兰人出售生丝、瓷器等商品,并购买香料、硫黄、铅等货物返销中国大陆。郑氏则在厦门对这些船只征收税款。"荷兰人在台湾的转口贸易,主要是依靠中国沿海的大商人提供大宗出口货物,而郑芝龙等海商集团在此起到十分关键的作用。"①但是,由于郑氏的海上商业势力不断壮大,其与西方殖民者之间的矛盾也逐渐激化,郑氏出洋贸易的船只,不时遭到荷兰殖民者的劫夺。针对这种情况,郑成功除武力之外,还以贸易制裁为手段,迫使荷兰人于1657年与其签订商业协议,承诺不再侵害郑氏的经济利益:

　　　　台湾红夷酋长揆一遣通事何廷斌至思明启藩,年愿纳贡和港通商,并陈外国宝物。许之。因先年我洋船到后,红夷每多留难,本藩遂刻示传令各港澳并东西夷国州府,不准到台湾通商,繇(由)是禁绝两年,船只不通,货物涌贵,夷多病疫。至是令廷斌求通,年输饷五千两,箭杯十万枝,硫磺千担,遂许通商。②

　　除此之外,郑成功还要求修改原有的对台陆贸易船只的征税制度,由在厦门征税改为直接在台湾征收,因为"对于从福摩萨运往国姓爷辖地的货物,在装货地抽税,比在到达地的厦门抽税有利得多"。③ 根据担任荷郑之间交涉人何斌的叙述,"数年前国姓爷禁止帆船自本地开往大员时,大员之长官及评议会命余前往厦门询问国姓爷不许帆船渡航大员之理由。国姓爷对余所问答以:欲于大员征收关税……惟要关税不涉及公司,不致使公司蒙损,则国姓爷欲课税于中国人并无异议。国姓爷以此为满足,乃复准许帆船

---

① 杨彦杰:《荷据时代台湾史》,江西人民出版社1992年版,第129页。
② 杨英:《从征实录》,大通书局(台北)1987年版,第113页。
③ C.E.S:《被忽视的福摩萨》,载厦门大学郑成功历史调查组编:《郑成功收复台湾史料选编》,福建人民出版社1982年版,第126页。

渡航大员。"①而在台湾征税的工作,便由何斌本人负责。在台湾海洋税收制度的建立,标志着郑氏政权对台湾的海洋商业活动管理进一步制度化。1661 年,郑成功率军收复台湾,最终实现了郑氏海洋制度在台湾的完全确立。

二、郑氏海洋商业体制在台湾的发展与完善

郑氏在台湾的海洋制度,除以复台之前所建立之东西洋船贸易制度与牌饷征收制度为基础之外,还根据实际状况,对原有的一些制度进行了调整和完善,使其满足统治台湾的需要。

郑氏进取台湾之根本目的,是以台湾为基地,支持其长期抗清斗争。因此当其在台建立政权之后,便积极在当地筹措利源,以维持对清作战之庞大军费开支。建立完整的台湾海洋税收制度,便是当中重要一环。郑成功收复台湾之后,也将郑氏的牌饷征收制度带到了当地。郑成功病逝后,其继承者郑经继续沿用这一制度。1674 年,郑经借中国大陆发生三藩之乱之机,率军攻占大陆东南沿海部分地区。在战争需要下,郑经由于"兵多,饷拙,又恢复了牌饷在福建、广东沿海的征收",②改称"梁头饷",因"樵采捕鱼之船,以所载计其担数而征饷,谓之梁头"。③ 根据清代台湾诸罗县知县季麟光的报告,郑氏时期年征"梁头牌银一千五百两零七分。查伪时计船二百一十只,载梁头一万三千六百三十七担,每担征银一钱一分"。④

同时,郑氏政权也沿袭了荷兰殖民者的税收承包制度。季麟光《复议二十四年饷税文》云:

> 查社港由土番所居,红毛始设牍商,税额尚轻,伪郑因而增之。其

① [日]村上直次郎原译,程大学译:《巴达维亚城日记》第三册,台湾省文献委员会(台中)1990 年版,第 207 页。

② 张葵:《台湾郑氏牌饷的征收》,《台湾文献》1968 年第 19 卷第 3 期。

③ 周钟瑄:《诸罗县志》,大通书局(台北)1984 年版,第 96 页。

④ 季麟光:《复议二十四年饷税文》,载季麟光:《东宁政事集》,台湾文献汇刊第 4 辑第 2 册,九州出版社 2004 年版,第 232—233 页。

法每年五月公所叫瞨,每社每港银若干,一叫不应则减,再叫不应又减,年无定额,亦无定商,伪册所云瞨则得,不瞨则不得也。①

周钟瑄《诸罗县志》对此亦有记载:

  郑氏伪额,诸罗番户二千二百二十四、丁口四千五百一十六,分大小三十四社,每年调社之日,轻重之饷经于瞨社者之手(调社者,年一给牌于瞨社之人也。瞨,"正韵"无此字,俗音"仆";谓散收众社之银物而包纳其饷也。下"瞨港"仿此)。……以港之大小为额,瞨港抽税于港内捕鱼之众而总输于官,谓之港饷……②

荷据时期的乌鱼税,郑氏同样给予保留。由渔民每年向官方缴纳钱款,并领取乌鱼旗作为捕鱼凭证。每年乌鱼旗发放总量"凡九十四枝,年征一百四十一两"。③

此外,为了增加收入,郑氏政权也对各种海洋活动征收杂税。郑氏时期,当局已经开始对台湾的养殖渔业进行征税,"港口潜水饲鱼为塭,大者有征,谓之塭饷"。④ 并且对渔民所使用的罟、罾、蚝等捕捞工具征收税款。郑氏政权还教导台湾民众晒盐之法,许民自卖,而课其税。

而在对外关系方面,郑氏政权则以订立通商条约的方式,搭建起了与西方殖民者的海洋贸易关系。1666 年,西班牙"吕宋总督遣使贡方物……命以中国之礼入觐,申通商之约。于是贩运南洋,远至安南、暹罗、噶拉巴,海通之利,国以日殖"。⑤ 而为了吸引外国船只来台贸易,郑氏政权还在通商条约中给予其各种优惠待遇。1670 年,郑氏政权与英国东印度公司签订通

---

① 季麟光:《复议二十四年饷税文》,载季麟光:《东宁政事集》,台湾文献汇刊第 4 辑第 2 册,九州出版社 2004 年版,第 230 页。
② 周钟瑄:《诸罗县志》,大通书局(台北)1984 年版,第 96 页。
③ 连横:《台湾通史》上册,大通书局(台北)1984 年版,第 490 页。
④ 周钟瑄:《诸罗县志》,大通书局(台北)1984 年版,第 96 页。
⑤ 连横:《台湾通史》上册,大通书局(台北)1984 年版,第 396 页。

商条约，即所谓"郑英通商协约"，允许其在台进行贸易。现将条约当中的部分条款摘录如下：

（甲）郑方允许英方下列事项

1. 郑方不得妨害或组织任何在海上所遇插有英国旗帜的船只。

2. 英人可以任意出售或购进货物，任何人均得与英人自由交易。

……

4. 当地人民所作的损毁或越轨行为，郑方需予以纠正；英人如有此种情事发生，船长接获通知后，当圆满解决。

……

6. 英人得随意选任通事，郑方不得派兵员监视英人，不应有华人随伴，英人得行动自由。

……

8. 英方于船未到达沙洲前，为减轻重量卸货起见，得雇用领港人（Piloto）领船艇出入港口。

……

18. 国王所购买的货物，准免缴关税。

19. 输入食米，准免缴关税。

……

（乙）郑方要求英方下列事项

1. 英人所借用之房屋，须年付五百圆的租金。

2. 进口货物于售出后，须征百分之三的税款，出口货物，得免缴税款。

……①

由上列条款可以看出，郑方以给予英人自由航海、自由通商、出口商品免税、部分进口商品免税等优惠条件，吸引英人来台通商。"郑英通商协

---

① 参见周宪文：《台湾经济史》，台湾开明书店（台北）1980年版，第179—180页。

约",可以说是台湾历史上第一个较为完整的国际贸易条约,它构建起了郑英之间海洋贸易制度的基础。

郑氏势力在台湾建立政权之后,将郑氏海商势力原有的海上贸易、税收制度与先前荷兰殖民者所推行的制度相结合,使得台湾的官方海洋制度体系在原有基础上得以进一步发展完善,为台湾地区与日本、南洋等地商业贸易活动的广泛开展提供了制度保障,推动台湾发展成为当时东亚地区的重要海贸中心,海外贸易空前繁荣。但需要注意的是,由于与大陆清廷的长期战争,使得郑氏政权的军事支出一直十分巨大,随着时间的推移,对其财政体系所造成的压力也越来越严重,这也反映到了它在台湾所建立的海洋体制上。为了维持庞大的军费开支,郑氏政权除贸易之外,还不得不通过其他手段从台湾人民的海洋活动中获取收益,订立了名目繁多的海洋税收制度,让民众背上了沉重的负担。周钟瑄在《诸罗县志》中便对此颇有微词:

> 水饷、杂税之征,多属郑氏窃据时苛政。而最重者,莫如船港诸税。夫船出入于港,而罟、罾、䋏、罛、缯、蚝,则取鱼虾、牡蛎于港者也。乃既税其船,又税其罟、罾、䋏、罛、缯、蚝且税其港,盖一港而三其税焉。嗟此蟹舍蚩蚩,有不望洋而兴叹、相戒而裹足者哉?①

按清廷统治台湾之后,其水饷杂税制度多沿用郑氏,遂亦发现其弊端。文中直言郑氏之海洋税制为"苛政",虽带有一定政治因素,但也确实是经由清廷因袭实践而得出的结论。如此繁重的税收制度,自然会严重影响到民众的生计,导致海洋活动无利可图,从事人数逐渐减少,最终阻碍到台湾的海洋发展。

第四节 清代对台湾的海洋管理制度

1683年,清廷派遣大将施琅率军征台,于澎湖大败郑军水师主力。

---

① 周钟瑄:《诸罗县志》,大通书局(台北)1984年版,第104页。

郑氏政权在内外交困之下，终于宣布投降。台湾从此进入清廷统治时期。清廷从中国中央政权统治台湾的需要出发，对台湾的海洋体制进行改造，将台湾与中国大陆之间紧密联系在一起，对台湾的海洋发展造成了深远的影响。

一、清政府对两岸海上往来政策的转变

清廷统治台湾之前，为了从根本上绞杀依靠海上贸易生存的郑氏抗清势力，采取严酷的封锁海洋政策。1656 年，清顺治帝向浙江、福建、广东、江南、山东、天津各督抚镇发布敕谕，禁止船只出海贸易，严防沿海居民与郑氏交通，"不许片帆入口，一贼登岸"。[1] 1661 年，清廷更颁布迁界令，强制福建、广东、浙江等省沿海居民内迁，"离海三十里村庄田宅，悉皆焚弃。……筑垣墙、立界石，拨兵戍守；出界者死"。[2] 令台陆之间的正常联系几乎断绝。但是，随着台湾郑氏政权的灭亡，禁海迁界制度也失去了它最大的存在意义。清廷将台湾归入统治之后，便着手在台湾与大陆之间建立起一套新的海洋体制，以重建两岸之间的海洋联系。

（一）台陆正口对渡制度的实行与瓦解

清廷统一台湾之后，在很长一段时期内将台湾划归福建省管辖，因此我们要了解当时台湾地区的海洋交通贸易制度，应该将其放到整个福建省的视角下进行考察。1683 年郑氏政权投降之后，清廷官员奏请开放福建海禁，于是在 1684 年开放厦门为福建唯一对外贸易正口，并设置海关。整个福建以厦门为中心，建立起了一个新的海洋交通贸易体系，而台湾正是这个海洋体系中的一部分。因此台湾的海洋交通贸易制度，同样是围绕着台厦、台闽关系这个中心展开。1684 年，清廷在台湾鹿耳门与厦门之间开设对渡，此后约百年间，"船只往来，在内地惟厦门一口，与鹿耳门一口对渡"。[3] 清廷对台厦间的船只往来有着细致的规定，管理十分严格：

---

① 《清世祖实录选辑》，顺治十三年六月十六日，大通书局（台北）1984 年版，第 119 页。

② 阮旻锡：《海上见闻录》，大通书局（台北）1987 年版，第 39 页。

③ 周凯：《厦门志》上册，大通书局（台北）1984 年版，第 186 页。

商船自厦来台,由泉防厅给发印单,开载舵工、水手年貌并所载货物,於厦之大嶝门会同武汛照单验放。其自台回厦,由台防厅查明舵水年貌及货物数目换给印单,于台之鹿耳门会同武汛点验出口。台、厦两厅各于船只入口时,照印单查验人货相符,准其进港。出入之时,船内如有夹带等弊,即行查究。其所给印单,台、厦二厅彼此汇移查销。如有一船未到及印单久不移销,即移行确查究处。①

对于台湾本地的船只,清廷同样给予严格管理控制,只允许其按照清廷指定的方式从事岛内交通运输贸易,严禁偷越前往大陆活动:

台、凤、诸三县各船若往南路,俱由台邑之大港汛出入;系新港司巡检挂验,仍报台防厅查考。如赴北路,俱由鹿耳门挂验出入。其各船往南北贸易,船总、行保具结状一纸,填明往某港字样;同县照送台防厅登记号簿,给与印单;以水途之远近,定限期之迟速。该港汛员查验,盖戳入口。在港所载是何货物及数目填明单内,查对明白盖戳,听其出口。回郡到府之日,将印单呈缴鹿耳门文、武汛查验单货相符,盖戳听其驾进。府澳各港汛员,仍将出入船只每五日摺报,听台防厅稽查。如违限未回,严比行保;并行各港汛员挨查,以防透越之弊。②

而在台陆对渡当中,这些船只则扮演着为台湾正口输送货物的角色。“南北路各厅县所产米谷,必从城乡车运至沿海港口,再用艍仔杉板等小船,由沿边海面运送至郡治鹿耳门内,方能配装横洋大船,转运至厦。此即台地所需之小船车工运脚。不特官运米谷为然,即民间货物米谷,亦复如此转运。”③

这种正口对渡制度,成为清廷统治时期台陆间交通贸易往来的基础。

---

① 范咸:《重修台湾府志》上册,大通书局(台北)1984年版,第89—90页。
② 范咸:《重修台湾府志》上册,大通书局(台北)1984年版,第90页。
③ 《户部为闽督喀尔吉善等奏移会》,载《台案汇录丙集》卷5,大通书局(台北)1987年版。

不单是福建地区，就连从其他省份出发的船只也必须先到厦门接受检查，然后才能前往台湾鹿耳门。1718 年，针对有船只违反正口对渡规定，直接从各自出发地前往台湾的情况，闽浙总督觉罗满保再次强调"应饬行本省并咨明各省，凡往台湾之船，必令到厦门盘验，一体护送，由澎而台；其从台湾回者，亦令盘验护送，由澎到厦"。①

　　台湾鹿耳门与福建厦门之间单口对渡制度的建立，是清廷试图将台湾有限度地纳入到福建海洋体制当中的表现。在清廷能够有效控制的前提下，让台湾通过厦门这个中转站，与福建其他地区乃至整个中国大陆建立起海上联系。采用单口对渡制度，正是出于方便管理的需要。且台湾岛虽经荷郑时期多年经营，但北部和东部的大片地区仍属人烟稀少，有待开发之地，除经济较为发达的台湾府城一带之外，本也无多开口岸的必要。但到了18 世纪晚期，随着多年来大陆移民的辛勤开发，台湾西部、北部地区的经济得到了长足的发展，人口大量增加，众多新港市也随之兴起，与中国大陆的人员物资交流需求迅速增长，在这种情况下，陈旧的单口对渡制度早已不再适应时代的需要，增开台湾正口于是被提上了清廷的议事日程。

　　1783 年，福建将军永德建议"于鹿港、蚶江口一带，照厦门、鹿耳门之例，设立专员，管辖稽查，听民自便"，②得到清廷批准，于次年开口对渡。先例既开，自有人跟随其后。1788 年，福康安等又上疏朝廷，称"查鹿仔港对渡蚶江，本系封禁，经永德奏准开设。船只往来，极为便利。应请将八里坌对渡五虎门海口，一体准令开设"。③ 台陆之间的单口对渡制度从此成为历史。

　　而另一方面，清廷也逐渐认识到僵硬的对口通航制度违反船只的海洋活动规律，不利于两岸之间海上经贸活动的开展，于是开始放宽对台陆航线的限制，允许各正口之间交叉通航。1810 年，清廷以"商船往来贩易，驶赴海口，

---

① 《清圣祖实录选辑》，康熙五十七年二月初五，大通书局（台北）1984 年版，第167—168 页。

② 永德：《请设鹿港正口疏》，载周玺：《彰化县志》，大通书局（台北）1984 年版，第396 页。

③ 《大学士九卿议覆公中堂福议奏》，载陈国瑛：《台湾采访册》，大通书局（台北）1984 年版，第70 页。

自应听其乘风信之便,径往收泊。若必指定口岸,令其对渡,不但守风折戗,来往稽迟,且弊窦丛生,转难究诘。……嗣后准令厦门、蚶江、五虎门船只通行台湾三口,将官谷按船配运"。① 传统的对渡制度至此被彻底打破。到了1826 年,清廷又增开彰化县五条港与噶玛兰厅乌石港为台湾正口,实现五口并行。从单口对渡、限定航线到多口并开、自由通行的制度转变,是台湾地区海洋经济文化发展和与中国大陆之间交通贸易联系加深的必然结果。

（二）大陆民人渡台制度的建立及其调整

台陆海洋关系当中的另一个重要领域,就是两岸之间的海上人员往来。郑氏政权灭亡后,清廷见东南沿海心腹之患已去,于是放宽海禁,对台湾地区海上人员往来管理也较为宽松。一时间船只"纷纷往来,难以计算。水师汛防,无从稽察。……积年贫穷游手奸宄闯作者,实繁有徒,莫从施巧,乘此开海,公行出入汛口"。② 福建水师提督施琅对此感到忧虑,于是在 1685年上疏朝廷,认为"内地人民,奸徒贫乏不少,弗为设法立规,节次搭载而往,恐内地渐见日稀",建议"亦行督、抚、提,作何设法,画定互察牵制良规,以杜泛逸海外滋奸"。③ 此后清廷开始加强对台陆间人员往来的管理,逐步建立起一套制度体系。

为了防止"奸宄之徒"渡台,清廷采用了领照渡台制度。1702 年,台湾知县陈瑸在《条陈台湾县事宜》中,对此制度有如下叙述:

> 则在宪牌申饬厦门、金门、铜山把口各官,於商船载客渡海,不得因有货物,便轻填上报单,须把口官逐名验有本地方官照票或关部照牌,方许渡载。至台湾把口官悉照原报单内逐名验明,方许登岸,仍著本人带照单、照牌赴台湾所属该县印官验明记簿,以便安插查考。日后有非为作歹,即查照原簿逐回本籍收管。④

① 《清仁宗实录选辑》,嘉庆十五年五月二十八日,大通书局(台北)1984 年版,第164 页。
② 施琅:《海疆底定疏》,载施琅:《靖海纪事》,大通书局(台北)1987 年版,第 70 页。
③ 施琅:《海疆底定疏》,载施琅:《靖海纪事》,大通书局(台北)1987 年版,第 71 页。
④ 陈瑸:《条陈台湾县事宜》,载《陈清端公文选》,大通书局(台北)1987 年版。

从以上文字可以看出，当时从中国大陆厦门等地前往台湾之人，需要持有地方官发给之照票照牌，由两岸出入口官员分别验证无误之后，才可入台，"已经形成一个比较系统的领照渡台制度"。①

此时的渡台管理制度虽然严格，不过主要是针对清廷眼中的那些有害地方的所谓奸盗之徒。如广东惠州、潮州等地之民就因被清廷官员认定多从事海盗活动，而在一段时间内被禁止渡台："终将军施琅之世，严禁粤中惠、潮之民，不许渡台。盖恶惠、潮之地素为海盗渊薮，而积习未忘也。琅殁，渐弛其禁，惠、潮民乃得越渡。"②而对于来台安居乐业，从事生产之移民，清廷则抱着鼓励的态度，所谓"大抵有益于地方之人不可不招之使来，有害于地方之人不可不逐之使去"是也。因此真正持有合法照牌之民人，来往台湾仍属自由，甚至可谓"去来无常，入水未几，俄而请照出水……可听其自来自去"。③

而另一方面，到台民人需要向台湾官府缴纳水丁税，该税不报入额征，"凡经输丁，本县有丁票在手者，即属良民，任往南路、北路生理，营汛查验丁票，即与放行。否则，以为匪类，而拘执之"。④ 而移民在出港入港时，又要受到把口官员的大肆勒索，缴纳船税、使费等款项，费用十分高昂。这让许多移民难以承担，宁愿选择冒着被查获的风险偷渡入台。为了遏制这种风气，福建巡抚张伯行于1709年颁布规定，"嗣后过台，出口、入口稽查安插，不许需索陋规、使费。违者，过台人民即赴泉、台二防厅禀究。如该防厅知情纵役通同索诈，本都院断不姑容，立即参拿究处"。⑤

随着外来移民的大量涌入以及本地人口的不断繁衍，清廷开始担心起台湾人口的管理问题，因此加强了对移民渡台的规定限制。1711年，台湾知府周元文上《申禁无照客民偷渡详稿》，要求建立更为严格的渡台执照审

① 陈忠纯：《清前期平民领照渡台的范围探析——兼议限制渡台政策的转变及其原因》，《厦门大学学报》（哲学社会科学版）2011年第2期。

② 黄叔璥：《台海使槎录》，大通书局（台北）1984年版，第92页。

③ 陈瑸：《条陈台湾县事宜》，载《陈清端公文选》，大通书局（台北）1987年版。

④ 陈瑸：《条陈台湾县事宜》，载《陈清端公文选》，大通书局（台北）1987年版。

⑤ 张伯行：《申饬台地应禁诸弊示》，载《清经世文编选录》，大通书局（台北）1984年版。

批发放制度：

> 嗣后凡有内地人民欲来台郡，必于原籍该县具呈开明；其入籍者，必开明前赴台湾某县某里或某坊、某社，倚傍亲友某人；其探亲友者，亦必开明所探亲友之住址、姓名；其贸易者，亦必开明住宿之铺户姓名，方准给照。其探亲友并贸易之照内，仍开明回籍限期。此外，凡文武衙门非奉公差遣，不许滥给照票……①

周元文的建议很快得到清廷的批准，付诸实施。1714 年，康熙皇帝更亲自对闽浙地方官员下达批示，认为"台湾地方多开田地，多聚人民，不过目前之计而已。将来福建无穷之害，俱从此生，尔等会同细商，毋得轻率"，②为禁限移民渡台定下基调，从此清廷相关政策逐步趋严。1724 年，根据闽浙总督觉罗满保的提议，清廷修改了原有的民人领照渡台制度，除已居住在台湾的民人与从事台陆间公商事务之人以外，不准再另发执照，这一制度实质上是禁止了新的大陆移民前往台湾。

清廷限制民人渡台的另一制度，便是禁止赴台者携带家眷。清廷统治台湾之初，并未禁绝携眷入台，但是如前所述，清廷对渡台民人征税颇为繁重，"每人费至七八金。有携带眷口者，其索费更多数倍"，③因此远非一般平民所能承担。而 1721 年以后，连官员家眷渡台都被归入禁止之列。④ 此后虽然也曾几次开放大陆眷属赴台团聚，不过持续时间大都十分短暂。

对于民间那些偷渡台湾的行为，清廷则建立了严格的法律，对责任者加以惩处：

---

① 周元文:《申禁无照客民偷渡详稿》，载周元文:《重修台湾府志》，大通书局（台北）1984 年版，第 326 页。

② 《闽浙总督范时崇奏谢御批台湾开荒并丁粮入亩事折》，载中国第一历史档案馆:《康熙朝汉文朱批奏折汇编》第 6 册，档案出版社 1985 年版，第 192 页。

③ 张伯行:《申饬台地应禁诸弊示》，载《清经世文编选录》，大通书局（台北）1984 年版。

④ 后于 1734 年开放特例，允许调台官员中年逾四十仍无子嗣者携带家眷。

海洋禁止偷渡，如有客头在沿海地方引诱包揽、索取偷渡人银两，用小船载出复上大船，将为首客头比照大船雇与下海之人分取番货例，发边卫充军。为从者减一等，杖一百、徒三年。澳甲、地保及船户、舵工人等知而不举者，亦照为从例，杖一百、徒三年，均不准折赎。其偷渡之人，照私渡关津律，杖八十，递回原籍。乾隆元年，水师提督王郡奏准：偷渡船户照为首客头例，发边卫充军；所得赃银，照追入官。该地方官弁疏纵偷渡人数至十名以上者，专管官罚俸一年、兵役各责二十；至疏纵偷渡人数至数十名者，专管官降一级、兵役各责三十。①

但是，清廷这种严格限制民人渡台的制度，无法阻止中国大陆东南沿海地区大批过剩人口向台湾迁移的趋势。禁令堵塞了民人渡台的合法途径，严重阻碍了台陆人民之间的正常交流往来，反而更助长了广大民人偷渡之风，令清廷防不胜防。禁止携眷渡台的制度，造成了台湾男女人口比例的失衡，许多单身赴台青壮年迟迟无法成家安顿，这些都为台湾社会增添了众多不稳定因素。1786年台湾爆发由林爽文领导的大规模起义，起义平定之后，清廷大臣福康安等检讨理台方针，于1788年上疏朝廷，建议重新开放民人领照渡台，并允许其携带眷属，"若一概严行禁绝，转易启私渡情弊。……毋庸禁止。嗣后安分良民，情愿携眷来台湾者，由该地方官查实给照，准其渡海。一面移咨台湾地方官，将眷口编入民籍。其只身民人，亦由地方官一体查明给照，移咨入籍。如此则既可便民，而内外稽查，匪徒亦无从冒混"。② 该建议得到批准，从而结束了清廷延续数十年的禁渡政策。

恢复移民渡台以后，清廷也对领照渡台制度进行了调整补充，对执照发放与查验过程作出明确的责任规定，同时确认了渡船费用的具体征收数额：

嗣后凡遇客民请照……呈明该管厅员，查验属实，立即给予执照放行，毋许胥吏借端掯勒。一面移明台湾各厅，点验入口，随即移复其出

---

① 范咸：《重修台湾府志》上册，大通书局（台北）1984年版，第91页。
② 《大学士九卿议覆公中堂福议奏》，载陈国瑛：《台湾采访册》，大通书局（台北）1984年版，第64页。

口之处,仍令守口员弁查验放行。如给照迟延,责在管口厅员;验放留难,咎在守口兵役,一经查出,即严行分别参办……至向来商船搭载民人,每名索取番银四五元不等,未免过多,应请酌定,如由厦门至鹿耳门,更程较近,每名只许收番银二元,如挈眷同行者,计名给与,一切船租、饭食俱在其间,倘敢额外多索,许该民人赴厅智禀,立予严究。①

经过改革后,领照渡台制度又延续了大半个世纪之久。直到 19 世纪后期,随着台湾的战略地位日益突出,清廷对招引大陆移民开发台湾的态度也趋于积极,而传统的民人领照渡台制度反而逐渐成为桎梏。1875 年,清廷派驻台湾钦差大臣沈葆桢上疏朝廷,力陈为了开发台湾东部山区,应解除大陆移民渡台限制,称"内地人民向来不准偷渡,近虽文法稍弛,而开禁未有明文。地方官思设法招徕,每恐与例不合。今欲开山不先招垦,则路虽通而仍塞;欲招垦不先开禁,则民裹足而不前",说服清廷将"一切旧禁尽与开豁,以广招徕"。② 几乎贯穿台湾整个清廷统治时期的民人领照渡台制度从此彻底废止。

二、清廷对台湾港口渔村船只活动的管制

清廷出于防海控民的思想,一直非常重视民间船只的管理,对船只的规格与搭载船员数量都有着明确的限制。虽然清廷治台后对海禁有所放宽,但对船只的管理仍然十分严格。1703 年,清廷颁布规定,要求出洋贸易之双桅商船"其梁头不得过一丈八尺,舵水人等不得过二十八名;其一丈六七尺梁头者,不得过二十四名;一丈四五尺梁头者,不得过十六名;一丈二三尺梁头者,不得过十四名。出洋渔船,止许单桅。梁头不得过一丈、舵水人等不得过二十名并揽载客货。"③对于出洋活动之船只,必须接受清廷细致的

---

① 台湾史料集成编辑委员会:《明清台湾档案汇编》第 3 辑第 38 册,远流出版公司(台北)2007 年版,第 489—490 页。

② 沈葆桢:《台地后山请开旧禁折》,载沈葆桢:《沈文肃公(葆桢)政书》卷 5,文海出版社(台北)1967 年版,第 903、905 页。

③ 周凯:《厦门志》上册,大通书局(台北)1984 年版,第 166 页。

检查,并得到他人担保,方准发给牌照。"其置船时,先赴各该县报明购料在厂;成造竣日,仍赴县禀请验量梁头长短、广深丈尺,填明印烙,取具澳里族邻行保结状给照,听其驾驶出洋贸易。"①

除了进行台陆间贸易的大型船之外,从事台湾本土海上活动的小型船只同样必须向清廷领取船照,接受官府的管理。"台属之艍仔、杉板头、一封书等小船,领给台、凤、诸三县船照,周年换照;三邑各设有船总管理。惟彰化县止有大肚溪,小船仅在该港装载五谷货物;系鹿子港巡检查验,按月造册申报台防厅查核。"②

清廷发给船只的牌照有效期为一年,到期后必须再次接受官府的核查,才能更换新照,否则禁止出海:

> 无论商、渔船照,一年一换;如有风信不顺,余限三月。如逾限不赴原籍换照,不准出洋,拿家属听比;如在他口,押令回籍,不许挂住他处。又船户届期换照及商换渔照,均须查明人船是否在籍,察验旧照相符无弊,方准换结。如有代呈请换者,严查人船著落拿究。又凡有大小已编之船,不准重复验烙。③

船只牌照分为商船和渔船两种,其中商船在渔季来临之时,可以由他人作保,向官府申请换取渔船牌照出海捕鱼,渔季结束之后换回商船牌照。但渔船则被禁止从事商业活动,"出洋,不许装载米、酒;进口,亦不许装载货物。违者,严加治罪。"④虽然1788年闽浙总督觉罗伍拉纳曾一度奏开厦门渔船赴台湾鹿港贸易,但清廷唯恐此举会助长渔船经商之风,后仍禁止。

清廷对船只的这种严格的管理制度,显然阻碍了台湾地区海上活动的正常发展。对于船只活动、大小和搭载人员的硬性规定,严重限制了海上生

---

① 范咸:《重修台湾府志》上册,大通书局(台北)1984年版,第89页。
② 范咸:《重修台湾府志》上册,大通书局(台北)1984年版,第90页。
③ 周凯:《厦门志》上册,大通书局(台北)1984年版,第168—169页。
④ 周凯:《厦门志》上册,大通书局(台北)1984年版,第172页。

产贸易活动的规模,明显侵害了广大以海为生的台陆间人民的共同利益,受到他们的强烈抵制。许多人不顾清廷规定,私造逾制大船,多带人员出海,官府禁不能止。1806年,福建巡抚温承惠面对商人普遍私造大船的情况,只得规定商船新造者不得过一丈八尺,而对已造之船既往不咎,可见清廷之前的限制远未达到其预期的效果,相反更激发了两岸人民向海洋发展,通过海洋将彼此联系在一起的强烈愿望。

在对船只活动严格管理的同时,清廷还对其征收各种赋税,以榨取经济利益。如前所述,清廷治下之台湾海洋税收制度,大部沿用郑氏政权统治时期之旧例。所以梁头税的征收仍然是清廷海洋税收中的重要一环,"内地江海巨舸,均按梁头科税"。① 起初海船"梁头五尺以上至一丈,每尺征银五钱;一丈以上至二丈,一两;二丈以上,二两。额课稍重,舟民措纳维艰"。② 因此清廷于1729年起放宽了梁头税的征收规定,"题准酌量减折丈尺,以示宽恤":

> 船税,按梁头丈尺。梁头阔七尺以外,作五尺二寸;八尺以外,作五尺四寸;九尺以外,作五尺六寸;一丈以外,作五尺八寸;一丈一、二尺外,作六尺四寸;一丈四、五尺外,作六尺八寸;一丈六、七尺外,作七尺五寸;一丈八尺,作八尺。系南台、厦门、泉州、蚶江四口各号海船,每尺科税银五钱;一年两次征收。至各县小商、渔船仅在近地贸捕,除照海船梁头减折丈尺外,每尺征银三钱至五钱;内有一年两次征收者,有一年一次征收者。③

对于台湾本地船只,依照其种类不同,有的按只计税,有的则按梁头大小以担计税。"尖艚,每只征银八钱四分;杉板,每只半之。彰化舻船,每只征银一两一钱五分五厘。渡船、采捕船,每担征银七分七厘。"④

---

① 丁绍仪:《东瀛识略》,大通书局(台北)1987年版,第21页。
② 周凯:《厦门志》上册,大通书局(台北)1984年版,第198页。
③ 周凯:《厦门志》上册,大通书局(台北)1984年版,第198页。
④ 丁绍仪:《东瀛识略》,大通书局(台北)1987年版,第21页。

　　而对于郑氏时期的其他水饷杂税，清廷也一概继承，"均循旧例重复征输"。① 如凤山县还向渔民继续征收乌鱼旗饷，"纳饷领旗，方准采捕……旗以白布为之，书'乌鱼旗'字并船户姓名，铃盖县印，插于船首。每旗一技，纳银一两零五分"。②

　　清廷通过这种海洋税收制度，对台湾的海洋活动群体进行残酷的剥削。除正税之外，甚至还另有规礼。施琅平台后，令澎湖居民每年缴纳鱼规一千二百两，名为赏兵之用，"及许良彬到任后，遂将此项奏请归公，以为提督衙门公事之用；每年交纳，率以为常。行家任意苛求，渔人多受剥削，颇为沿海穷民之苦累"。③ 此项陋规一直存在到 1737 年，才被乾隆皇帝下令废止。民众不但要面对官府的征派，还要遭受从清廷手中获得包税权的瞨港港主的剥削压迫。"瞨港者，招捕鱼之人。……虽为赋税所从出，实亦奸宄所由滋"，④"民入港取一鱼一虾，无敢不经瞨港之手。任其强横，莫得持其短也"。⑤ 繁重的海洋税收，令民众难以承担，严重影响了台湾地区海洋活动的发展。如在台湾北部淡水地区，"罟税则原出于淡水一港，十年来久无牵罟之人矣"。⑥ 尽管清廷内部的有识之士如凤山知县宋永清、诸罗知县周钟瑄等都曾对此提出批评，但是由于水饷杂税乃清廷利源所在，所以"乾隆以来，屡图刷新，迄无成效"。⑦ 直到 1875 年，福建巡抚丁日昌等上《请将台属各项杂项饷分别豁除疏》，力陈此等杂税"析及秋毫，吏役藉此勒索横征，穷民苦累实甚。……各项名目，大为琐碎，影射牵连，非尽葛藤，终难绝其弊窦"，提出所有港潭等项杂饷"均应豁免，以除民累"，⑧清廷这才从 1877 年开始，正式免除台湾大部分水饷杂税征收。自郑氏时期起延续两百多年的

---

①　周钟瑄：《诸罗县志》，大通书局（台北）1984 年版，第 102 页。

②　丁绍仪：《东瀛识略》，大通书局（台北）1987 年版，第 23 页。

③　余文仪：《续修台湾府志》上册，大通书局（台北）1984 年版，第 274 页。

④　黄叔璥：《台海使槎录》，大通书局（台北）1984 年版，第 20 页。

⑤　周钟瑄：《诸罗县志》，大通书局（台北）1984 年版，第 104 页。

⑥　周钟瑄：《诸罗县志》，大通书局（台北）1984 年版，第 104 页。

⑦　周宪文：《台湾经济史》，台湾开明书店（台北）1980 年版，第 359 页。

⑧　丁日昌：《请将台属各项杂项饷分别豁除疏》，载葛士浚：《清朝经世文续编》卷47，文海出版社（台北）1972 年版。

台湾水饷杂税征收制度终于瓦解。

但是,清廷腐朽的封建本质,决定了其海洋税收制度注定是要建立在剥削压迫的基础上,因此他们的改革自然无法从根本上革除其弊政。而只是对剥削重点和剥削方向进行转移。事实上,早在旧的海洋税收制度瓦解之前,清廷便已经将一种新的税收名目带到了台湾,那就是厘金征收制度。

厘金征收制度出现于1853年,最初是清廷为了筹措军费镇压太平天国起义而临时征收,后成为正式税制。1861年,清廷在台湾淡水开征厘金,"照船征法;但计担数,不论货之粗细"。① 1865年后,又开办船货厘金,规定"无论何项货物,每百石抽收洋银二元四角"。② 1887年,台湾巡抚刘铭传在台北设厘金总局,停办船货厘金,改抽百货厘金,以台湾之茶、糖、樟脑等出口货物为主要抽厘对象,而对进口货物除鸦片之外,一律免抽厘金。同时统一税则,明确征收流程:

> 开办税厘,准各行郊兴用报票,给发运照,外来土货,由出口时完纳厘金一次。先后(在)东石口、布袋嘴、港仔寮,添设分卡。就此产货之区,一律按则抽收。嗣因各行郊具禀:一则以现钱不便携带,一则以运货晋府完过厘金出口,又须完厘,一货重抽,商民苦累。是以议给运单报票,准由府城出口完厘一次;济饷之中,仍寓体恤之意也。③

但是,同水饷杂税一样,台湾的厘金制度也是弊端丛生,"胥吏舞文弄弊,格外苛求,以饱私橐,商贾病之。……故自事平之后,士大夫多请裁撤,归并海关。而清廷不听"。④ 各地厘金征收名目众多,"新竹属又有抽分名目,台南复有大小斛船区别,征收法令纷歧,办理不能划一,且听委员开报,

---

① 陈培桂:《淡水厅志》,大通书局(台北)1984年版,第113页。
② 刘铭传:《改百货厘金片》,载刘铭传:《刘壮肃公奏议》,大通书局(台北)1987年版,第331页。
③ 唐赞衮:《台阳见闻录》,大通书局(台北)1987年版,第69页。
④ 连横:《台湾通史》上册,大通书局(台北)1984年版,第488页。

多寡无稽,侵吞益甚"。① 而且厘金的征收,主要剥削的是经营台湾出口贸易的中国商人,至于外商在台湾购买货物出口,则享有子口半税等各种特权。这严重不利于中国商人在国际市场上和外商的竞争。厘金征收制度的出现,为台湾的海洋发展又套上了一层新的枷锁。

三、台湾涉外海洋管理制度的建立

19 世纪中叶,西方资本主义列强大举入侵中国,强迫清廷签订了一系列不平等条约,开放国内多处通商口岸。根据 1842 年的中英《南京条约》,英国人有权寄居广州、福州、厦门、宁波、上海等五处港口,自由通商贸易,向清廷交纳货税、钞饷等费。英国君主在当地派设领事、管事等官,处理商贾事宜。这成为外国在通商口岸进行贸易的制度基础。1858 年清廷又被迫与列强分别签订《天津条约》,对开放台湾通商口岸及外国船只在华的活动管理作出了进一步的规定。根据《天津条约》和 1860 年《北京条约》及其附属条约的规定,台湾安平、淡水(沪尾)、鸡笼、打狗四地被开放为国际通商口岸。从此,外国海洋势力开始更加广泛地参与到台湾的海洋活动当中,如何对其进行管理,成为台湾海洋制度当中新的内容。

台湾通商口岸开放之后,中外交涉事务日渐增多,为了处理此类事宜,清廷于 1870 年在台南成立通商总局,后又在安平、旗后(打狗)、鸡笼、沪尾(淡水)等各通商口岸建立分局,派驻委员,"凡有中外交涉事件,准予就近讯办,或由委员自讯,或与领事官会讯,随时了结。……如遇华民词讼事件与洋务无涉者,该委员不得擅理"。② 通商局遂成为清廷管理台湾通商口岸涉外事务的专门机构。台湾建省后,又于 1887 年增设台北通商总局,与台南通商局南北分理通商口岸事务,两局均由台湾巡抚总管。

对来台贸易的外国船只征收关税,是台湾涉外海洋管理制度的重要一环。早在 1851 年,外国船只已在台湾鸡笼、淡水等地贸易,"官照商船征税"。

---

① 刘铭传:《改百货厘金片》,载刘铭传:《刘壮肃公奏议》,大通书局(台北)1987年版,第 331 页。
② 唐赞衮:《台阳见闻录》,大通书局(台北)1987 年版,第 45 页。

台湾开放通商之后,清廷于各通商口岸设立海关,对外国船只征税,"以沪尾为正口,鸡笼、打狗、鹿耳为外口。征税银册,均由沪尾总口转缴关库"。①

自《南京条约》以后,中国海关的行政管理权开始遭到列强侵蚀,逐渐"区分为外籍税务司管理轮船贸易的新制海关(Maritime Customs)和海关监督(Superintendent of Customs)管理民船(junk,中国旧式帆船)贸易的旧式常关(Native Customs)"。② 而台湾通商口岸所新设海关,则属于前者。外国人士在税务司中担任重要职务,参与台湾海关的管理。如沪尾海关的首任副税务司便是英国人霍维尔(John William Howell),而他的继任者则是美国人舒恩克(W.S.Schenck)。台湾海关之主要职责,乃是对外国船只征收关税,具体事宜由税务司全权负责。根据 1858 年《中英通商章程善后条约》的规定,外商在华通商口岸进出口货物享有低关税特权,即使是条约中未曾具体规定关税数额之货物,也统一按照"值百抽五"的低税率征收。台湾海关对外商关税的征收,同样遵循这一制度:

> 查沪尾口系于同治元年六月间设关,打狗口系于同治二年八月间开办,所有两口海关,仅征洋船货税一项。遵照通商则例,按货征收。倘有所载之货,未列税则之内,应将原货估价,每百两抽收正税五两。一切收税事宜,均由税务司专政;派令扦子手逐件过秤,给发验单,交于该商,赍赴海关银号照纳税银,给予凭单,方准放行。此关中征收洋税之情形也。③

而对于进口的鸦片,台湾海关除征收正税之外,还负责向其抽取厘金。这就是所谓的"洋药税厘归关并征"。④

---

① 陈培桂:《淡水厅志》,大通书局(台北)1984 年版,第 109、110 页。

② 连心豪:《近代中国通商口岸与内地——厦门、泉州常关内地税个案研究》,《民国档案》2005 年第 4 期。

③ 唐赞衮:《台阳见闻录》,大通书局(台北)1987 年版,第 43 页。

④ 刘铭传:《接收台地两海关片》,载刘铭传:《刘壮肃公奏议》,大通书局(台北)1987 年版,第 350 页。

不过,根据清廷与列强签订的条约,外国船只在华进行贸易的范围仅限于通商口岸。在通商口岸之外的"内地",则禁止外船前往贸易,不然将被视为走私,船、货一并入官。外商在台湾通商口岸购买货物出口,可以免征厘金。而如前往台湾内地购买货物,可以享受子口半税待遇,但需向清廷申领货单,否则必须照章缴纳厘金。正因为列强在通商口岸享有种种经济特权,因此他们一直想方设法扩大"通商口岸"的概念范围,甚至企图将其涵盖到全台湾。1887年,列强借台湾巡抚刘铭传整顿台湾税务,清查偷漏税款外商之机,向清廷总理衙门"屡言台湾系通商口岸,非比内地,洋商不应领单,亦不应完厘。中国征收洋厘,系属违约"。① 虽然李鸿章、刘铭传等清廷大臣认为"全台除沪、打二口外,不能皆作通商口岸",②"所云'内地'者,约内'指明口岸外'皆是也",③但在列强的压力下,总理衙门最终不得不做出让步,命刘铭传停征外商厘金。

除进行贸易之外,外国船只还可以在台湾通商口岸之间自由航行、停泊。外国公司还有权在台湾通商口岸开设国内、国际航线,经营海上航运。为了对外国船只的航行进行管理,清廷在台湾设置了船政厅,"通商以后,外货纷至,于是始有轮船,设船政厅以理之"。④

外国船只进入台湾,为了避免因水道不熟而发生事故,需要有熟悉当地水域状况者为之"引水",即引航员。引航员一职,本来理应由本国公民担任,这是一个国家海洋主权的体现,但由于种种不平等条约的规定,近代中国逐渐丧失了自己的引水权。根据1843年的《中英五口通商章程》,外船进出中国口岸在引水方面享有很大自由,"一是外籍船只进出中国口岸时有权自由雇用引水人,二是任何人(包括外籍人)都可以申请在中国担任引水人,三是引水事权操纵于外国领

---

① 《总署致李鸿章英法德等使言台湾系通商口岸希停收洋厘电》,载王彦威:《清季外交史料选辑》,大通书局(台北)1984年版。

② 《直督李鸿章致总署刘铭传电台湾洋商完税请补叙府城口并半税二节电》,载王彦威:《清季外交史料选辑》,大通书局(台北)1984年版。

③ 《总署致李鸿章转刘铭传通商口岸无论城镇皆为口岸电》,载王彦威:《清季外交史料选辑》,大通书局(台北)1984年版。

④ 连横:《台湾通史》上册,大通书局(台北)1984年版,第530页。

事手中"。① 1867 年,清朝海关总税务司,英国人赫德代表清总理衙门与各国公使协商,起草了一份《中国引水总章》,次年又稍作修改,颁布各港实行,"于是复订台湾各口引水分章十条,与专条略有更改"。②

《中国引水总章》对于建立海关引水管理机构、引水员的培养与考核过程都作出了总体上的规定,构建起了一个"以海关总税务司为核心,以理船厅为枢纽的全国性引航管理体制",③成为中国近代引水制度的基础。由于近代中国海关大权旁落于外国人之手,因此建立在海关管理基础上的引水制度,自然也为外国势力所主导操纵,台湾地区也不例外。在其作用下,近代台湾乃至整个中国的引水业,逐渐为外籍引水员所垄断。这不但影响了本国引水员的生计,更严重威胁到台湾的海防安全。在 1884 年到 1885 年的中法战争期间,便有外籍引水员受雇于法军舰队,为其入侵台湾带来很大便利。

另一方面,根据相关条约的规定,清廷必须维护外国船只在华的航行安全。外国船只在中国水域遭受劫掠,清廷有关部门有责任缉拿案犯,追回赃物。对于发生海上事故的外国船只,清廷有责任对其进行救护,并妥善处理善后事宜。而台湾地区海上交通繁忙,水文气象条件复杂,为海上事故频发之地。"夫台湾处大海之中,又有澎湖隔之,黑潮所经,其流甚急。澎之四围多礁石,舟触辄破。故自通商以来,轮船遭者凡数十次。"④加之当地海盗活动层出不穷,不少原住民也对异族抱有强烈敌意,经常袭击遭难外国船只,酿成国际纠纷,因此清廷台湾当局在这方面的责任就更加重大。然而,台湾的相关制度建设却很不健全,缺乏可以作为依据的明文法规,导致清廷对船只失事问题的处理多受诟病,甚至成为列强侵略的口实。如 1871 年琉球船只遇难漂流至台湾南部,幸存者上岸后遭到原住民袭击,多人被杀。日本趁机向清廷提出交涉,清廷官员却以台湾"生番"乃化外之民,追究不便为词推托,被日本当局抓住把柄,宣称台湾番地不属清廷管辖,并以此为借

---

① 李恭忠:《近代中国引水权的收回》,《近代中国》第 141 期,2001 年 2 月。
② 连横:《台湾通史》上册,大通书局(台北)1984 年版,第 530 页。
③ 李恭忠:《〈中国引水总章〉及其在近代中国的影响》,《历史档案》2000 年第 3 期。
④ 连横:《台湾通史》上册,大通书局(台北)1984 年版,第 532 页。

口,于 1874 年派兵入侵台湾南部,严重侵犯中国在台湾的主权。

从屡屡发生的国际纠纷当中,清廷官员终于认识到建设相关法律制度的重要性。1876 年,福建巡抚丁日昌制订《保护中外船只遭风遇险章程》,于福建全省推行。该章程从"定地段以专责成""明赏罚以免推诿""定章则以免混乱""定酬劳以资鼓励""广晓谕以资劝诫"五个方面对海难事故的救助和善后处理作出了详细的规定,成为清廷台湾当局处理相关事宜的法规依据:

> 光绪二年六月,奉宪行选举沿海地甲头目,分择地段,责成保护中外船只在洋遭风;并颁行图册、章程、告示,当由道委员前往台属各海口村庄确查。各乡均各举甲首、头人,责成督率乡民,遇有遭风船只,实力救护,由县给予旗帜,以为标准;并令出具切结,谕饬遵照告示章程办理。①

章程在台湾实行之后,清廷官民按照章程规定,对英国、日本等国在台遇难船只实施了多次救助工作,对于妥善处理海洋事故,维护台湾地区往来船只的人员生命财产安全起到了一定的作用。而《保护中外船只遭风遇险章程》也随之被清总理衙门推行到其他沿海各省,成为全国性的海洋救险章程。但年长日久后,章程的效用也逐渐大打折扣,沦为具文。1891 年,台湾巡抚刘铭传再次颁布公告,重申救护章程五条,以宣示台湾民众。

外国船只进入台湾后,一些中国商民也开始购买或租雇外国船只进行海洋活动,"买者由华商备价置买,改换中国船牌。雇者华商暂雇洋船装货搭人,仍用外国船牌旗号。租则又与雇、买不同,立有年限租约;租定后,亦用外国船牌、旗号,自行揽载,限满归还"。② 但因为清廷起初严格限制民间购买外国船只,所以许多人在购买洋船后,又将其诡寄于洋商名下,借以逃避官府稽查。如何对此进行管理,成为清廷所面临的新问题。1864 年,清

---

① 唐赞衮:《台阳见闻录》,大通书局(台北)1987 年版,第 37 页。
② 《闽浙总督左宗棠咨送议拟华商买受租雇洋船章程》,载罗大春:《台湾海防档》,大通书局(台北)1987 年版。

廷接受丁日昌的建议,决定放开对民间购买外国船只的限制,并向各地大员征集管理草案。于是在 1865 年,闽浙总督左宗棠拟定《华商买受租雇洋船章程》七条,对此种船只管理相关事宜作出了一系列补充规定。除左宗棠外,赫德、李鸿章等也草拟了各自的章程上报清廷。清廷在众草案基础上经过反复修改,最终作成《华商买用洋商火轮夹板等项船只章程》,于 1867 年颁布施行,成为通行全国之章程。

清廷建立该制度的目的,在于将民间所买、租、雇用之外国船只纳入到清廷管理范围之内,"以裕财源而资调遣"。"因为囿于清代传统的禁海等观念,他们所着眼之点,都是特别留意如何防范稽查,如何连牵控制,以免使华商使用洋船之后,利用其优越的性能,去作奸犯科与走私偷窃。"①而另一方面,他们出于维护清廷官营轮船业的目的,在本质上仍然对于民间购买外国船只抱着排斥的态度,生怕这种行为会促进民营轮船业的壮大,从而与官营企业展开竞争。因此清廷虽然口头上宣称会给予民间购买租用外国船只充分自由,"官不禁阻",但实际上规定却十分严格。《华商买用洋商火轮夹板等项船只章程》规定,华商购买外国船只,不但必须缴纳每船 300 两银的牌照费,而且还要经过海关监督、税务司、外国领事等层层审核,察无疑问,方准成交。且此类外国船只只许在中国各通商口岸活动,禁止进入内地。"其手续的繁苛、交捐纳税的严酷方面,使洋人看了后都认为'一观此次章程,即知贵国有不愿商民用此船只之意'。"②不过,章程毕竟对于民间购买外国船只提供了合法途径,在一定程度上有利于民间船舶行业的发展。

四、台湾的海防与水师制度

台湾郑氏政权投降之后,清廷内部在台湾的弃留问题上曾经有过争议。但在以福建水师提督施琅为首的一批官员大力劝说下,清廷最终认识到了台湾在中国海防当中的重要战略地位,决定在当地驻扎重兵加以控制,以屏

---

①　吕实强:《国人倡导轮船航运及其屡遭挫折的原因》,载《中国早期的轮船经营》,"中央研究院近代史研究所"(台北)1976 年版,第 153 页。

②　严立贤:《从洋务运动的官商矛盾看中国近代早期两种现代化模式的滥觞》,《中国社会科学院近代史研究所青年学术论坛》,2000 年。

护中国东南海疆。从此台湾地区的海防建设一直是清廷对台的工作重点之一。

关于台湾地区的海防制度，早在台湾弃留未定之时，便已有清廷官员着眼于此。1683年，施琅上《恭陈台湾弃留疏》，当中除力陈台湾地区不可放弃之外，对于统一之后台湾地区的海防制度建设，亦提出了自己的见解：

> 内地溢设之官兵，尽可陆续汰减，以之分防台湾、澎湖两处。台湾设总兵一员、水师副将一员、陆师参将二员，兵八千名；澎湖设水师副将一员，兵二千名。通共计兵一万名，足以固守。又无添兵增饷之费。其防守总兵、副、参、游等官，定以三年或二年转升内地，无致久任，永为成例。在我皇上优爵重禄，推心置腹，大小将弁，谁不勉励竭忠？然当此地方初辟，该地正赋、杂饷，殊宜蠲豁。见在一万之兵食，权行全给。三年后开征，可以佐需。抑亦寓兵于农，亦能济用，可以减省，无庸尽资内地之转输也。①

施琅的建议，从宏观方面为台湾地区的海防体系构建起了一个框架。日后清廷在台湾建立的海防制度，在很大程度上是采用了施琅的构想。

1684年，清廷在台正式建立水陆营制，共计十营，以总兵为最高指挥。其中陆师五营，包括台湾镇标左、中、右三营与台湾南、北路二营。水师也有五营，分为台湾水师协（辖左、中、右三营）与澎湖水师协（辖左、右两营），两处水师均由副将统领。台湾水师协驻地为安平，澎湖水师协驻地为妈宫。水师每营额设军兵1000人，装备鸟船、赶缯船、双篷艍船等各类战船18只，马匹20到30余匹不等。

水陆营制建立之后，随着台湾地区开发的日益广泛，需要巡防的地段也不断增加，因此各营驻地有所变化，营制规模人数也随之扩大。1733年，清廷添设台湾城守营，并将陆师北路营扩编为左、中、右三营。水师则增设淡

---

① 施琅：《恭陈台湾弃留疏》，载施琅：《靖海纪事》，大通书局（台北）1987年版，第61—62页。

水营,后改为艋舺营,又设沪尾水师营隶属其下,后还增设噶玛兰营等。到了19世纪前期,戍台部队名额已扩充到"水、陆十六营,额兵一万四千六百五十有六"之众。①

清廷部队戍台采用班兵制,各营官兵均来自内地绿营,定期更换。"定例:总兵官三年俸满,请旨陛见;副将三年限满,给咨引见;参将、游击、都司、守备二年限满,咨部推补;千总、把总三年限满,赴省候文推补。其兵丁,由内地三年按班抽换,不准就地推补。"②戍台班兵往返,原先例由水师哨船搭载,后因台湾爆发林爽文起义,清廷调集大量部队入台镇压,"台匪荡平之后,同时互调班兵,船少兵多,不敷配载,权令附搭商船东渡,后即援以为例",③以商船协助配运班兵,每名士兵按例付给船户每百里水脚银三钱,马匹同价,另付淡水钱每人五十文。配运士兵之商船,可减配官谷。除戍台的绿营军之外,清廷后期还在台湾本地募有勇营,加上民间乡绅出面组织的地方团练,这三者构成了台湾地区的主要海防力量。

清廷军队对台湾地区的海防,是建立在汛塘制的基础上。所谓汛塘制,是清代在全国范围推行的一种军队戍防制度,它根据台湾本地的防御需要,标出其中若干个重要的地段,建立军事据点,派遣部队进行戍守。这些据点根据官兵的具体设置,分为不同的类型,其中"设弁带兵曰汛,仅安兵者曰塘,城内置兵宿守者曰堆"。④ 这些防区由台湾驻军水陆各营分别负责,每一营均承担若干个汛、塘的防卫任务。而各地的汛、塘是否在台湾的海防体系当中发挥作用,也并不完全依其濒海与否决定。如许毓良在《清代台湾的海防》一书中便认为,有些汛、塘虽然并不濒海,"但因四周已无其他汛塘,也视它们为近海的海防汛塘"。⑤

汛塘的防御范围,从陆地一直延伸到其周边的海域。因此清廷军队对

---

① 姚莹:《台湾班兵议(上)》,载姚莹:《东槎纪略》,大通书局(台北)1984年版,第93页。
② 范咸:《重修台湾府志》上册,大通书局(台北)1984年版,第305页。
③ 《清宣宗实录选辑》,道光十五年三月十四日,大通书局(台北)1984年版,第185页。
④ 谢金銮:《续修台湾县志》,大通书局(台北)1984年版,第251页。
⑤ 许毓良:《清代台湾的海防》,社会科学文献出版社2003年版,第61页。

台湾汛塘的海防,也分为洋面巡防与沿岸陆防两种形式。洋面巡防由水师
负责,定期由将官带领船只在辖区洋面内进行巡哨。巡哨又分为总巡与分
巡,所谓总巡,是由水师指挥亲自带领船只,对水师各营辖区洋面进行总体
上的巡逻。而分巡,则是由水师各营长官带领船只,在各自的辖区洋面内分
别进行巡逻。也有某些地段是分由两营轮流定期巡视,称为"轮巡"。台湾
地区的洋巡,本应包括在福建水师总巡之范围内,但由于台湾地理位置特
殊,距离遥远,水域范围过大,福建水师难以兼顾,因此台湾地区的巡航任
务,便由台澎水师独力承担。事实上,台澎水师也无法完成对整个台湾地区
的总巡任务,只能分别在台湾、澎湖两个区域内进行总巡和分巡。

台湾水师的洋面巡防,一般是从其驻地(台湾安平、澎湖妈宫)出发,前往
本营所负责之各汛塘洋面进行巡哨,巡哨完成后返回原驻地。在具体的巡哨
过程中,也逐渐形成了比较明确固定的巡哨路线,以澎湖水师协左营为例:

> 由妈宫澳开船,往南经鸡笼屿、四角仔、桶盘屿、虎井,直抵八罩、金
> 鸡澳,入挽门汛(南北风可泊五六船)。由塘口往西南,一里至网垵。
> 南为半坪屿、头巾礁、铁砧屿、砗仔屿。西南为大屿。西北为花屿、猫
> 屿、草屿。西北半里至瓮菜堀。北四里至花宅,四里至水垵(南风时可
> 泊船),复回挽门汛。东隔半里为将军澳,与挽门汛对峙(立冬后可泊
> 四五船)。东临海有石山,名船帆屿;山顶炮台一。向北为金鸡屿(南
> 北风俱可泊船),在将军澳后。北有马鞍屿。由挽门登舟,出金鸡屿
> 口,往东南至东吉、西吉、锄头精屿,至文良港。驾回经过锁管港、猪母
> 落水、虎井、时里、凤柜尾、鸡笼屿、四角仔,回妈宫澳。①

此外,水师在各汛、塘当地亦有船只驻防,可对本汛塘洋面进行单独巡
逻。为了保证巡逻活动能够得到切实执行,水师还订有兑旗会哨制度,本营
将领率船出巡,需定期与他营船只在两营辖区交界处会面,彼此交换旗号以
为信物,"此营制也。诚能按期而往,善其舟楫器械,习其行阵击刺、定其游

---

① 王必昌:《重修台湾县志》,大通书局(台北)1984年版,第250—251页。

巡往来,毋潜伏内港而空文申报,不致有名无实,则在乎为主将者以身率人,先之、劳之而已,岂有他术也哉!"①

除了洋面巡防,汛塘沿岸的陆上警备同样也是台湾海防的重要一环。按清廷规制,各汛塘均配有一定数量之驻防军兵,在重要海口还设有炮台以资防守。另有望楼、烟墩等辅助防御设施,派人瞭望其上,一旦发现紧急军情,便燃烟示警。各营还定期组织部队,在各汛塘之间进行陆巡,稽查有无可疑之处。

清廷在台湾所建立的海防制度,虽然看似严密,但在种种主客观因素的影响下,具体执行效果却大打折扣,而且随着清廷自身腐朽程度的加深,这些问题也愈加严重。

首先是台湾班兵制度本身缺陷众多,具体执行起来弊病丛生,令清廷不得不多次对制度进行补充修改,以图匡正。初时内地班兵赴台,需到厦门集中配舟渡台,台湾班兵返陆,亦需统一前往鹿耳门集中内渡,"台北各营至郡,道远跋涉维艰",②十分不便。1810 年经闽浙总督方葆岩奏准,台湾嘉义以北官兵改由鹿港配渡,以便兵民。但是随着鹿港日益淤浅,船只往来渐少,配运困难,逐渐无力单独承担此类任务。清廷只好在1824 年接受台湾兵备道方传穟与总兵观公喜的建议,将部分班兵改由八里坌与福州五虎门间配渡。

按清廷规制,戍台班兵出自内地绿营,由各营将官挑选。然而将官出于私心,往往将得力手下留而不遣,反倒借机将营中素质低劣、难于管理者调离,此类人等到台之后,屡屡违法乱纪,滋扰地方,让清廷官员很是头疼。因此雍正皇帝于1727 年颁布上谕,要求各营戍台班兵必须选择可靠之人,否则将追究将官责任。另一方面,台湾水师中舵工、缭手、斗手、碇手等职务,非通晓当地情况者不能胜任,但戍台班兵均来自内地,不悉台湾水情,即便在驻期内经验有所积累,三年后也将面临轮换。因此台湾水师为了解决这一问题,多雇募当地人冒名顶替。1728 年,台湾总兵王郡干脆上书雍正皇

① 胡建伟:《澎湖纪略》,大通书局(台北)1984 年版,第130 页。
② 姚莹:《改配台北班兵》,载姚莹:《东槎纪略》,大通书局(台北)1984 年版,第11 页。

帝,建议将这一行为正规化,"请照随丁之例,就地招募,给以粮饷"。① 但雍正认为此类职务关系重大,应由内地兵丁自己掌握,要求从班兵中挑选专人随当地人学习此类技艺,习成后转授新到班兵。根据雍正的旨意,清廷对此情况订立了新的规章:

> 嗣后台湾各水师营碇、缭、斗三项拣选兵丁学习,更换以六年为期;著为定例。如各营将弁不勤加查管训练,以致操驾生疏及仍有隐瞒不换者,一经察出,将该管将、备、千、把照溺职例革职,总督、提督、总兵官交部严加议处。其舵工尤关紧要,各船正舵准以九年为满,令其更换。再有杉板工一项专管驾驶杉板小船,亦照碇、缭、斗一例教习更换。②

不过,这些规定毕竟只是小修小补,并未从根本上革除台湾班兵制度上的弊病。班兵制度中最大的问题,在于轮换必须远涉重洋,许多人到台后又被安排成防边远地区,路途艰险、条件恶劣,令士兵苦不堪言,多有在任上身故逃亡者。然而所部将官往往有意隐瞒,"逃亡事故不为申报,每至放饷,即留饷以饱私囊"。③ 因此台地士兵缺额渐多,实际战力严重不足,士气低落,军纪败坏。清朝中后期台湾数次爆发民变,班兵应对乏力,多需由内地调兵方得镇压,其作用遂受到质疑。到了道光皇帝时期,已有人建议撤裁台湾绿营,改募乡勇,却遭到前台湾知县、噶玛兰通判姚莹等人的激烈反对,认为"班兵非不得力,顾用之何如耳。而欲改变旧制,岂理也哉?"④最终此议未能实施。姚莹在维护班兵制的同时,也对台湾军务提出了自己的五项改革意见,试图在制度内部进行调整。⑤ 但这些措施同样未触及到问题的要

① 范咸:《重修台湾府志》上册,大通书局(台北)1984 年版,第 303 页。
② 范咸:《重修台湾府志》上册,大通书局(台北)1984 年版,第 303—304 页。
③ 黄叔璥:《台海使槎录》,大通书局(台北)1984 年版,第 37 页。
④ 姚莹:《台湾班兵议(下)》,载姚莹:《东槎纪略》,大通书局(台北)1984 年版,第 98 页。
⑤ 姚莹的五点建议为:一曰无事收藏器械、以肃营规,二曰演验军装枪炮、以求可用,三曰选取教师学习技艺、以备临敌,四曰增设噶玛兰营兵、以资防守,五曰移驻北路副将、以重形势。

害,无法改变台湾班兵制日益腐朽的趋势。

1835 年,由于班兵配载商船赴台积弊众多,商人不堪忍受,道光皇帝曾颁下谕旨,要求日后台湾班兵轮换仍改由水师哨船运送,"不准一人一械附搭商船"。① 但是此时的台湾水师,也早已陷入了每况愈下的境地。

台湾水师的没落,源于船政制度的衰败。按清廷规制,水师战船需定期修造,"自新造之年为始,届三年准其小修,小修后三年大修。再届三年,如船只尚堪修理,仍令再次大修;如不堪修理,该督等题明拆造"。② 台湾水师舰船的建造与维修,起初是由福建福州、漳州船厂负责,但海峡相隔,战船长途往返不便。1725 年,闽浙总督觉罗满保奏准朝廷,在台湾设立船厂,负责台澎水师 98 艘战船的修造。而台湾船厂修造船只,需从内地采购物料,清廷考虑到辗转运输之劳,因此除常规修造款项之外,还增拨其一定数量之运费:

> 其修造船只需用工料银两,有部价、协帖之分。部价系动支司库正项钱粮,协帖则在于各州县耗羡银内派拨。从前并未报部有案,自雍正十年耗羡归公之后,始行定议,将协帖银两在于耗羡项下动支。……福建省,小修加十、大修加九、拆造加八;又于应加津帖之外,每百两另加银三十两。惟台厂远隔重洋,一应料物运送维艰;复于应加津帖并另加三分之外,再加运费银二分。所有各省报销册籍,俱照此例开造。③

但是,清廷的这些拨款却成为官员中腐败分子的觊觎对象。他们在修造船只时大做手脚,材料以次充好、工作偷工减料,借机中饱私囊。因此修造进展迟缓,久而不决,见期限已到,便谎称完工,实际上船只多有搁置积压者。其所修造船只,也大都质量低劣,未到使用年限便已损坏。而清廷对此虽然订立了专门的问责制度,却收效不大,台湾船政仍持续败坏。

---

① 《清宣宗实录选辑》,道光十五年三月十四日,大通书局(台北)1984 年版,第185 页。
② 《钦定福建省外海战船则例》,大通书局(台北)1987 年版,第 5 页。
③ 《钦定福建省外海战船则例》,大通书局(台北)1987 年版,第 6 页。

另一方面,台湾船厂物料需向内地采购,无论开采、运输都有诸多不便之处,随着时间的推移,"近岁深山多为民人开垦,留植大材之地日少,所以巨木益艰。……购买愈难,价值更昂。……长年采办,转运工费浩繁,所用不得其人,选采即难得力"。① 而且由于台陆配运制度的衰落,承担配运材料任务的船只也越来越少,运量十分有限,更加深了台湾船厂的工作困难。虽然曾有清廷官员建议改在台湾当地筹备物料,但台湾木料多产于深山原住民居住地,工匠入山采伐,易引发番汉冲突,且缺乏修造战船所需的松杉木,因此一直未得批准。加上台厂航道日久淤塞,船只入厂困难,有关方面因而"畏累误公,藉港道淤塞,船不驾厂、厂不兴工,为自私自便之计。"②船厂工作受到严重影响。

而台湾地区又是海情复杂之地,航行风险极高,水师船只运兵巡哨,多有遭风触礁、沉没毁坏之事,每年还要按例报废维修一批已过使用年限的旧船,船只损耗甚大,补充却困难重重,这使得台湾水师可用之船日渐减少,活动能力大为削弱,"久之,而文册中有船,海洋中无船矣"。③ 由于船只不足,水师正常的巡航、操演活动都难以进行,逐渐变得有名无实,加上班兵制度自身的衰败,水师士兵长年脱离航海,技艺生疏,根本无法承担海防任务。到了清朝后期,台湾乃至福建全省水师的状况已经败坏不堪。闽浙总督左宗棠在其于同治五年(1866年)的上疏当中,便痛陈福建各地水师"战船失修,朽腐殆尽,将领巡洋会哨,但有文报而无其事,遇需巡缉,辄雇民船代之。弁兵无船,无从练习,名为水师,实则就岸居住,一登海船,则晕呕不堪,站立不稳,遑云熟习沙线,惯历风涛。设遇有事,奚望其有万一之幸乎?"④

到了清廷治台末期,面对帝国主义列强的海上入侵,台湾水师基本无力

---

① 姚莹:《台厂战船情形状》,载姚莹:《中复堂选集》,大通书局(台北)1984年版,第178—179页。

② 徐宗干:《移船厂议》,载丁曰健:《治台必告录》,大通书局(台北)1984年版,第298—299页。

③ 徐宗干:《请变通船政书(一)》,载丁曰健:《治台必告录》,大通书局(台北)1984年版,第291页。

④ 左宗棠:《筹拟减兵加饷就饷练兵疏》,载盛康:《清朝经世文编续编》卷76,文海出版社(台北)1972年版。

抵抗,不得不依赖从福建增援的轮船执行海防任务。近代轮船的兴起,使得腐朽不堪的旧式水师彻底失去了它的存在价值,只有面临被撤裁的命运。而清廷建立台湾新式轮船水师的构想,又由于经费上的困难,迟迟无法实施。水师的没落,使得清廷所构筑的台湾海防体系自断一臂,从以前的水陆联合防卫变成了单纯的沿岸防御,严重削弱了台湾的海防能力。

既然台湾水师战船已经无可倚靠,而商船配载又困难重重,于是台湾班兵的正常轮换愈加困难,最终陷入停顿。清廷眼见绿营班兵积重难返,终于决定对其进行全面整改。1868 年,清廷制订《闽省各营裁兵加饷章程》,大规模撤裁福建省绿营,"所有台澎各营兵额,现经催据台湾镇道分别裁减,开册呈送。内有按照额兵核减二成,余者有裁汰三四成者,并不画一,声明因地势情形,冲僻急缓之不同,各就所宜而酌定"。① 清除大量冗额之后,到了1879 年,台湾绿营兵额已经大为减少,"现计各营兵额,较之旧章,仅得四分之一;较之新章,不及五分之三"。② 其防务空缺,多半由台湾本地乡勇填补,后者逐渐取代班兵成为台湾防务之主力。至 1894 年甲午战争时,"戍台班兵数量有限,汛兵多改为隘勇、邮丁,班兵之制不废而废"。③

清廷长期以来在台湾所建立的海防体制,是以绿营班兵为主要力量,以洋巡与岸防相结合的水陆联合防御。对于这一制度的性质和作用,需要根据台湾自身的实际状况,结合大的时代背景,才能得到比较全面的认识。首先,清廷建立台湾海防制度的初衷,是为了维护台湾乃至整个中国东南沿海的安全,抵御外部势力的海上入侵,"为东南沿海数十郡外藩,日本荷兰无敢窥伺者"。④ 而采用内陆班兵作为台湾海防主力,则是由台湾当时的实际状况决定的。清廷治台之初,对台湾的控制尚不稳固,当地还有不少人心向郑氏,且台地初辟,人口兵员未足,在这种情况下,驻台部队如以本地人充任,显然不太合适。于是从异地抽调班兵负责台湾防务,不但符合清廷惯

① 陈培桂:《淡水厅志》,大通书局(台北)1984 年版,第 167 页。
② 林豪:《澎湖厅志》,大通书局(台北)1984 年版,第 146—147 页。
③ 季云飞:《清代台湾班兵制研究》,《台湾研究》1996 年第 4 期。
④ 姚莹:《台湾班兵议(上)》,载姚莹:《东槎纪略》,大通书局(台北)1984 年版,第93 页。

例,而且是当时最合适的选择。

　　不过在该制度建立之后的百余年间,台湾海防的外部环境相对安宁,相反内部的民变却屡有发生。因此清廷对台湾海防的重心也由防御外来海上入侵逐渐转移到维护内部海上秩序上来。台湾水陆各营在这一时期所要面对的不是外地的侵略,而是本国民众的暴动、走私、偷渡与海盗行为。甚至有观点认为,"清政府派班兵驻台主要目的用于镇压台湾人民的反抗"。①但是,随着近代以来列强对中国东南沿海的大举入侵,尤其是同治十三年(1874年)发生的日军入侵台湾南部事件,令清廷受到很大的震动,认识到外敌侵略已经成为台湾当前的首要威胁,对外防御重新成为台湾海防的重点。就在这一时期,乡勇逐渐取代班兵成为台湾海防的主力,清廷派驻台湾的班兵越来越少。班兵逐渐退出台湾对外海防的前线,主要是因为绿营班兵自身的腐朽已经无法满足台湾海防的需要,旧式水师徒有虚名,原有的水陆联合防御已经无从谈起,无论应付外敌还是内乱都已力不从心,清廷才不得不对海防制度进行重大改革。台湾旧式海防制度的衰落,其根源在于清廷本身从上到下的整体腐败,而台湾地处海中的特殊地理环境,也在客观条件上为海防制度的运作增加了更多难以解决的问题。虽然其在一定时期内对于维护清廷在台湾的海洋统治秩序起到过积极作用,但随着时间的推移已经无法承担起台湾海防的艰巨任务,最终不得不走向瓦解。

---

① 季云飞:《清代台湾班兵制研究》,《台湾研究》1996年第4期。

第五章　台湾民间海洋体制与大陆

台湾的海洋发展,在很大程度上受到官方所建立的海洋体制的影响。但是,官方体制的控制力同样有其局限,在官方力量所无法涵盖到的各个方面,其海上秩序实际上掌握在各种民间海上势力与团体手中,他们所订立的海洋制度与规则,在特定的范围与时间内甚至有着比官方体制更为强大的控制力。

第一节　明末民间海上势力主导下的海洋体制

一、明末民间海上势力主导下的海洋体制的建立

明朝开洋之后,海外贸易迅速发展。但由于明后期政权的腐败衰落,导致海防废弛,失去了对海洋的实际控制。众多民间武装海商势力因之兴起,填补了官府所留下的权力真空。这些武装海商势力多半拥有着亦商亦盗的性质,他们以武力为后盾,在中国东南沿海进行着海洋贸易与掠夺活动,确立各自的海上势力范围。这些集团在势力范围内所建立起的以"报水(买水)"等制度为基础的海上商业秩序,正是其海洋社会权力的体现。而这些势力当中对建立海洋秩序影响最大者,就是以福建泉州海商郑芝龙、郑成功父子为首的郑氏武装海商势力。

郑氏势力的创始人郑芝龙是明朝大海商李旦的义子,同时又是开发台湾的著名海盗颜思齐的得力帮手。这种特殊的身份背景,使得郑芝龙在两人去世之后,得以继承他们的财产、部属与事业,走上了亦商亦盗的武装海

商之路。后来郑芝龙接受明廷的招抚，获得了官商的特殊地位，在他的领导下，郑氏海商势力逐渐降服其他海上势力，控制了中国东南官方与民间的海上贸易，也由此成为中国海洋的规则制定者，郑氏势力所订立的规章制度，为中国东南构建起了一个庞大的海洋商业体系，对台湾的海洋发展也造成了深远的影响。

如前所述，郑氏等民间海上势力所建立的海洋秩序，是建立在"报水（买水）"等制度的基础上。所谓的"报水"，原本是明朝官员私下对前往海外贸易的船只征收的一种税项。由于明朝长期以来实行海禁政策，禁止船只出洋贸易，因此这种私下征税放行的行为被明朝官府视为非法，加以明文禁止，"凡守把海防武职官员有犯，受通番土俗哪哒报水，分利金银货物等项，值银百两以上，名为买港，许令船货私入，串通交易，贻患地方及引惹番贼海寇触媒，戕杀居民，除真犯死罪外，其余俱问受财枉法罪名，发边卫永远充军"。① 不过，随着明朝官方海洋力量的衰落，对于"报水"的查禁已经失去了效力，而"报水"这一制度也逐渐为新兴的亦商亦盗的民间海上势力所效仿，到了 17 世纪，这种"报水"形式已经发展成为一种比较常规、完整的制度，在民间海上势力当中普遍推行，"往时贼索'报水'、劫人取赎，岁不过一两次。今四季索报，如征税粮；前贼既免，后贼又索，不啻鱼肉"。② 崇祯二年（1629 年），浙江巡抚张延登在报告浙江境内福建"海寇"的情况时，就曾对其所推行的"报水"制度做过具体叙述：

> 贼先匿大陈山等处山中为巢穴，伪立头目，刊成印票，以船之大小为输银之多寡，或五十两、或三十两、二十两不等。货未发给票，谓之"报水"；货卖完纳银，谓之"交票"；毫厘不少，时日不爽，习以为常，恬不知怪。③

---

① 《大明会典》卷 167，《续修四库全书》卷 792，上海古籍出版社 1995 年版。
② 董应举：《福海事》，载董应举：《崇相集选录》，大通书局（台北）1987 年版。
③ 《兵科抄出浙江巡抚张延登题本》，载《郑氏史料初编》，大通书局（台北）1984 年版，第 15 页。

民间的这种报水制度,所体现的是一种由民间海上势力主导和维持的海洋秩序。该秩序的推行,是建立在武装暴力的基础上,具有强制性。拒绝缴纳款项的船只,会遭到当地控制者的打击与排挤,船只遭受掠夺,乃至出现人身伤害,以后也难以在该地区立足。这些亦商亦盗的海上势力在向过往船只征收款项之外,也会对其承担一定的责任,保证这些船只在完成"报水"之后能够在当地自由安全地进行海上活动。作为亦商亦盗势力的典型代表,郑芝龙领导的郑氏武装海商势力自然也实行了这一制度,并将其作了进一步发展。据地方志记载,郑芝龙起兵之后,"劫掠闽、广间。至袭漳浦、旧镇,泊金、厦树旗招兵;旬日之间,从者数千。勒富民助饷,谓之'报水'"。①

而值得注意的是,这一时期,明朝官方私下的"报水"征收活动仍在进行,如每年福建渔民前往浙江海域捕鱼之时,当地官兵便经常向其索要"报水",征收船课。这就形成了官方与民间"报水"并立,争夺海洋社会秩序主导权的局面。但是,明朝官方海洋力量此时已十分衰落,在新兴民间海洋势力的挑战面前显得力不从心。由于明代后期严重的财政危机,东南海防经费被一再削减,明军水师的人员、船只都十分缺乏,战斗力大大下降。相反,以郑芝龙为代表的民间武装海商势力依靠其在海外贸易中积累的大量财富和关系渠道,得以购置大批先进船只与武器装备,组织起了一支强大的舰队,"其船器则皆制自外番,艨艟高大坚致,入水不没,遇礁不破;器械犀利,铳炮一发,数十里当之立碎",②这让明军水师难以在海战中与其抗衡。

而且,由于官方体制的腐败,其横征暴敛对民众造成的苦难甚至比他们口中的"海寇"更为严重。官府人员以"报水"为名,借机对许多以海为生的贫苦民众大肆勒索,稍不顺意,便诬其为盗,解拿送官,导致民怨沸腾。人们纷纷倒向以郑芝龙为代表的民间海上势力一方,"闽、浙商民又向贼乞求护身",③宁愿遵从后者所建立的海洋秩序。因此在强大武力与广泛民心的

---

① 周凯:《厦门志》下册,大通书局(台北)1984年版,第665页。
② 《兵科抄出两广巡抚李题》,载《郑氏史料初编》,大通书局(台北)1984年版,第2页。
③ 《兵科抄出福建巡抚朱题》,载《郑氏史料初编》,大通书局(台北)1984年版,第7页。

支持下，郑芝龙在与明朝官府的斗争中屡屡获胜，势力迅速壮大。明朝官府眼见无法在这场海洋社会权力争夺战中取胜，于是转变策略，对郑芝龙进行招抚，试图将其所建立的民间海洋秩序纳入到官方体制当中。

二、郑氏主导下的海洋秩序由民间体制向政权体制的转型

崇祯元年（1628年），郑芝龙接受了明朝的招抚，担任福建海防游击之职。而作为交换条件，郑芝龙在明朝的海洋体制下享有充分的行动自由，可以继续从事海上贸易活动。其率领旧部，"盘踞海滨，上至台、温、吴淞，下迤潮、广，近海州郡皆'报水'如故。"①郑芝龙的受抚，为郑氏势力之前所建立的海洋秩序披上了一层官方的外衣，从而获得了"官商"的合法身份。此后郑芝龙与明朝官方互相合作，逐一击败其他海上势力，成为中国海上秩序的主宰，本人也因功被升为福建总兵。就连盘踞台湾的荷兰殖民者，也不得不在台陆贸易问题上向郑芝龙妥协，以求得其合作。而郑氏势力所推行的"报水"制度也逐渐演化为更为正规的水饷征收制度，通行整个东南沿海，实现了海洋商业秩序的统一。中国的东西洋海上贸易，都在这个体制下运行，"自就抚后，海舶不得郑氏令旗不能往来。每一舶例入三千金，岁入千万计"。②而在郑芝龙的绝对控制下，体制之外的其他海盗均难以立足，"凡贼遁入海者，檄付芝龙，取之如寄，故八闽以郑氏为长城"。③海洋秩序的统一，为中国东南海洋贸易的发展提供了良好的保障，"从此，海岛宁靖；通贩洋货，内客、夷商皆用飞黄旗号，无徼无虞如运河。半年往返，商贾有廿倍之利"。④台湾同样从中获益匪浅。自为患东南的海盗刘香为郑芝龙所剿灭之后，由于台湾海峡秩序清平，前往台湾贸易的船只大为增加，这在很大程度上促进了台陆间的海洋交流与台湾海洋文化的发展。

① 沈定均：《漳州府志选录》，大通书局（台北）1984年版。
② 邹漪：《明季遗闻》卷4，大通书局（台北）1987年版。
③ 邹漪：《明季遗闻》卷4，大通书局（台北）1987年版。
④ 花村看行侍者：《飞黄始末》，载刘献廷：《广阳杂记选》，大通书局（台北）1987年版。

清顺治三年(1646 年),郑芝龙不顾其子郑成功的激烈反对,归降清廷,父子遂分道扬镳。郑成功成为郑氏势力新的领袖,他率部投身抗清斗争,加入南明永历政权,受封为延平郡王,成为永历政权的支柱。顺治十二年(1655 年),为了抗清斗争的需要,郑成功在厦门建立延平政权,"议设六官并司务及察言、承宣、审理等官,分隶庶事",①仍奉永历为正朔。此时的郑氏势力,已经发展成为一个有着明确政治目标的海上商业军事政权,以海上贸易支持政权斗争,以政权力量推动海上贸易,实现了海洋商业与政治权力的完全统一。在郑成功的领导下,郑氏的海洋制度有了进一步的发展,形成了以牌饷征收制度与东西洋船贸易制度为基础的海洋商业体制。② 这便是日后郑氏政权在台湾所建立的海洋制度的基础。从郑芝龙到郑成功,郑氏势力逐渐由一股民间海洋势力发展成为政商合一的海上军事商业政权,在包括台湾在内的中国东南的广大区域内确立了其主导下的海洋秩序,是中国历史上民间海洋事业发展的最高峰。对于这一制度的具体评价,我国著名海洋社会经济史学家杨国桢先生曾经作过一段精辟的论述:

> 郑成功对海洋社会权力的整合,用政权的形式组织海外贸易活动,在沿海以至国外打造通洋大船,用索赔、断航、签订贸易协议等经济制裁和商业谈判的手段解决贸易纠纷,抗议西、荷殖民地当局对于中国商船和侨民的敲诈勒索,用武装保护海上安全和商业利益,明显地和海洋世界规则接轨。这是对明朝东西洋贸易制度的改造和创新,也是古代海外贸易制度不可企及的。③

---

① 杨英:《从征实录》,大通书局(台北)1987 年版,第 85 页。

② 关于郑氏的牌饷征收制度与东西洋船贸易制度,参见本书第四章第三节。

③ 杨国桢:《郑成功与明末海洋社会权力的整合》,《中国近代文化的解构与重建[郑成功、刘铭传]——第五届中国近代文化问题学术研讨会文集》,台湾政治大学文学院,2003 年 4 月。

第二节　清代海盗控制下的台湾海峡海上秩序

郑氏之后，台湾海峡民间海上武装势力的活动在清代中后期再度进入高峰。乾隆嘉庆年间，在中国东南沿海先后兴起了多股海盗势力，当中又以蔡牵、朱渍两大集团最为强盛。他们长期活动于台湾海峡，劫夺过往船只，收取路费与赎金，建立起了在其控制之下的台湾海峡海上秩序。他们屡次击败清廷水师，甚至进而攻略台湾沿海地区，企图建立陆上政权，对清廷在台湾的官方海洋体制造成了严重的威胁。

一、清代中后期形成的海盗组织

清代中后期，中国东南沿海地区的民众正面临着巨大的生存困境。由于官府的残酷剥削与对海洋活动的严格限制，海洋群体的生存空间被逐渐压缩，生活日益窘迫。而自然灾害与社会动乱在这一时期更是频繁发生，对当地人民的生产生活造成了严重破坏。这些都导致以疍民、渔户、水手等海洋群体为主的众多贫苦民众流离失所，生活无着，成为海盗主要的来源。有的沿海村庄甚至全村都从事海盗活动，如有村民要出海抢劫，便会拖着一根竹竿在村中走动，其他人听到竹竿拖曳之声，就纷纷跟随而去。[①] 清代中后期的海盗帮派组织，就是在这样的环境下形成的。

海盗帮派的组织结构，以帮主为绝对核心。帮主是海盗帮派中无可争议的领袖，帮中所有重大决策均出于其手，在帮内享有崇高的权威，受到帮众的敬仰与追随。帮主以下，视帮派规模的不同，其领导体制也分为不同层级。海盗帮派活动以船只为基本单位，由数艘船只组成的海盗船队，采用的是帮主—船长的领导体制，船长由帮主任命，负责统领各自船上帮众，听从帮主指挥行动。而规模更大的帮派还设有分帮帮主一职，形成帮主—分帮主—船长的领导体制。分帮主负责带领一支由若干艘船只组成的海盗船队

---

① 参见郑广南：《中国海盗史》，华东理工大学出版社1998年版，第319页。

活动,在各方面都享有一定程度的自主权。各分帮主之间、船长之间缺乏横向联系,均只对直属上级负责。

海盗组织中,帮主与帮众虽然地位不同,但彼此之间相处随和,不需太多礼数。以蔡牵帮为例,"手下人见了蔡牵,各人起坐自由,并无尊卑规矩。贼众彼此呼唤俱叫绰号、排行,并没有伪职官名目"。[1] 帮中称谓多用绰号,如帮主称"大老板""大出海""老大哥"等,帮主之妻称"老板娘",船长称"老板""头人"等。帮主以其突出的个人武勇、智谋、人格魅力等素质领导帮派,并以物质财富笼络部下,建立帮众对帮主的誓死效忠。而为了加强帮内的凝聚力,不少帮派还以血缘、地缘等关系相结合。"任用亲人出任盗帮各级职位,可使盗帮帮主兼具大家长或老大哥之身份。夫妻及养父子关系也为某些盗帮帮主加以运用。"[2]蔡牵、朱濆均在帮中重用其亲属,甚至连女性成员也不例外。如蔡牵之妻便有勇有谋,深受蔡牵信赖,被视为其得力助手,是海上少见的女性统领。帮中成员也多与帮主籍贯相近,如蔡牵本人为福建同安人,其部下帮众也多出自福建北部的同安、惠安、晋江等县。而身为漳州人的朱濆,手下则多来自福建南部。

就组织结构而言,这种依靠血缘、地缘等关系将成员结合到一起的组织方式,与商人组织有着一定程度的相似之处。不过就总体而言,其组织结构在很大程度上仍然只是由帮主个人所支持,可以说"各帮之存亡,皆系于各帮盗首一身。由于盗帮组织结构讲求垂直走向之主从互惠关系,缺乏强固之横向联系。当一帮帮主败亡或被俘时,整帮即遭遇严重之继承危机。"[3]也有观点认为,清代海盗用于称呼帮主的"大老板"、"大出海"等词,均为闽南地区对于从事贸易活动者的称谓,这反映出了在他们的心目中,"船队是

---

[1]　叶志如:《试析蔡牵集团的成份及其反清斗争实质》,《学术研究》1986 年第 1 期。

[2]　张中训:《清嘉庆年间闽浙海盗组织研究》,载中国海洋发展史论文集编辑委员会:《中国海洋发展史论文集》第 2 辑,"中央研究院三民主义研究所"(台北)1986 年版,第 174 页。

[3]　张中训:《清嘉庆年间闽浙海盗组织研究》,载中国海洋发展史论文集编辑委员会:《中国海洋发展史论文集》第 2 辑,"中央研究院三民主义研究所"(台北)1986 年版,第 188—189 页。

一大经济企业实体"。① 不过,清代中后期的这些海盗集团实际上很少从事海上贸易,"他们为生活所迫,下海抢劫商船,其最初目的是为了糊口,并不想经商图利,实际上他们也没有从事海上贸易,既不是海商,也没有进行走私,他们的活动和争取自由贸易是没有关系的"。② 他们之所以使用此类称谓,恐怕主要还是出于民间普遍将抢劫比作"无本生意"的思想,和其帮派组织的实际职能并无联系。相比明末那些亦商亦盗、难以定性的民间海上势力,清代海盗组织的性质更为纯粹。

二、清代海盗所建立的民间海洋体制

与明末众多的民间海上势力一样,随着清代中后期海盗活动的发展,海盗集团已不再只满足于单纯的劫夺,而是开始试图实现对海上秩序的控制,建立起在其主导下的海洋新体制,以从中谋求更大的利益。对清廷而言,"蔡牵、朱濆'叛逆之罪',不在于海上抢劫,而在于控制台湾海峡,对抗水师官军,破坏清朝的海洋经济管理和海防体制"。③ 这才是海盗活动对清朝统治的最大威胁。

在海盗组织所建立的海洋体制当中,对船只的税款征收自然是最重要的一环。海盗在其所控制海域内,对过往船只强制征收通行税。如福建"海口各商船出洋要费用洋钱四百块,回内地者费用加倍。此项费用,俱系给洋盗蔡牵;给则无事,不给则财命俱失"。④ 海盗还私造票单出售,作为船只的通行凭据。单上标明船只大小、所载货物明细等内容,并有海盗首领之印记,海盗如见船只持有此单,便不加留难。这种海洋税收权力的获得,体现了海盗对海上秩序的掌握。

为了让民众遵从其订立的海上秩序,对于那些不予合作、拒绝融入其体制的船只,海盗则会全力打击,以起到震慑作用。而从事台湾贸易的富裕海

---

① 郑广南:《中国海盗史》,华东理工大学出版社 1998 年版,第 323 页。
② 陈孔立:《清代台湾移民社会研究》,九州出版社 2003 年版,第 322—323 页。
③ 杨国桢、张雅娟:《海盗与海洋社会权力——以 19 世纪初"大海盗"蔡牵为中心的考察》,《云南师范大学学报》2011 年第 3 期。
④ 《清仁宗实录选辑》,嘉庆八年二月,大通书局(台北)1984 年版,第 43 页。

商便是其主要的袭击目标,如蔡牵帮"贼船常泊鹿港、鹿耳门、东港等处,围劫商船,索银及货物,不计其数。稍不如意,竟逐其舵工水手,而夺其船,或将船烧毁,火光灼天,见者、闻者,莫不惊愕失色。"①海盗组织对船只的劫夺,主要是以绑架人船,勒索赎金为主。"每当四五月间,南风盛发,糖船北上,则有红篷遍海角(贼船多以红篷为号)、炮声振川岳(贼船之炮,大者重三千斤,小者五六百斤),风送水涌,瞥然而至者,乃洋盗勒赎之期也。大船七千,中船五千,小则三千;七日之内,满其欲而去。否则,纵火烧船以为乐。"②

在面临海盗威胁,而又无法获得清廷水师足够保护的情况下,台湾的民间海洋群体便逐渐倒向海盗一方。而且,相比清廷官府的残酷剥削,海盗的税收甚至还相对较轻,因此"沿海商渔多纳贿于牵,领其旗以自保"。③ 就连武举、监生等拥有朝廷功名者,也私下"买受盗单,意图免劫"。④ 有人还居中代理,干起了倒卖票单的勾当,乃至主动与海盗合作,为其提供船只、军火、粮食等物资,并代为销售赃物。这进一步壮大了台湾海峡的海盗势力,使其所建立的台海海洋秩序得到巩固。

在控制了台湾海峡的海上秩序之后,海盗组织又将目光投向了台湾本岛。嘉庆九年(1804年)四月,蔡牵率众攻入鹿耳门,展开了对台湾的全面进攻。在此后的三年时间内,台湾安平、凤山、彰化、淡水各地,均成为海盗攻击的目标。蔡牵和朱渍还试图占据噶玛兰地区,作为其陆上根据地。蔡牵本人在台自称"镇海威武王",刻"正大光明"王印,以军师、元帅、将军、总兵等职分封部众,又以重金收买当地山贼为内应,"封伪职、给旗印。遍张伪示,词狂谬",⑤俨然已有政权雏形。不过,在清廷军队与台湾当地"义民"的全力抵抗下,蔡牵最终不得不于嘉庆十二年(1807年)撤离台湾,其在台建立陆上统治的计划最终归于失败。

---

① 陈国瑛:《台湾采访册》,大通书局(台北)1984年版,第32页。
② 翟灏:《台阳笔记》,大通书局(台北)1987年版。
③ 林豪:《澎湖厅志》,大通书局(台北)1984年版,第360页。
④ 《刑部为内阁抄出闽浙总督玉德等奏移会》,载《台案汇录辛集》卷2,大通书局(台北)1987年版。
⑤ 周凯:《厦门志》下册,大通书局(台北)1984年版,第675页。

　　嘉庆年间的蔡牵海盗集团进攻台湾事件，是海盗组织企图将自己的统治体制由海洋扩展到陆地的表现，反映了民间海洋力量挑战陆地体制，打破现有统治秩序的要求。但是，就当时的情况而言，以海盗为代表的民间海洋力量并没有能力完成这个任务。中国历代封建王朝所建立的统治体制，其主导思想向来都是以陆地为重点，官方对于陆地的控制远远强过海洋。因此以海盗为代表的民间海洋力量虽然足以在海上挑战清廷，建立起自己主导下的海洋体制，可一旦打算将其统治范围扩展到陆地，必然会触及到清廷统治的核心利益，招致官方力量的全力打击。

　　而且海盗组织长期漂泊海上，在陆地缺乏足够的根基，"他们以法外暴力的形式争取权力，是以海洋社会分裂为代价的，不利于海洋渔业、航海贸易经济的正常发展，也就不能使他们争取海洋权力的合理性变为海洋社会的合法性，得到内陆民众的同情和理解"，①更得不到以各大行郊为代表的台湾大商人阶层的支持。这些商人大都是海盗组织劫掠的主要对象，与海盗之间有着很大的矛盾。虽然在海上秩序为海盗所把持的情况下，他们为了维护自身利益，也会同海盗达成妥协，甚至进行一定的往来，但这并不能从根本上消除他们之间的矛盾。如果海盗对陆地展开直接进攻，郊商为保其身家性命所在，势必投向陆上势力更为强大的清廷一方。所以当蔡牵攻打台湾时，当地郊商纷纷对清军倾囊相助，"各挺身募勇，供驱策，助饷数万金"，②给予海盗重大打击。而蔡牵在陆上所能获得的援手，多属重金贿赂而来的山贼流民，组织涣散，不堪大用。力量对比的强弱悬殊，决定了清代这场民间海上势力向官府陆地统治秩序的挑战，最终只能以失败告终。

第三节　清代行郊主导的海洋商业体制

　　随着清代两岸之间海上经贸交流的发展，在民间也出现了一种特殊的

---

　　①　杨国桢、张雅娟：《海盗与海洋社会权力——以19世纪初"大海盗"蔡牵为中心的考察》，《云南师范大学学报》2011年第3期。

　　②　连横：《台湾通史》下册，大通书局（台北）1984年版，第843页。

商人,他们在两岸各对渡口岸与货源地开设商行,专门经营台陆间的商品贸易,这种商人被称为"郊商"。而为了更好地求得自身发展,郊商之间也逐渐走向联合,一种新的组织"郊"(又称行郊)便应运而生。这种商业联合组织及围绕着其所建立的海洋商业体制,逐渐成为两岸民间贸易的主导。

一、行郊的形成与内部结构

台湾行郊的形成,主要是出于商业利益的考量,"贸易商为求降低运输费用,维护航行安全,多委托殷实商号,统筹购买、运输、销售,逐渐形成以大商号为中心,专事聚货而分售的贸易集团",[①]从事进出口批发商的工作,即所谓"聚货而分售各店者曰郊"。[②] 他们从对岸商人手中购买所需的商品,由行郊统一批发到各地分售。同时又从各地购入商品,集中运往对岸,售与当地商人。

行郊的分类组合有着各自的标准,最普遍的是根据贸易区域进行组合,以台湾最早形成行郊的安平(台南)地区为例,当地著名的台南三郊,其中以苏万利为首的北郊,便是以从事上海、宁波、天津等地贸易之郊商组成。而以金永顺为首的南郊则经营与福建、广东等地的贸易。还有的是根据所经营之行业组合,如台南以李胜兴为首,经营台糖贸易的"糖郊",此外还有"布郊""油郊""纸郊"等。各行郊的郊商,以同乡、同族为多,往往也拥有相近的宗教信仰。由上可见,清代台湾行郊"含有同业工会性质,与我国大陆上之行会颇为类似,而特异之处则在兼具有地缘性、宗教性、业缘性与血缘性"。[③]

行郊作为由郊商组成的一种民间商业联合组织,其内部组织结构并非建立在雇佣关系的基础上,而是一种以少数财雄势大的郊商为核心,以地缘、业缘、血缘、信仰等为纽带,将其他郊商结合于其周围,各自承担相应权利与义务的组织,反映了一种在大商人主导下的台湾民间商业秩序。对外,则建立起一个由行郊主导下的两岸商业贸易秩序,实现行业联合,互助互利。

---

① 石万寿:《台南府城的行郊特产点心》,《台湾文献》1980 年第 31 卷第 4 期。
② 丁绍仪:《东瀛识略》,大通书局(台北)1987 年版,第 33 页。
③ 卓克华:《清代台湾的商战集团》,台原出版社(台北)1990 年版,第 31 页。

　　行郊的最高负责人称"炉主"，类似于大陆行商中董事等主事之职。丁绍仪《东瀛识略》曰："炉主，盖酬神时焚楮帛于炉，众推一人主其事，犹内地行商有董事、司事、值年之类。"①其职责为主持行郊内外大小事务，管理郊中日常开支。炉主的产生，有的是由郊中成员选举，有的则是由郊中成员轮流担任。炉主的任期多为一年，任期届满之前，需将手头所有事务办理完结。

　　在一些大行郊中，还设有董事、值签（签首）等职，分担炉主日常工作。这些职务与炉主一起，掌握了行郊中的大权。炉主等职务，虽然原则上郊中成员均有资格担任，"然非有干济才，则不敢当此签。当此签者，上能应接官谕，下能和协商情者也。……凡郊中公款出入收发，归其节制；立稿行文，归其主裁；账目银项，归其管理；收金收税，管事用人，归其执权"，②责任十分重大，一般商人无力胜任，因此这些职务实际上均把持在少数有财势的郊商手中。

　　至于郊中的普通会员，则被称为"炉下""郊友"。会员入郊，原则上出于自愿，行郊并不强迫。但在行郊把持台湾商业贸易秩序的背景下，一般商家为了保障其经济利益，其实难有其他选择。除组成行郊的各郊商成员之外，郊中出于日常事务需要，还会雇佣一些工作人员，如负责起草文件的稿师（又称郊书），负责传达事务和收取钱款的局丁（俗称大矼）等。

　　行郊的运行机制，自然是建立在炉主、董事、值签、稿师、局丁等管理工作人员各司其职的基础上。但是，在事关全郊利益的重大问题上，均需召集郊中成员共同商议决策，炉主等不得自专。行郊的"公议"，分为两种形式。一种是定期的全郊会议，通常每年举行一次。会议当中最重要的一项内容便是选举新任炉主。此外，旧任炉主还会向全郊成员汇报一年来郊中重要事务及收支情况，供众人审查。而另一种则是不定期地召集会议，郊中一旦需要处理某些重要事件，如地方公事、捐收费用、郊中纠纷、违反郊规行为等，便会临时召集所有成员，当众公议解决，"事无大小，以及议载传帮，凡有传请，诸同人不论缓急，立传立到，以便集议。幸勿推诿不前，抑或到馆缄默，背后生议"。③经郊中公议所作出的裁决，郊中成员必须服从，如台南三

① 丁绍仪：《东瀛识略》，大通书局（台北）1987年版，第33页。
② 《台湾私法商事编》，大通书局（台北）1987年版，第13页。
③ 《台湾私法商事编》，大通书局（台北）1987年版，第25页。

郊"为各商之长,三益堂所判公议,诸商无敢忤违"。①

为了保证郊规及大会决议的威信,行郊还针对违反郊规的行为订立了一系列的处罚机制。具体的处罚方式,依各郊情况而不同,总体上根据违反郊规或决议的情节轻重,处罚手段也分为罚款、罚宴戏、劝退,乃至追加商业制裁、送官法办等多种,以此对郊中成员起到警示作用,维持行郊体制的健康运行。

二、台湾以行郊为核心的海洋商业体系

(一)海上贸易制度与规范

郊商在长年进行海洋贸易的过程中,形成了一套比较固定的贸易制度和商业模式。财力较为雄厚的郊商,有能力自备船只,独力进行贸易。而资本较少者,或是雇租他人船只进行贸易,或是接受他人的委托,代为完成交易,从中抽取佣金,后者又被称为"九八行",因其佣金抽成多定为百分之二而得名。除此之外,一些郊商在无力单独购买船只的情况下,还会选择与他人合资购买。如澎湖"妈宫郊户自置商船或与台、厦人连财合置者,往来必寄泊数日,起载添载而后行"。②

郊商虽然经营两岸海上贸易,但自己大都不直接出海。"所云郊商者,不出郊邑,收贮各路糖米,以待内地商船兑运而已。此坐贾,非行商也。"③其海上船只往来活动,多雇佣委托他人进行,于是"出海"这一职务也随之出现。"出海"本意指船主:"南北通商,每船出海一名,即船主。"④而郊商为了找人对其名下船只的商贸活动代为进行管理,也设置了"出海"一职,"船中有名'出海'者,司帐及收揽货物",⑤可以说是郊商海洋商业活动的执行者与负责人。货物经办的具体事宜,如郊商委托贩卖之货单文书转交,

---

① 《台湾私法商事编》,大通书局(台北)1987 年版,第 13 页。
② 林豪:《澎湖厅志》,大通书局(台北)1984 年版,第 307 页。
③ 姚莹:《覆曾方伯商运台米书》,载姚莹:《中复堂选集》,大通书局(台北)1984 年版,第 135 页。
④ 余文仪:《续修台湾府志》中册,大通书局(台北)1984 年版,第 456 页。
⑤ 陈培桂:《淡水厅志》,大通书局(台北)1984 年版,第 299 页。

账簿登记等,都需由出海经手。正因为出海这一职务关系重大,为防其利用职权徇私舞弊,损害郊商利益,押载制度也应运而生,以对出海进行监督。柯培元在《噶玛兰志略》中便曾提到过,"北船有押载者,因出海(船中收揽货物司帐者之名)未可轻信,郊中举一小伙以监之,……押载之利,或江或浙,可以择利而行,相机而动,而出海无所售其欺"。① 这一制度同样适用于雇佣其他船户出海贸易的情况。

不过,光凭单个郊商的力量,要想应对层出不穷的舞弊行为,毕竟十分吃力。因此依靠整个行郊的联合力量,建立起行业活动准则,规范郊商与出海、船户之间的关系,保证郊商的合法权益,就成为郊商海洋商业贸易体制得以健康运行的重要保证。

行郊行业活动准则之规则宗旨,在于保证交易公平,防止恶性竞争、徇私舞弊、借机勒索等现象。如同治年间鹿港泉郊规约,在规约中所列出的十三条郊规当中,单是有关海上商船贸易的行为准则就占了六条之多:

七、诸船长行车额原自有定。如新到之船,立册卸载,车额定后,一体交关,不得更易。倘出海诡作,不遵帮期,无端弃旧讨新,篡越规矩,先以理较,如敢恃强弃退,问众议诛禀究。祈诺同人勿与私相授受,自损我郊之规矩也。

八、我郊诸号配货,不准取巧变号,藉称郊外,及与出海私相授受,隐匿抽分。察出,问众公诛,一体重罚,违则以生息禀究。

九、议船帮载价,郊客、船户交关,若鱼水相依,如长短缓急,必须因时制宜,当以公平为准,郊客不得习措。而出海亦不得恃势诈索住船,行家莫为船户把弊,违则一体重罚。

十、诸船进口,如欲越港,不论福州、厦岛、东石、后埔、梅林等澳,该出海务必到馆预先声明。如若假藉诈称,明系故意乱规,走漏抽分,察出公议重罚,决不姑容。

十一、凡在澳之船,帮期已定,缘单起后,越日收批,向来规矩,确定

---

① 柯培元:《噶玛兰志略》,大通书局(台北)1984年版,第117页。

不易。倘未见缘单先后号批,显有隐匿走漏抽分之意,察出重罚,违则以生息禀究。

十二、凡有船越港,船载议贬二点,新船议贬一点,此系老例。如往五功、番挖二港装下,再入鹿港揽载,应传载资贬五点,实为公议;如敢故违,杜绝交关。祈诸同人各宜自爱,勿与出海私相授受,舞弄郊规。挺出海之威风,损我郊之志气,见小失大,致乖议约,自取其咎。凛之慎之。①

这些郊规对贸易活动准则的规定,带有强烈的本郊意识。规约第八条规定,本郊诸号配货,必须明确郊中身份,"不准取巧变号,藉称郊外"。在其他各条中也一再强调对本郊利益的维护,不准"自损我郊之规矩","损我郊之志气",体现出了在贸易活动中郊商个体必须服务于集体商业利益的要求。这一点在其处理与出海之间的关系时,体现得最为明显。如前所述,出海是郊商海洋商业活动的重要执行者,因其职务之便,多有透越海港,自辟航线,交关舞弊,规避抽分以谋私利者。针对此类行为,郊规除明确禁止之外,更要求将其交由全郊共同议处,"公议重罚",严禁郊商自己与出海"私相授受",指出这种行为是"舞弄郊规。挺出海之威风,损我郊之志气,见小失大,致乖议约,自取其咎"。如郊商与出海合谋,蓄意违反郊规,则将一并处罚。此外,在日据时期的鹿港泉郊会馆规约当中,则还就在航行中如船货出现损失,应如何分摊赔偿的问题,作出了具体的规定,进一步明确了郊商与船户之间的关系。②

(二)市场垄断与价格控制体系

另一方面,为了最大限度地获取商业利益,行郊还建立起了一套完整的市场垄断与价格控制体系。行郊之组成,带有明显的排他性质。众多郊商出于经济目的,结为一大行郊整体,同郊之间互帮互助,享受彼此优惠待遇。而对于郊外之商人,则联合为其设置障碍,以达到排挤他人,独占市场的目

---

① 《台湾私法商事编》,大通书局(台北)1987年版,第25—26页。
② 参见《泉郊会馆规约》,日本明治三十八年临时台湾旧惯调查会第二部调查报告下卷,转引自叶大沛:《鹿溪探源》,华欣文化事业中心(台北)1986年版,第108页。

的。行郊之市场垄断,主要是通过对货源的垄断实现的。如鸡笼煤矿的煤炭输出便是掌握在行郊手中,"煤户、工役人等仍递相结保,买卖俱令投行,官为查察调度。如有不就行郊,自向煤矿买运,以违约论"。① 为了从根本上控制货源,行郊"透过'包商'之制度,'买青'之借贷,取得产品购买控制权,肯勒生产业者,时而造成生产过剩或不足,掌握产销利权,操纵市价"。②

所谓的"包商"制度,指的是郊商通过提前预付款项,向农民预定产品的包买方式。如在作物尚未成熟时便预先包买,称为"朦青"(或买青),在开花期预先订购,称为"朦花",如此种种,不一而足。

> 至所谓"青"者,乃未熟先粜,未收先售也。有粟青,有油青,有糖青,于新谷未熟,新油、新糖未收时,给银先定价值,俟熟收而还之。菁靛则先给佃银令种,一年两收。荮则四季收之,曰头水、二水、三水、四水。③

在实现对货源的垄断之后,行郊便可以自由地操纵市场价格。他们以整个行郊,而不是单个商家的名义,与船户、劳工、农民等群体订立协约,对商品售价、劳工工资、运输费用等作出统一规定,建立起行郊主导下的商业价值体系,同时会根据市场的实际情况,作出相应的价格调整,以为本郊获取最大的经济利益。如光绪二十七年(1901年),台南三郊"近因五谷物件腾贵,筏驳唱昂,以致生意日见支拙。现粮食降贱,工脚应当酌减,爰集同人共商妥议,再申规约",④对竹筏的货物运输费用进行重新统一规定,降低其价格。

行郊不但是市场价格的操作者,同时还是商业标准的制定者。自1827年起,台南三郊便"置公秤一枝、公砣一碇、公斗一个、公粮一枝,存诸公所,为各商交易秤粮之准,俗曰公覆"。⑤ 1901年,台南三郊与布郊等联合订立

---

① 陈培桂:《淡水厅志》,大通书局(台北)1984年版,第113页。
② 卓克华:《清代台湾的商战集团》,台原出版社(台北)1990年版,第141页。
③ 陈培桂:《淡水厅志》,大通书局(台北)1984年版,第299页。
④ 《台湾私法商事编》,大通书局(台北)1987年版,第37页。
⑤ 《台湾私法商事编》,大通书局(台北)1987年版,第12页。

规约,对在买卖中所使用的银砝标准作出规定,要求"内外郊诸商铺,以及四方之人,凡有贸易并旧来往帐条,概从新规银砝出入。如有失秤花银,必须经手是问,包皮不得炤旧写号流传,致生滋弊,贻害不浅。用申告白,所望勿违;倘有不遵,闻众公罚,决无姑宽"。① 1904 年,台南三郊又针对砂糖贸易订立章程,规定"砂糖交关买卖斤量,一律概用各处旧例银式,六钱八分秤为准"。② 同时对各类砂糖之成色、重量均设有严格标准。通过对度量衡标准进行统一,明确规定的方式,以减少纠纷,防止奸商诈欺,树立本郊信誉。

以行郊为核心的台湾商业体系的确立,使行郊得以垄断台湾的海上贸易,从中攫取巨大的利润,成为台湾最有势力的民间组织。在雄厚财力的支持下,行郊的控制力也逐渐从商业领域扩展到社会生活的其他方面,在建设公共工程、应对突发灾害、传播民间信仰、组织民防体系等各个方面都起到了重要的主导作用,可以说在一定程度上充当起了官府之外的地方维持者的角色,客观上对维持社会秩序、改善民众生活作出了相当的贡献。但是,台湾行郊体系的运作,是建立在行业垄断、排斥竞争的基础上的,从长远上看不利于台湾商业的充分自由发展。

三、行郊体系的衰落与瓦解

以行郊为核心的商业体系,可以说在清代大部分时间内一直都是台湾民间商业秩序的基础。但是近代以后,台湾的政治经济形势发生了巨大的变化,使得行郊遭遇到来自外部的严峻挑战,内部矛盾问题也随之凸显,内外交困之下,行郊逐渐失去了对台湾商业的垄断地位,其主导的台湾民间商业体系也随之走向衰落。

行郊的衰落原因,主要可以归结为四大要素:

其一,行郊之所以能够成为台湾民间经济秩序的主导者,是建立在行业垄断的基础上的。但 19 世纪 60 年代以后,随着台湾国际通商口岸的相继

① 《台湾私法商事编》,大通书局(台北)1987 年版,第 39 页。
② 《台湾私法商事编》,大通书局(台北)1987 年版,第 42 页。

开放,当地开始融入到世界海洋体系当中,外国商业资本随之大举入侵,令行郊体系遭受到了史无前例的强烈冲击。这些外国商业势力不但拥有着更雄厚的资金与更先进的设备技术,背后还有着外国列强的支持以及不平等条约特权的保护,不仅利用其在轮船贸易上的巨大优势挤占行郊市场,甚至还在传统的帆船海上贸易领域与行郊展开竞争。在外商的冲击下,中国商人群体也产生了分化,通过为洋行代理商务谋利的买办阶级势力应运而生,并逐渐发展壮大,郊商长期以来在台湾贸易中一统天下的局面一去不返。商业垄断地位的丧失,令行郊无法再像过去那样,自如地操纵台湾市场秩序,经济利益损失巨大。

其二,行郊由于其丰厚的财力,一向被清廷视为台湾民间一大利源,对其极尽压榨之能事。行郊商人不但要承担清廷繁重的税收,还要遭受各种摊派,如以行郊商船配运台米、轮换班兵、捐助政府工程费用,以及各类临时任务等。另一方面,清廷出于偏重保守的海洋思想,对台湾行郊的海上贸易活动一直严加限制,导致其在与走私贸易的竞争当中逐渐处于不利地位,"商船获利日减,甚至折本;加以遭风失水,不能重整,大船渐造渐小,停驾者多,行商日就凋敝",①而官府的税收摊派却有增无减,以至有郊商因官府摊派过重而破产者。行郊自身事务也不时受到官府干涉,如光绪十六年(1890 年)台南府知府吴本杰谕止台南三郊停止捐金征收,导致郊中公款日绌,活动大受影响。

其三,清代中后期台湾起义、分类械斗等民间动乱频发,再加上暴风、洪灾、地震等自然灾害也接连不断,这给台湾经济造成了严重破坏,行郊在此过程中自然也受到不小的损失。而为应对此类动荡,招募义民、供应军需、灾后重建、人民赈济等一系列工作,又均需行郊出资出力,尽管行郊资本雄厚,但在接二连三的动荡打击下,终究有财力枯竭之时。到了 19 世纪中期,各行郊的储备多已消耗殆尽,"元气荡然,绅民纵肯急公,多苦捐资无出",②这也是行郊衰落的重要原因之一。

---

① 周凯:《厦门志》上册,大通书局(台北)1984 年版,第 192 页。
② 姚莹:《防夷急务第二状》,载姚莹:《中复堂选集》,大通书局(台北)1984 年版,第 86 页。

其四,行郊的衰落,同样与自身内部存在的弊病密不可分。台湾郊商虽然身为商业阶层,但从封建土壤中生长起来的他们,自然不可避免地染上封建社会之腐朽习气。对此台湾兵备道徐宗干便曾作过详细的分析,认为台湾郊行商家衰落之原因,"一则存心以生理谋利为主,不觉流于刻薄,而稍有盈余,便为习俗所染,踵事奢华也。……一则知人不明、用人不当,而又不能约束子弟也。合伙之人,但取浮滑为能,不以诚实为贵。……一则同伙分店或一家析产,不能深思远虑也"。① 郊商原本秉持的商业信条逐渐被遗忘或抛弃,经营管理腐化落后,恶性竞争频繁,商号生意每况愈下。

随着郊商实力的削弱,其参与、支持行郊事务的积极性也明显下降,郊中经费捐助日少,炉主、值签等职由于事务繁重,逐渐变得无人愿担,这也导致了行郊内部组织体制的瓦解。台南三郊"公款日绌,凡接济公事,多有不足之虞,则临时捐金按点摊出,屡屡费力,实为多有办公之难。所以三郊公戳及大签寄存三益堂,而各商无敢承接者,以难于办公也。"②大稻埕"所有厦郊公事,诸多窒碍,致使值东,遇事垫费,每逢过炉,均皆畏缩推诿不前,上行下效,郊中之事几成废坠"。③ 而郊规也失去了对会员的约束力,面对行业衰退的局面,不少会员为了获取更多利润,无视郊中规定,"时或阳奉阴违,私自削价夺客,致害大局。"④甚至在贸易中采用欺诈手段,以少充多,以次充好,进一步败坏行郊声誉。行郊成员离心倾向的日益严重,最终导致其内部体制的瓦解。

以上种种内外因素,导致了曾经长期主导清代台湾商业秩序的行郊由盛而衰,力量严重削弱。而随着行郊实力的衰落与商业垄断地位的丧失,本以其为核心的整个台湾民间商业体系也失去了自身的支柱,在群龙无首的状态下逐步分崩离析。

---

① 徐宗干:《谕郊行商贾》,载丁曰健:《治台必告录》,大通书局(台北)1984年版,第359—360页。
② 《台湾私法商事编》,大通书局(台北)1987年版,第12页。
③ 《台湾私法商事编》,大通书局(台北)1987年版,第27页。
④ 《台湾私法商事编》,大通书局(台北)1987年版,第17页。

第六章　中外海洋观念在台湾的交汇与影响

台海地区作为中国东南沿海乃至整个东亚海上交通的重要节点,在东亚海洋探索开拓史当中具有突出地位。无论是中国人民对东南沿海岛屿的开拓,还是西方殖民者由南洋地区北上探索新的殖民地,台海地区都是必由之地。在漫长的探索开拓过程中,人们逐渐对台湾地区的岛屿及其周边海域形成了思想观念与认识,并随着探索实践活动的深入而不断发展变化。这对于台湾的海洋开发与经营发展历程产生了深远的影响。

第一节　早期国人对台湾海洋思想认识

在中国古代典籍当中,多有对中国沿海岛屿的记载。《列子·汤问篇》曰:"渤海之东,不知几亿万里,有大壑焉,实维无底之谷,其下无底,名曰归虚。其中有五山焉:一曰岱舆,二曰员峤,三曰方壶,四曰瀛洲,五曰蓬莱。"司马迁在《史记》中也提到,战国时期的齐威王、燕昭王以及后来的秦始皇均曾派人出海,寻访传说中的蓬莱、方丈、瀛洲三座神山。《后汉书》又称:"会稽海外有东鳀人,分为二十余国。又有夷洲、澶洲。"[1]一些学者推测,这些文献当中的"瀛洲""东鳀"等称谓,指的就是今天的台湾,但是目前尚缺乏确切的证据证明。

现存历史文献中比较确定的对台湾地区的最早记载,要属西晋时期陈

---

[1]　范晔:《后汉书》卷 85,中华书局 1965 年版。

寿所著的《三国志》。根据志中记载,吴主孙权于 230 年"遣将军卫温、诸葛直将甲士万人浮海求夷州及亶州。……所在绝远,卒不可得至,但得夷州数千人还"。① 这里的夷州即指台湾。对于此次出征,当时的吴国重臣陆逊便持反对态度,从其向孙权的谏言当中,也能反映出时人对台湾等沿海岛屿的认识:

> 权欲遣偏师取夷州及朱崖,皆以咨逊,逊上疏曰:"臣愚以为四海未定,当须民力,以济时务。今兵兴历年,见众损减,陛下忧劳圣虑,忘寝与食,将远规夷州,以定大事,臣反覆思惟,未见其利,万里袭取,风波难测,民易水土,必致疾疫,今驱见众,经涉不毛,欲益更损,欲利反害。……"权遂征夷州,得不补失。②

从陆逊的话中我们可以看出,三国时代的台湾地区在外人眼中仍然是未开发之地,而且其地理位置尚不明确。以当时的航海技术条件,组织这种远赴重洋的大规模远征,需要担负巨大的成本与风险。但是孙权不顾陆逊劝阻,仍然实施了这次海上远征。正如陆逊所料的那样,吴国远征军长途跋涉,不服水土,疫病流行,最终被迫撤离台湾,仅带回岛上居民数千人,自身却折损大半,此次经略台湾宣告失败。这一结果证明以当时大陆政权的国力,尚难以实现对台湾的控制和长期经营。不过,此次征台也给予了国人近距离了解台湾地区的充分机会。吴丹阳太守沈莹根据其在台见闻,写成《临海水土志》一书,成为最早的记载台湾地区风土人情的著作。

此后到了隋唐时期,随着航海知识与技术的发展,对沿海岛屿的海洋地理位置认识也逐渐清晰。由于客观条件的进步,大陆政权经略海洋的意愿再次高涨。隋炀帝于大业三年(607 年)派遣羽骑尉朱宽出海寻访异俗,到达流求地区。次年,朱宽再次受隋炀帝派遣前往流求,招抚当地人民,但未能成功。大业六年(610 年),隋炀帝命陈棱等带兵万余出征流求,击败当地

---

① 陈寿原著,裴松之注:《三国志》卷 47,中华书局 2002 年版,第 1136 页。
② 陈寿原著,裴松之注:《三国志》卷 47,中华书局 2002 年版,第 1350 页。

原住民武装，"虏其男女数千人，载军实而还。"①但由于隋朝统治时间短暂，对流求的经略有始无终。根据"隋书所载流求人习俗，显与临海水土志所记夷州多有吻合，亦大可与今日台湾土著民族古习俗相印证，因此学者对此虽有争论，而大多说隋代流求即今台湾"。② 而编写于唐代的《隋书》则指出，"流求国，居海岛之中，当建安郡东，水行五日而至"。③ 可见隋唐时期大陆人对于前往台湾的水程长短已有较明确认识。

大陆对于台湾的海洋认识，在南宋时期得到了进一步深化。宋室南渡之后，其统治中心也随之南移。而通往西域的商路"丝绸之路"由于战乱而断绝，更使得南宋政权为了维持国家财政，大力发展东南沿海的海上贸易，台湾也因此逐渐成为南宋人民进行海上贸易与海岛开发的场所，澎湖群岛在这一时期已经归属于南宋政府管辖，并得到了相当程度的开发。在南宋典籍中，对于澎湖的海洋环境也有了比较具体的记载。如王象之《舆地纪胜》称："自泉晋江东出海间，舟行三日抵澎湖屿，在巨浸中，环岛三十六。"④当中澎湖三十六岛之说，长期为后世文献所沿用。"总之，中国人对澎湖的地理知识，早在南宋以来，已经颇为丰富。"⑤不过对于台湾本岛的认识并未有大的增长，南宋《诸番志》《文献通考》等资料中对台湾岛的记载，基本上仍是转述《隋书》中的内容。

元朝建立之后，继续开展对台湾地区的经营。官府在澎湖设立了巡检司，并两次派人招抚台湾本岛。而大陆人民在台湾的海洋活动也更趋频繁，除来台贸易捕鱼的商人渔民之外，还出现了以观光考察为目的的旅行家，元人汪大渊便是其中一位。汪大渊曾两次从泉州搭乘商船出航，前往海外各地游历，当中便包括台湾地区。这两次考察经历被他加以整理，著成《岛夷

---

① 魏征：《隋书》卷81，中华书局1973年版。

② 曹永和：《中华民族的扩展与台湾的开发》，载曹永和：《台湾早期历史研究》，联经出版事业公司（台北）1969年版，第5页。

③ 魏征：《隋书》卷81，中华书局1973年版。

④ 王象之：《舆地纪胜》卷136，中华书局1992年版。

⑤ 曹永和：《早期台湾的开发与经营》，载曹永和：《台湾早期历史研究》，联经出版事业公司（台北）1969年版，第101页。

志》一书,可惜已经失传,仅存其节录《岛夷志略》。当中对台湾本岛的描述如下:

> 地势盘穹,林木合抱。山曰翠麓,曰重曼,曰斧头,曰大峙。其峙山极高峻,自彭湖望之甚近。余登此山,则观海潮之消长,夜半则望暘谷之日出,红光烛天,山顶为之俱明。土润田沃,宜稼穑。气候渐暖,俗与彭湖差异。水无舟楫,以筏济之。……煮海水为盐,酿蔗浆为酒。……地产沙金、黄豆、黍子、硫黄、黄蜡、鹿、豹、麂皮。贸易之货,用土珠、玛瑙、金珠、粗碗、处州瓷器之属。海外诸国,盖由此始。①

《岛夷志略》中对台湾的记载,已经十分全面,不仅对当地人民之生产方式与风俗习惯有所记录,还介绍了当地的沿海自然环境景观、物产及对外贸易商品等情况,标志着元代对台湾本岛的海洋认识,相比南宋之前又更进了一层。同时《岛夷志略》对澎湖群岛的海洋地理环境状况也作了叙述,称其"岛分三十有六,巨细相间,坡陇相望,乃有七澳居其间,各得其名。自泉州顺风二昼夜可至",②比《舆地纪胜》中的记载更加具体。

另一方面,随着大陆船只来台活动的增加,元人对台湾海域的水文状况与航行条件也形成了一些具体的认识。《元史》中记载道:"琉求,在南海之东。……西南北岸皆水,至彭湖渐低,近琉求则谓之落漈,漈者,水趋下而不回也。凡西岸渔舟到彭湖已下,遇飓风发作,漂流落漈,回者百一。琉求,在外夷最小而险也。"③可见台湾海峡当中著名的航行高危海域"黑水沟",在元代时可能就已被人们发现。

总之,到元代为止,通过大陆官方与民间在台湾地区的长时期活动探索,人们对于台湾的海洋地理位置、海域状况、环境景观等方面已经形成了一个比较全面的认识架构,不过,由于明代以前大陆人民来台活动的数量和规模尚属有限,这些认识仍然有待进一步发展与深化。

---

① 陈寿原著,裴松之注:《三国志》卷47,中华书局2002年版,第1350页。
② 汪大渊著,苏继庼校译:《岛夷志略》,中华书局1981年版。
③ 宋濂:《元史》卷210,中华书局1976年版。

第二节　明代中外海洋观念在台湾的交汇

明代是台湾乃至中国海洋史上的一个重要时期，在这一时期，官方的海洋政策经历了从禁海到开海的转变，两岸的民间海上往来也持续增长，大陆人开始了对台湾本岛的成规模移民与开发，对台湾的海洋认识也更趋完整。而西方势力在这一时期也开始向台湾地区扩张，并在台湾建立起了殖民统治。许多西方殖民者、探险家出于殖民侵略等各种需要，努力搜集有关台湾的资料情报，逐渐形成了西方人对台湾的海洋认识。这些都令明代的台湾海洋认识发展更加多元化。

一、明代国人对台湾海洋认识的发展与转变

要了解明朝人对台湾的海洋认识，首先要从明朝官方的海洋观说起。由于元末的长年战乱，中国大陆的经济遭到严重的破坏。明朝建立之初，面对百废待兴的局面，不得不以恢复大陆农业生产为优先考量，因此对于海洋的经略开发并不热衷。加上当时倭寇等敌对势力不断骚扰中国沿海，更令明朝产生了防海斥海的思想，最终在全国范围内实施海禁政策，严格限制民间海洋活动，试图将海洋与中国隔离开来。在此种思想主导下，明朝官府甚至下令放弃了当时大陆人民已经广泛定居开发的澎湖，强制将当地居民迁回大陆。虽然明成祖朱棣即位后，为了树立其政权在海外的威望，多次组织郑和下西洋这样的大规模远航，足迹遍及亚非各地，也曾到达台湾地区。但随着明成祖的去世，这类远航也逐渐因"劳民伤财"而被迫停止。在明代中前期的大部分时间当中，明朝官方对海洋的观念都比较消极，严重阻碍了其对台湾的海洋认识发展。

不过，明朝官方从海洋退却之后，取而代之的是民间海上力量的兴起。明朝僵硬的海禁政策，严重损害了中国东南沿海广大长期以海为生的民众生计，为求得生存与发展，许多人不顾官府的禁令，私自下海从事走私贸易、武装掠夺等各种活动。"尤其是明中叶以后，随着商品经济的发展和造船

技术的进步,私人海上贸易发展更为迅速。"①明朝当局放弃的澎湖、台湾地区,反而成为他们的理想据点。如曾一本、林凤等海盗集团便曾以澎湖为根据地,"常啸聚往来,分艘入寇,至烦大举捣之始平。盖闽海极远险岛也"。②这些民间势力在台湾海域的频繁活动,让官府疲于应付。明朝当局眼见无法遏制民间海洋活动的发展,最终不得不于 1567 年部分解除海禁,开放漳州月港,准许商船前往海外贸易。海禁松动后,台海地区的海洋活动得到进一步发展,这也增进了明代官方与民间对澎湖、台湾的海洋认识。明人章潢于 16 世纪后期编纂的《图书编》当中,便收录了时人对澎湖海洋战略地位价值的看法:

> 至于外岛可略而言,在漳曰:南澳;在泉曰:彭湖……脱有侵轶而窃据者其澎湖乎!夫彭湖远在海外,去泉二千余里。其山迂回,有三十六屿,罗列如排衔然。内澳可容千艘,又周遭平山为障,止一隘口,进不得方舟。令贼得先据,所谓一人守险,千人不能过者也。矧山水多礁,风信不常,吹之战舰难久泊矣;而曰可以攻者否也。③

此段文字中,对于澎湖的险要海洋地理环境已经有了充分的了解。但在明代长期以来以沿岸收缩防御为主的海防思想影响下,章潢仍然认为澎湖"孤岛绝悬,混芒万影,脱输不足而援后时,是委军以予敌也;而曰可以守者,否也"。"塞不可,守不可,攻又不可,则将委之乎。惟谨修内治而已。"④而刊行于 1595 年的《虔台倭纂》更对所谓"内治"大加鼓吹,声称"善论治者,治内而已矣","内治既严,彭湖非门庭之患"。甚至得出"内备既修,外禁既严,其在彭湖,犹其在日本耳"这样荒谬的结论。⑤ 可见在 17 世

---

① 黄顺力:《海洋迷思——中国海洋观的传统与变迁》,江西高校出版社 1999 年版,第 120 页。

② 顾炎武:《天下郡国利病书》卷 93,上海科学技术文献出版社 2002 年版。

③ 章潢:《图书编》卷 40,上海古籍出版社 1992 年版。

④ 章潢:《图书编》卷 40,上海古籍出版社 1992 年版。

⑤ 《玄览堂丛书续集》第十八册,载曹永和:《台湾早期历史研究》,联经出版事业公司(台北)1969 年版,第 149 页。

纪以前,明人对于澎湖的海洋地理环境知识虽然已经趋于丰富,但在传统的保守海洋观念束缚之下,对于澎湖的海洋地位仍然没有确切的认知。不过,《虔台倭纂》当中也提到了一些对海洋开发持积极态度的观点,认为"闽而苦无食也,则彭湖也者,可寨而亦可田者也,何为而弃之也? 其险可据,据之以为城;其田可耕,耕之以为食,触非计乎?"①虽然这种看法在当时还算不上主流,受到传统观点的辩驳,但这种思维上的相互碰撞,起到了活跃人们思想的作用,促进了对台湾地区海洋认识的发展。

而16世纪晚期以来,随着以荷兰、西班牙为代表的西方殖民势力对中国海洋侵略的日益加剧,以及日本在完成初步统一之后的积极对外扩张,位于东亚海上交通往来必经之路的台湾地区,便成为外国势力觊觎的一大对象。日本统治者丰臣秀吉于1592年派遣使臣前往台湾,要求当地人向日本纳贡。1616年,由村山等安率领的日本船队再次入侵台湾。荷兰殖民者则于1604年、1622年两次侵略澎湖。外国势力的频繁入侵,使得中国东南海疆的防务压力与日俱增。

在严酷的现实面前,明朝人终于逐渐从所谓"内备既修,外禁既严,其在彭湖,犹其在日本耳"之类的空论中走出。1622年澎湖遭到荷兰殖民者侵占,导致明朝"兵将不敢窥左足于汛地,商渔不啻堕鱼腹于重渊",②东南沿海饱受其害。这更令明朝人感受到了澎湖的地位价值。福建人沈鈇便上书官府,建议对澎湖进行全面的经营开发,名为《上南抚台暨巡海公祖请建彭湖城堡置将屯兵永为重镇书》,"其策有六:一曰专设游击一员,镇守湖内;二曰召募精兵二千余名,环守湖外;三曰造大船、制火器,备用防守;四曰招集兵民开垦山场,以助粮食;五曰议设公署营房,以妥官民;六曰议通东西洋、吕宋商船,以备缓急"。③ 当中最值得注意的就是最后一条。之前历代

---

① 《玄览堂丛书续集》第十八册,载曹永和:《台湾早期历史研究》,联经出版事业公司(台北)1969年版,第148—149页。

② 南居益:《总督仓场户部右侍郎南居益谨陈闽事始末疏》,载《明季荷兰人侵据澎湖残档》,大通书局(台北)1987年版。

③ 沈鈇:《上南抚台暨巡海公祖请建彭湖城堡置将屯兵永为重镇书》,载《清一统志台湾府》,大通书局(台北)1984年版,第49页。

对于台湾地区海洋地位的认识,大都仅仅从海防与土地开发的角度着眼,而沈书则首次明确提出了经营台湾地区海洋商业的思想,指出"泉、漳二郡商民,贩东西二洋,代农贾之利,比比然也",建议在这种情况下,应该"听洋商明给文引,往贩东西二洋,经过彭湖,赴游府验引放行,不许需索阻滞。……庶可生意饱商民之腹,亦可以夷货增中国之利"。① 这反映了明代后期海禁开放后,随着沿海地区海上贸易的日益发展,台湾地区在海洋商业中的重要作用也逐渐为民间所认识。

荷兰对澎湖的侵占,同样触动了明朝官府。福建巡抚南居益认为"彭湖为海滨要害,屏蔽八闽,通吕宋、琉球、日本诸国必泊之地,商渔舴艋,日往来以千数",②海上战略地位重要,必须加以确实的控制。因此 1624 年明朝收复澎湖之后,便设立澎湖游击,带领三千士兵常年镇守,并在当地修筑炮台,招抚军民屯田开发。从这些措施当中,我们能明显地看到沈鈇思想的痕迹。

另一方面,明朝对台湾的海洋认识也有了进一步发展。由于明朝深知日本一直觊觎台湾,为了时刻了解当地情况,防患于未然,"闽中侦探之使,亦岁一再往",③这种情报搜集活动增进了福建官方对台湾的了解。1601年,明朝将领沈有容率领军队进入台湾,歼灭了窜入当地的倭寇。随军的学者陈第利用此次出征之机,对台湾当地的自然环境与原住民文化进行了考察,著成《东番记》一文,当中提到台湾"居彭湖外洋海岛中;起魍港、加老湾,历大员、尧港、打狗屿、小淡水、双溪口、加哩林、沙巴里、大帮坑,皆其居也"。④ 这是在中国古代文献当中第一次出现大员等台湾海港的地名,也是历代以来对台湾海洋地理状况最为准确的记载。

但是,沈有容的这次军事行动并不能从根本上改变台湾地区的海防现

---

① 沈鈇:《上南抚台暨巡海公祖请建彭湖城堡置将屯兵永为重镇书》,载《清一统志台湾府》,大通书局(台北)1984 年版,第 52 页。

② 南居益:《总督仓场户部右侍郎南居益谨陈闽事始末疏》,载《明季荷兰人侵据澎湖残档》,大通书局(台北)1987 年版。

③ 张燮:《东西洋考》卷 5,中华书局 1981 年版。

④ 陈第:《东番记》,载沈有容:《闽海赠言》,大通书局(台北)1987 年版,第 24 页。

状。随着明军的撤回,台湾便重新暴露在日本的威胁之下。1616 年,日本舰队再次侵犯台湾。面对这种局面,明朝也逐渐认识到如果不加强对台湾的控制,就无法保证东南的海防安全。时任明福建巡抚的黄承玄便十分看重台湾的海洋战略地位,认为绝不能坐视其被日本侵占:

> 盖往者倭虽深入,然主客劳逸之势,与我不敌也。今鸡笼实逼我东鄙,距汛地仅数更水程。鸡笼在琉球之南,东番诸山在鸡笼之南,倭若得此而益旁收东番诸山,以固其巢穴。然后蹈瑕伺间,惟所欲为。指台礁以犯福宁,则闽之上游危。越东涌以趋五虎,则闽之门户危。薄彭湖以瞷泉漳,则闽之右臂危。即吾幸有备无可乘也,海寇入犯非其得已,其意本欲通市,彼且挟互市以要我,或介吾濒海奸民以耳目我。彼为主而我为客,彼反逸而我反劳,彼进可以攻,退可以守,而我无处非受敌之地,无日非防汛之时。此岂惟八闽患之,两浙之间,恐未得安枕而卧也。①

黄承玄一针见血地指出,日本一旦占领台湾,便获得了进一步侵略中国东南的基地,到那时,明朝将彻底丧失在海防中的主动权,陷入被动挨打的境地,福建、浙江各省都将面临严重的威胁。为了解决这一问题,福建地方官员曾计划在台湾本岛驻军屯守,以备外敌。当时明人姚旅所著的《露书》记载道:"闽抚院以其地为东洋、日本门户,常欲遣数百人屯田其间,以备守御。"②而在周婴撰写的《东番记》(与陈第《东番记》同名,但非同一作品)中,还提到当时已有在台湾设立郡县的建议,称"泉漳间民渔其海者什七,薪其岭者什三。言语渐同,嗜欲渐一……疆场喜事之徒,爰有郡县彼土之议矣"。③ 1624 年荷兰殖民者侵占台湾后,也有官员向中央上书,要求出兵驱

---

① 黄承玄:《题琉球咨报倭情疏》,载陈子龙等:《明经世文编》卷 479,中华书局1962 年版。

② 姚旅:《露书》卷 9,福建人民出版社 2008 年版。

③ 周婴:《远游篇》,福建师范大学手抄本,第 37 页。转引自徐晓望:《论晚明对台湾、澎湖的管理及设置郡县的计划》,《中国边疆史地研究》2004 年第 14 卷第 3 期。

逐,认为"台湾在彭湖外,距漳泉止两日夜程,地广而腴。初,贫民时至其地,规鱼盐之利,后见兵威不及,往往聚而为盗。近则红毛筑城其中,与奸民互市,屹然一大部落。墟之之计,非可干戈从事,必严通海之禁,俾红毛无从谋利,奸民无从得食,出兵四犯,我师乘其虚而击之,可大得志。红毛舍此而去,然后海氛可靖也"。①

遗憾的是,在明朝后期统治危机四起、海防逐渐废弛的大环境下,明朝官方已经无力再去经略台湾本岛。黄承玄等明朝官员虽然已经认识到了台湾在海防中的重要地位,但即便有所计划,也难以将其付诸实施。当年处于上升期和鼎盛期时的明朝,有着充分的实力控制海洋,但却因为保守的海洋认识而放弃了经营台湾的机会。而当明朝官方逐渐认识到台湾的重要性时,自身又已经失去了当年的条件,这不能不说是历史的讽刺。但另一方面,游离于官方体制之外,思想上无拘无束的民间海上势力,却逐渐成为海洋探索开发的主力,去用自己的方式认识着台湾。

二、明末郑氏政权海洋思想观念在台湾的建立

对于明代的民间海上势力来说,台湾岛可以说是一个熟悉的地方。明代大陆渔民和商人在台湾的活动已经十分频繁,大陆移民"大量入台,披荆斩棘,以事垦殖,则始于明末。然在未行垦殖前,台湾区域却早已是福建沿海商人的负贩和渔民的采捕之地。"②这种广泛的往来,大大增进了民间对于台湾的了解。台湾岛广阔的发展空间逐渐被以海商、海盗集团为代表的民间海上势力所认识,成为他们对抗官方海禁、从事海洋活动的根据地。更有人提出了以台湾为基地实现霸业的思想,认为台湾"势控东南,地肥饶可霸。今当先取其地,然后侵略四方,则扶余之业可成也"。③ 明代以台湾为巢穴的民间海上势力,先后有袁进、李忠、杨禄、杨策、颜思齐、郑芝龙、李魁奇、钟斌、刘香等。其中郑芝龙、郑成功父子领导下的

①　张廷玉:《明史》卷 323,中华书局 1974 年版。

②　曹永和:《明代台湾渔业志略》,载曹永和:《台湾早期历史研究》,联经出版事业公司(台北)1969 年版,第 157 页。

③　连横:《台湾通史》下册,大通书局(台北)1984 年版,第 728 页。

郑氏武装海商集团的对台开发与经营，为台湾海洋思想认识的发展作出了突出的贡献。

大陆人有组织开发经营台湾的活动，自17世纪早期便已开始。1624年，福建海澄人颜思齐率众在台湾北港登陆，在当地建立起根据地，从事农耕、狩猎、渔业、贸易等各种活动。颜思齐死后，郑芝龙继承了他的事业，继续开发经营台湾。随着势力的逐渐发展壮大，郑芝龙也有了进一步向外扩张的计划，认为"今台湾庶事略备，势可自守，宜为进取之计。吾欲自领师船十艘，前赴金、厦，若乘其虚而据之，则可为台之外府"。① 这种以台湾为根基，以金门、厦门为门户，发展海洋势力的思想，构成了郑氏势力海洋战略的框架。日后郑成功、郑经对台湾的经营，都十分注重在大陆取得立足之地，以支持台湾的海洋发展。郑芝龙于1628年受抚后，还将自己开发台湾的计划上报福建官府，并付诸实施。他在福建巡抚熊文灿的支持下，"招饥民数万人……用海舶载至台湾，令其芟舍开垦荒土为田。厥田惟上上，秋成所获，倍于中土，其人以衣食之余，纳租郑氏。"②不过由于郑芝龙受抚后，郑氏的经营重点已开始转向以其老家福建安平为中心的大陆东南沿海一带，其在台湾的基业逐渐荒废，最终为荷兰殖民者所吞并。不过即便如此，台湾仍然是郑氏重要的海洋贸易区域。

1646年郑芝龙投降清军后，其子郑成功成为郑氏势力新的领袖，带领部众进行抗清斗争。但随着战事的深入，郑军在大陆逐渐被压制在金门、厦门一带，生产贸易区域日渐窄小。在这种情况下，台湾的海上地位价值就更显突出。从荷兰殖民者手中夺回台湾作为后方，以支持大陆的抗清事业，成为郑成功眼中打破目前困境的选择。而其父旧部何斌从台湾带来的情报，更加深了郑成功的这一认识。何斌是当初留守台湾的郑芝龙旧部之一，他长期生活在台湾，与荷兰殖民者之间的关系也十分密切，因此对当地情况相当了解。1660年，何斌投奔郑成功麾下，向其提供了有关台湾的大量情报，并劝说其攻取台湾以为基本：

① 连横：《台湾通史》下册，大通书局（台北）1984年版，第728—729页。
② 黄宗羲：《赐姓始末》，大通书局（台北）1987年版。

台湾沃野千里,实霸王之区。若得此地,可以雄其国;使人耕种,可以足其食。上至鸡笼、淡水,硝磺有焉。且横绝大海,肆通外国,置船兴贩,桅舵、铜铁不忧乏用。移诸镇兵士眷口其间,十年生聚、十年教养,而国可富、兵可强,进取退守,真足与中国抗衡也。①

何斌的这番见解,充分指出了台湾的重要地位和作用。台湾"横绝大海,肆通外国"的地理环境,正符合郑氏势力从事海外贸易的需求,同时也很适合作为从事抗清活动的海上根据地。如能夺回台湾,对当地丰富的资源加以充分开发利用,足以支持长期战争需要,"进取退守,真足与中国抗衡也"。何斌的劝说,令郑成功看到了经营台湾的广阔前景,坚定了其攻取台湾的决心,认为"何廷斌所进台湾一图,田园万顷,沃野千里,饷税数十万,造船制器,吾民麟集,所优为者。……我欲平克台湾,以为根本之地,安顿将领家眷,然后东征西讨,无内顾之忧,并可生聚教训也"。② 1661 年,郑成功正式率军出征台湾。

郑成功出征台湾的举动,当时许多人都无法理解。与郑成功在中国东南沿海并肩作战多年的另一抗清领袖张煌言连续修书劝阻,希望他能中止这一计划,称"殿下诚能因将士之思归,乘士民之思乱,回师北指,百万雄师可得,百什名城可下,何必与红夷较雌雄于海外哉? ……夫思明者,根柢也,台湾者,枝叶也;无思明,是无根柢矣,安能有枝叶乎?"③而杨英《从征实录》与阮旻锡《海上见闻录》均记载道,当时就连郑成功的部将们也多对此战略决策持怀疑态度,"虽不违阻,俱有难色。"④

张煌言等人反对郑成功经略台湾的思想,有着复杂的客观背景。郑氏对台湾的此次经略,可以说是史无前例,之前历代虽然也有过数次经略台湾的计划与行动,但那都是建立在政权扎根大陆基础上的延伸

---

① 江日升:《台湾外记》,大通书局(台北)1987 年版,第 191 页。

② 杨英:《从征实录》,大通书局(台北)1987 年版,第 184—185 页。

③ 张煌言:《上延平王书》,载厦门大学郑成功历史调查研究组:《郑成功收复台湾史料选编》,福建人民出版社 1982 年版,第 64 页。

④ 阮旻锡:《海上见闻录》,大通书局(台北)1987 年版,第 36 页。

式经营。而郑氏对台湾的经略，则是一次势力政治、经济、军事重心上的大迁移。虽然明代以来对于台湾的思想认识已经有了很大的发展，但这种将台湾视为海上立足之本的思想，还是超出了许多人的认识范畴。何况大规模渡海征台，风险实在巨大，而郑军自1659年南京之役惨败后已经元气大伤，难以承受再次失败的代价，因此将领们对此心存疑忌也就不足为怪了。另一方面，此时抗清战争已经进入到了生死存亡的关键阶段，大陆激烈的军事斗争，局限住了许多人的视角，在这种情况下，他们自然无法认识到台湾的优越海洋条件与发展潜力。在张煌言等人看来，郑成功不扎根大陆从事抗清斗争，反而去经营海外，完全是得不偿失的做法，"生既非智，死亦非忠，亦大可惜矣"。在这样的大环境下，郑成功能够力排众议，坚持实施自己经营台湾的海洋战略，其思想确实走在时代人的前列。

荷兰殖民者眼见郑成功大军压境，连忙要求谈判，希望能够保住他们在台湾的殖民利益。在谈判中，郑成功明确指出："该岛一向是属于中国的，在中国人不需要时，可以允许荷兰人暂时借居；现在中国人需要这块土地，来自远方的荷兰客人，自应把它归还原主，这是理所当然的事。"①荷人的《巴达维亚城日记》也记载道，郑成功给荷兰殖民当局发去信件，称"大员亦接近澎湖岛，故此地自应属中国之统治。吾父一官（郑芝龙）将此地借与荷兰人，我今为改良此地而来，汝等嗣后不得再领有吾地"。②可见，郑成功对于台湾的主权归属已经有所认识，一直将台湾视为中国的领土。此次对台湾的进攻，不但是一次夺取抗清根据地的行动，还是一次收复中国领土，驱逐外国侵略者的正义斗争。

经过八个多月的战斗，荷兰殖民者最终弹尽援绝，不得不接受郑成功的严正要求，撤离台湾，台湾重归中国统治。为了对台湾进行经营管理，郑成功在台湾设置一府（承天府）二县（天兴县、万年县），"这是明末福建人在台

---

① C.E.S:《被忽视的福摩萨》，载厦门大学郑成功历史调查研究组:《郑成功收复台湾史料选编》，福建人民出版社1982年版，第153页。

② ［日］村上直次郎原译，程大学译:《巴达维亚城日记》第三册，台湾省文献委员会（台中）1990年版，第279页。

湾设置郡县理想的最终实现"。① 随着郑氏势力在台湾统治的确立,他们开始根据自己的海洋思想观念,结合当地实际对台湾进行经营开发。

郑氏势力作为明末中国最为强大的海洋军事商业集团,海上贸易是其生存与发展的基本。因此郑成功对海上贸易的作用极为重视,"与明王朝封建统治者'以农桑为本'的立国思想有所不同,郑成功认为'通洋',即发展海外贸易,能够使国家臻于富强"。② 1646 年,年仅 21 岁的郑成功便向南明隆武帝上书,提出了"通洋裕国"的建议。日后他在与其父郑芝龙的通信中,也着重提到:"夫沿海地方,我所固有者也。东西洋饷,我所自生自殖者也,进战退守,绰绰余裕",③强调海上贸易对于其国家政权的巨大支持作用。

郑成功收复台湾之后,其"通洋裕国"的思想得以在台湾实施。虽然郑成功本人在收复台湾之后不久便因病去世,但其子郑经继承了郑成功的理念,将台湾建设成为郑氏势力的海上商业中心,通过海洋贸易来为国家和人民积累财富,此理念在郑氏政权当中一直占据着主导地位。这点从郑经给臣下陈永华赐船一事中便可看出。"初,经知永华贫,以海舶遗之。商贾僦此贸易,岁可得数千金。"④郑经见部下陈永华贫穷,却不直接赐以金银,而是赠予其船只从事海上贸易,因为这是时人眼中致富的重要途径,"岁可得数千金"。可见在郑氏治下,"通洋裕国""向海求富"的思想已经成为当时台湾流行的海洋观念。

而在海洋战略布局方面,郑氏政权则以大陆金门、厦门等地为外围口岸,为台湾提供大陆商品来源,进行两岸海上贸易。在军事上,则以台湾为后方基地,金、厦为前沿支点,与清廷相对抗。这可以说是当年郑芝龙构想过,却因受抚而半途而废的海洋战略的一种延续。"在郑氏控制之下的厦

---

① 徐晓望:《论晚明对台湾、澎湖的管理及设置郡县的计划》,《中国边疆史地研究》2004 年第 3 期。

② 黄顺力:《海洋迷思——中国海洋观的传统与变迁》,江西高校出版社 1999 年版,第 138 页。

③ 杨英:《从征实录》,大通书局(台北)1987 年版,第 43 页。

④ 连横:《台湾通史》下册,大通书局(台北)1984 年版,第 756 页。

门,便成为了福建沿海重要的出海口,在郑成功的经营下,它成为当时中国对远东和东南亚各国进行对外贸易的一个主要中心站。"①正因为大陆口岸在台湾海上贸易中的地位十分重要,所以在郑氏政权的海洋战略当中,尤为强调对这类地区的控制。金门、厦门等地为清军所攻占后,在大陆重新获得立足点便成为郑氏政权所关注的首要问题之一。1674年,大陆发生三藩之乱,郑经便乘机出兵,攻占东南沿海部分地区。1677年,清廷派人与郑经谈判,劝其向清朝臣服,退出大陆沿海地区,遭到郑经拒绝,认为"边所海岛悉为我有"。② 而在此后的谈判当中,郑氏政权也一直坚持要求清廷为其保留海澄等大陆口岸,以便从事通商贸易,认为"海澄实为厦门之户,决不可弃",就算不能占据,至少也要"将海澄为往来公所"。③ "这些根据地或是大陆沿海地区、沿海几个岛屿,或是海中独立存在的岛屿,它们在郑氏集团看来是其生存和发展的必要条件。"④

郑氏政权海洋观念在台湾的建立,对于台湾海洋观的发展有着重要的意义。此前历代对于台湾的认识,大都只能说是站在大陆的视角上,从外部去观察台湾。郑氏对台湾的海洋认识,则是建立在真正扎根台湾,了解当地具体情况的基础上。同时,郑氏还将自己"通洋裕国"等积极的海洋观念带到了当地,以此建设台湾的海洋事业,将台湾的海洋贸易发展推向了新的高度。在此思想指导下,郑氏政权还建立了一支强大的海军,以保护自己的海洋利益,这当中也包括了中国广大海外侨民的权益。《台湾外记》便称,菲律宾的西班牙统治者"三五载,借事杀唐人,名曰'洗街';恐其大盛生事也。平时殴詈,不敢回手;杀伤,无从抵偿。诸岛番,惟吕宋待我中国人最无礼。先王在日(指成功也),每欲征之,以雪我中国人之恨"。⑤ 1662年,菲律宾吕宋华人再次遭到西班牙殖民当局的大屠杀,"成

---

① 冯立军:《清初迁海与郑氏势力控制下的厦门海外贸易》,《南洋问题研究》2000年第4期。

② 江日升:《台湾外记》,大通书局(台北)1987年版,第330页。

③ 江日升:《台湾外记》,大通书局(台北)1987年版,第358页。

④ 谈潭:《论17世纪郑氏海商集团的生存困境》,《中州学刊》2010年第2期。

⑤ 江日升:《台湾外记》,大通书局(台北)1987年版,第425页。

功大怒即时决定遣兵征菲",①只是由于郑成功的突然去世才未能实施。郑氏政权的这种以海洋贸易支持政权发展,以政权力量保护海洋利益与海外移民权益的思想,无疑为明代以来传统保守的海洋观念注入了一股新鲜的血液。

但是,郑氏政权统治后期,其海洋战略也日益趋于偏安自守,从而违背了郑成功当年"通洋裕国"的初衷。郑成功当初的海洋理念,是以台湾为根基发展海洋贸易,充实力量,以海制陆,对抗清军,最终实现其反清复明,恢复大陆统治的目标。郑经即位后,虽然起初也秉持着"和议之策不可久,先王之志不可坠"②的原则,并于1674年反攻大陆,"欲向中原而共逐鹿"。③但随着反攻失败与在大陆控制区域的丧失,郑氏政权逐渐失去了统一的志向,只想维持现状,在台湾进行割据统治。而且,郑经在与清廷的数次谈判当中,还曾多次提出台湾"远在海外,非中国版图"之类的观点,虽然这种言论并不能简单地归结为台独分裂思想的表现,但相比其父郑成功坚持台湾主权归属中国的严正立场,可以说是相当的倒退,这也是我们必须看到的。

三、外国势力对台湾海洋观念认识的形成发展及其特点

(一)各国势力对台湾海洋观念认识的形成与发展

15世纪末到16世纪初,西方殖民者在打开了通往东方的航路之后,为了获得与中国、日本通商的理想地点,开始积极地向中国东南沿海进行探索。而日本在其与明朝的朝贡贸易断绝之后,与中国开展贸易的需求同样十分迫切。于是在各方利益驱动之下,"台湾遂显出其在位置上的重要性,而为各国所重视,并争相竞逐,而欲取以为基地"。④

西方殖民者当中最早来到台湾海域的,大约是16世纪中期的葡萄牙

---

① 《一六六二年及一六六六年间马尼拉之事件》,载赖永祥:《明郑征菲企图》,《台湾风物》1954年第4卷第1期。

② 夏琳:《海纪辑要》,大通书局(台北)1987年版,第37页。

③ 江日升:《台湾外记》,大通书局(台北)1987年版,第321页。

④ 曹永和:《荷兰与西班牙占据时期的台湾》,载曹永和:《台湾早期历史研究》,联经出版事业公司(台北)1969年版,第26页。

人。葡萄牙殖民者于 1543 年到达日本之后,其商业势力便扩展到东亚海域,台湾岛便是在这种背景下进入其视野的。葡萄牙人见该岛景色秀丽,就称之为福尔摩沙(Ilha Formosa),意为美丽之岛。从此,"福尔摩沙"之名便被西方殖民者广泛使用。继葡萄牙之后,荷兰与西班牙殖民者也相继涉足台湾。他们十分看重台湾地区的海洋战略价值,企图将其纳入到自己的殖民统治之下。

为了充分掌握中国沿海地区的状况,选择合适的殖民港口,荷兰人多次派船前往各地进行调查访问,因此也搜集到了不少有关台湾地方的资料情报,对于当地的沿海环境与水文状况有着比较细致的认识。1602 年,由韦麻郎率领的荷兰船队前往东南亚地区活动。在大泥(今泰国北大年一带)停留期间,韦麻郎从中国商人李锦等人那里得到了有关澎湖的情况,李锦建议他占据澎湖,以为同大陆进行贸易的基地:"若欲肥而橐,无以易漳者;漳故有彭湖屿在海外,可营而守也。"①1604 年与 1622 年,荷兰东印度公司的舰队两次侵占澎湖。在第二次侵占澎湖期间,荷兰殖民者又对台湾沿岸的海洋环境进行了一番考察,认为南部的大员港是那一带最适合作为港口的地方。不过在当时荷兰人的认识当中,澎湖的价值还要高过台湾本岛,因为它比台湾更邻近大陆,更便于开展和大陆之间的贸易。而大员一带物资较为缺乏,还需要"从十二三浬远的澎湖群岛用快艇运来日常给养","在受到围攻的情况下,新鲜水供应困难,薪木与材料稀少难求"。而如果占据澎湖,"扼守这最为便利的港口,还能得到大员航路的利益"。② 但是,由于明军的打击,荷兰在澎湖的处境日益艰难。在这种情况下,荷兰人决定转移根据地。1624 年,澎湖的荷兰殖民者与明朝福建当局达成协议,从澎湖撤离,前往台湾驻扎。从此台湾便为荷兰所侵占,成为其在东亚重点经营的殖民地。

但是,荷兰殖民者一直拒不承认自己侵占了台湾。在他们看来,其行动是经过了明朝皇帝的许可,所以是完全合理合法的。他们在与来台经商的

① 张燮:《东西洋考》卷 6,中华书局 1981 年版。
② 甘为霖:《荷兰人侵占下的台湾》,载厦门大学郑成功历史调查组编:《郑成功收复台湾史料选编》,福建人民出版社 1982 年版,第 93 页。

日本人因征税问题而发生争执时,便曾宣称"台湾土地不属于日本人,而是属于中国皇帝。中国皇帝将土地赐予东印度公司,作为我们从澎湖撤退的条件。因此,东印度公司作为土地的主人,一切居民自应向他纳税"。① 这一说法甚至为后世一些西方学者所沿用。不过,这个认识显然是违背历史事实的。荷兰人口中所谓的明朝皇帝赐予土地一说,实际上并无其事。当初明朝福建当局为了尽快结束这场冲突,确实曾与荷兰殖民者达成协议,承诺只要对方撤出澎湖,便允许其在台湾与大陆通商。但这只是福建地方当局私自做出的决定,并不代表明朝中央的态度。而且,协议签订之后,福建当局也没有,或者说不敢将其上报中央。在福建巡抚南居益的奏报中,只是极力夸耀明军将荷人逐出澎湖的战功,却对所谓"协议"一事只字未提。② 因此,这份协议不过是福建当局与荷兰殖民者之间私相授受的结果,明朝皇帝和中央政府根本就不知道这份协议的存在,更谈不上什么"将土地赐予东印度公司"了。在没有得到中央政府批准的状况下,这份协议显然不具备合法的效力。不过,从荷兰人的认识当中,我们也能看出一个重要的事实,那就是在当时,连荷兰殖民者自己也承认,台湾的主权原本是归属于"中国皇帝"的,"如果说有什么人有权力征收税款的话,那无疑应该是中国人"。③

荷兰对台湾的侵占,自然触动了其他外国殖民势力的神经。作为荷兰在东亚和东南亚主要的殖民竞争对手,西班牙同样有着征服台湾的野心,许多人视台湾为菲律宾重要的北方屏障和与中国进行贸易的理想据点,应该加以占据。而且在"十六世纪后期的文献里面,西班牙官员总是把台湾岛当成菲律宾群岛的一部分,因此也属于西班牙王室管辖"。④ 早在1598年,

---

① 甘为霖:《荷兰人侵占下的台湾》,载厦门大学郑成功历史调查组编:《郑成功收复台湾史料选编》,福建人民出版社1982年版,第95页。

② 参见南居益:《福建巡抚南居益奏捷疏节录》、《总督仓场户部右侍郎南居益谨陈闽事始末疏》,载《明季荷兰人侵据澎湖残档》,大通书局(台北)1987年版。

③ 甘为霖:《荷兰人侵占下的台湾》,载厦门大学郑成功历史调查组编:《郑成功收复台湾史料选编》,福建人民出版社1982年版,第96页。

④ 欧阳泰:《福尔摩沙如何变成台湾府?》,远流出版公司(台北)2007年版,第163页。

西班牙舰队就曾远征台湾，但因遭遇恶劣天气被迫返回。而荷兰人侵占台湾后，西班牙殖民者更是感到出兵台湾势在必行。于是在 1626 年，西班牙派遣舰队进占台湾鸡笼港，在台湾北部建立起殖民统治。

不过，西班牙人内部对于台湾地位的认识并不一致，因此在如何经略台湾的问题上分歧严重，这是西班牙对台湾的殖民最终归于失败的重要原因之一。西班牙人对于经略台湾的看法，大约分为三种。第一种观点打算对台湾进行有限的经营，目的是在当地取得一个用于进行海洋贸易和军事活动的据点，以抗衡在台湾的荷兰势力。第二种观点认为对台湾的有限经营并不能使西班牙从中获益，"西班牙真正的策略，不应该是在台湾岛设立一个据点以与荷兰人抗衡，应该干脆的把荷兰人逐出此岛"。① 而第三种观点则从根本上否定台湾的价值，认为西班牙不应在其身上耗费钱财与精力，反对经营台湾。

而支持经营台湾的一派，对当地情况的认识也并不准确，这在其对台湾殖民据点的选择上表现得比较明显。由于荷兰占据了台湾南部，因此西班牙人便将目标投向了台湾北部。他们认为鸡笼一带港口条件优良，适合作为与大陆和日本贸易的场所，却并不了解当地阴冷潮湿的气候状况与糟糕的卫生条件，结果深受疾病流行之苦，这严重影响了殖民地的发展。而且，西班牙殖民者过高估计了台湾北部在海洋贸易中的区位优势，以为只要占领了鸡笼等地，就能扩大西班牙在东亚和东南亚地区的贸易，对荷兰形成有力的竞争。但经过实践，西班牙人失望地发现，"守住此地也不算是扩大马尼拉的贸易活动，因为大明海商会直接前往马尼拉（而非绕道鸡笼）"。② 加上日本进入锁国时期，导致西班牙将台湾北部建设成为对日贸易基地的计划彻底落空。而西班牙从荷兰手中夺取大员的几次努力，也都以失败告终。这一切都使得台湾在西班牙眼中的价值急剧下降，反对继续经营台湾的思想逐渐占了上风，认为"十一年来于此岛所获近乎无物，而陛下却耗费

---

① 欧阳泰：《福尔摩沙如何变成台湾府？》，远流出版公司（台北）2007 年版，第 199 页。

② 欧阳泰：《福尔摩沙如何变成台湾府？》，远流出版公司（台北）2007 年版，第 198 页。

巨万保有之,又虑及此地金钱与人员短少,撤回的提案势在必行"。①在此种思想主导下,西班牙当局逐步削减了对台湾的经费补给,并从当地撤出了大部分人员。西班牙在台湾的殖民地从此彻底衰落,最终在 1642 年被荷兰人所占领。

虽然在被赶出台湾后,西班牙内部曾掀起过一股"谁应该为福尔摩沙的丢失负责"的讨论,但与其说是他们重新认识到了台湾岛的重要性,不如说只是想为其在台湾的失败寻找一个替罪羊而已。最后,力主放弃台湾的前菲律宾总督科奎拉遭到起诉,并被判处监禁。而这之后,西班牙人的心思仍然主要用于对菲律宾的经营,再未组织过对台湾的入侵。

除荷兰、西班牙等西方殖民者外,东方的日本也和台湾发生了密切的联系。16 世纪后期,台湾已经成为侵袭中国东南沿海的倭寇的往来之地,台湾南部打狗一带被他们称之为"高砂",后来遂发展成为日本对整个台湾的称呼:

> 初,日本足利氏之末叶,政乱民穷,萨摩、肥前诸国之氓相聚为盗,驾八幡船,侵掠中国沿海,深入闽、浙,而以台湾为往来之地,居于打鼓山麓,名曰高砂,或曰高山国。高砂为日本播州海滨之地,白沙青松,其境相似,故名;或曰是番社之名也。②

随着对台湾了解的加深,日本逐渐产生了染指台湾的野心,这在很大程度上是出于商业利益的考量。日本与中国本有着历史悠久的朝贡贸易关系,大量商品需从中国进口。但由于 1523 年在宁波发生的日本朝贡使团暴乱事件,以及猖獗的倭寇活动,明朝逐步断绝了与日本的朝贡贸易。16 世纪末,"因日本战国时代的结束,中国倭寇问题,渐告解决,但日本却渴望与

---

① Acta de la junta que realize don Sebastian Hurtado de Corcuera, *y los pareceres que dieron los asistentessobre la conveniencia de retirar el presidio de Isla Hermosa y el de Camboanga*, Manila, 22 January, 1637, AGI Escribania 409B, fos.76—82, 载欧阳泰:《福尔摩沙如何变成台湾府?》,远流出版公司(台北)2007 年版,第 203 页。

② 连横:《台湾通史》上册,大通书局(台北)1984 年版,第 10 页。

中国通商"，①在明朝仍然禁止日本船只来华的情况下，日本要想获得中国商品，便只有依赖走私贸易一途，台湾便被其视为从事此类贸易的重要地点。在 17 世纪日本当局为前往海外贸易的本国商船所颁发的朱印状当中，前往"高砂"贸易的朱印状占了很大部分。日本统治者丰臣秀吉和德川家康都曾派人前往台湾，探查当地情况，并试图将台湾纳入日本控制。而这些行动的直接指挥者，如有马晴信、村山等安等人，也都是经营着庞大海外贸易事业的大海商。"这些行动表明，台湾已经引起日本国内海外贸易利益集团的高度重视"。②

1624 年荷兰殖民者侵占台湾后，日本对台湾的野心并没有因此而发生改变。相反地，他们利用各种政治、经济手段，继续推动自己侵占台湾的计划。在台湾的日本商人针对荷兰人向其征税的举动，"借口他们比东印度公司的人们早来此地六年，所以该地最先是他们所占有的。"③在长崎代官末次平藏的幕后策划下，日本商人还收买了台湾的一些原住民，让他们表演了一出要求把台湾"献给日本"的闹剧，根据荷兰派驻台湾总督纳茨的叙述，"有些日本人为了把我们赶出此地，曾经把一些本地人带往日本，通过他们把福尔摩沙的主权献给日本皇帝"。④ 1628 年，日本武装商人又制造了"滨田弥兵卫事件"，袭击荷兰台湾总督府，将纳茨本人挟持回日本，荷日之间的矛盾冲突趋于顶点。末次平藏借机说服日本当局冻结了荷日贸易，以此要挟荷兰人拆毁在大员的城堡。可见日本人的最终目的，就是为了排挤荷兰在台势力，获取台湾的最高统治权，在这一点上，他们是十分"顽固执拗的"。⑤ "倘若联系 16 世纪末以来的'招谕高山国'乃至有马晴信、村

① 曹永和：《荷兰与西班牙占据时期的台湾》，载曹永和：《台湾早期历史研究》，联经出版事业公司(台北)1969 年版，第 26—27 页。
② 陈小冲：《十七世纪的御朱印船贸易与台湾》，《台湾研究集刊》2004 年第 2 期。
③ 甘为霖：《荷兰人侵占下的台湾》，载厦门大学郑成功历史调查组编：《郑成功收复台湾史料选编》，福建人民出版社 1982 年版，第 95 页。
④ 甘为霖：《荷兰人侵占下的台湾》，载厦门大学郑成功历史调查组编：《郑成功收复台湾史料选编》，福建人民出版社 1982 年版，第 110 页。
⑤ 甘为霖：《荷兰人侵占下的台湾》，载厦门大学郑成功历史调查组编：《郑成功收复台湾史料选编》，福建人民出版社 1982 年版，第 103 页。

山等安的侵台行动,即可看出 16 世纪末 17 世纪初日本对台侵略野心的一贯性"。① 但是,随着 17 世纪以后日本国内政局的变化,日本官方的注意力渐渐转向维护国内统治,对于海外扩张的态度变得消极。从 1633 年开始,日本幕府先后下达数道锁国令,逐步禁绝本国船只前往海外,从此日本进入锁国时期,对外联系大部分断绝,也由此暂时搁置了入侵台湾的计划。

荷兰殖民者在日本与西班牙势力先后撤出台湾之后,其在台湾的地位得以巩固。而台湾也成为荷兰在东亚的重点殖民经营对象。有学者指出:"东印度公司建立大员商馆最初的意图是为了打开中国贸易大门,以经营对日转口贸易。但是,大员商馆建立之后,它的作用就并不仅仅局限于此,而被寄予厚望,期待成为与巴城相比肩的'公司在东印度最重要的贸易基地'。"②在荷兰统治台湾前期,转口贸易一直是当地的经济支柱。不过随着 17 世纪中期以后大员内外环境的恶化,台湾的转口贸易逐渐陷入瓶颈,这也令荷兰开始对台湾的经营策略进行调整。从《巴达维亚城日纪》中记载的 1645 年长崎商馆馆长奥菲尔特瓦德尔向巴达维亚总督所提供的商务报告当中,我们可以清楚地看出东印度公司内部对于台湾定位的重新思考:

> 印度参事会认为大员无用之想法,奥菲尔特瓦德尔亦早有所闻,如去年亦曾确认此事,惟他则持反对意见,认为贸易应任其自由发展,不得强制,尤其不得放弃有利地方。如谚语所示,凡事不能永久不变,故现状亦不能永续。如此有利之贸易地,即使比从前利益减少,因与邻接各地之友谊上,亦应继续也。如此作为系在防止被战争吞没现有利益,且依靠有利农业及其他,亦不致妨碍公司所收巨大利益,尤其目前正在成长中,年年均有显著改善,一般收入、征税等,均将增加至难以置信之

---

① 陈小冲:《十七世纪日荷在台冲突中的政治因素》,《台湾研究集刊》1997 年第 2 期。

② 李蕾:《十七世纪中前期台湾地区对外贸易网络的展开——以荷兰大员商馆经营的贸易为中心》,《中国社会经济史研究》2003 年第 1 期。

程度之故。①

可见,由于荷据时代后期台湾转口贸易的衰退,东印度公司内部对于台湾地位的认识也有所改变,甚至出现了认为台湾已经失去价值的看法。不过,在奥菲尔特瓦德尔眼中,这种情况只是暂时现象,台湾"邻接各地之友谊",在海洋贸易当中的地理位置实在优越,不容放弃。而且从他的叙述中,我们还能看出,荷兰经营台湾的战略思想已经发生了改变,在继续经营转口贸易的基础上,进行产业结构调整,提高农业等其他产业在台湾经济当中的比重。这样即使转口贸易出现衰退,"亦不致妨碍公司所收巨大利益"。因此荷兰殖民者十分重视大陆移民的作用,认为他们既能充当台湾土地开发的劳动力,同时又能成为公司的巨大税收来源。在荷兰驻台总督尼古拉斯·沃尔伯格(Nicolaes Verburg)看来,汉人就是"福尔摩沙岛上唯一能酿蜜的蜂种"。② 但是,荷兰人占据台湾的主要目的并未发生改变,"就是要通过贸易来获得尽可能多的利润。因此各项产业政策的制定,无不以增加商品出口为主要目标。这不仅反映在对鹿皮、硫磺等自然资源的掠夺方面,也体现在米、糖生产等农业生产之中"。③ 台湾在荷兰眼中,仍然是其在东亚最重要的海洋贸易基地之一。

1662 年郑成功收复台湾,对荷兰来说是对其在亚洲殖民战略的极大打击,所造成的经济损失难以估量,因此他们一直不肯善罢甘休。为了夺回台湾,荷兰殖民者积极寻求与大陆清廷联手,企图利用清军的力量打败郑氏政权。1663 年,荷兰舰队与清军水师协同作战,从郑军手中攻陷金门、厦门等地。1664 年,荷兰还趁台湾北部防务空虚,重新占领鸡笼地区。不过,由于清荷双方在台湾归属、中荷贸易等关键性问题上一直无法达成一致,荷兰人最终认识到与清朝合作无法达到其重占台湾的目的,于是只得暂时专心经

---

① [日]村上直次郎原译,程大学译:《巴达维亚城日记》第三册,台湾省文献委员会(台中)1990 年版,第 93—94 页。

② 《Nicolaes Verburg 长官致巴达维亚函》。载欧阳泰:《福尔摩沙如何变成台湾府?》,远流出版公司(台北)2007 年版,第 296 页。

③ 杨彦杰:《荷据时代台湾史》,江西人民出版社 1992 年版,第 153 页。

营鸡笼贸易,"为招致中国商人,应尽一切手段。因该地为达公司目的,嗣后暂为便利处所之故"。①

但是荷兰占领鸡笼的行动,从战略上来看是个草率的决策。鸡笼地区对于荷兰来说,本来不是其最优先的选择,只是"因鞑靼人拒绝给予我方中国沿岸之任一地点,故将鸡笼岛列入考虑。"②而由于清廷当时厉行海禁政策,鸡笼的贸易困难重重,还要面临着疫病流行与郑氏政权进攻的威胁,殖民地连年入不敷出。可以说,荷兰人在鸡笼陷入了和当年西班牙人一样的境况。这些都令荷兰人无奈地意识到,在无法消灭郑氏政权的情况下,台湾对于荷兰来说已经不再是以前那个财源滚滚之地了。1668 年,东印度公司最后作出决策,撤出在鸡笼的人员物资,荷兰对台湾地区长达 40 多年的殖民侵略,由此彻底宣告结束。

而在郑氏政权统治时期,又有一个西方国家向台湾伸出了触角,那就是新兴的资本主义国家英国。英国在东方的殖民事业起步较晚,"十六世纪上半叶,他们还缺乏有关印度洋贸易和航海知识,十六世纪下半叶,英国人的地理知识才有较大的提高,并筹措到足够的商业流动资金",③开始向东南亚与东亚扩张。而英国人来到东方最重要的目的之一,便是与中国通商。在此动机驱使下,台湾成为他们眼中与中国进行贸易的理想地点。早在1625 年,在荷兰殖民者占据台湾大员不过一年后,英国人已经敏锐地觉察到,台湾将在与中国的贸易中起到关键性的作用。英国东印度公司在当时的报告中便对台湾的大员港大加赞美,称"中国之贸易将转移于台湾岛之Tywan(大员)"。④ 不过,在荷兰的阻挠下,英国的势力一直难以进入台湾,其与中国通商的迫切愿望迟迟未能实现。

1662 年,荷兰殖民者被郑成功驱逐出台湾,这对英国来说是一个良好

① ［日］村上直次郎原译,程大学译:《巴达维亚城日记》第三册,台湾省文献委员会(台中)1990 年版,第 345 页。

② ［日］村上直次郎原译,程大学译:《巴达维亚城日记》第三册,台湾省文献委员会(台中)1990 年版,第 338 页。

③ 林仁川:《清初台湾郑氏政权与英国东印度公司的贸易》,《中国社会经济史研究》1997 年第 1 期。

④ 《台湾十七世纪台湾英国贸易史料》,台湾银行(台北)1959 年版,第 2 页。

的转折。郑氏政权建立后，大力发展台湾的海洋商业，"上通日本；制造铜煤、倭刀、盔甲，并铸永历钱，下贩暹罗、交趾、东京各处以富国。从此台湾日盛，田畴市肆不让内地"，①各国商货云集，成为东亚的海洋贸易中心。英国人对此喜出望外，认为"台湾与日本及马尼拉均有贸易，且可望与中国（大陆）开始通商"，"能与台湾通商，即犹直接与中国（大陆）、日本与马尼拉通商"。② 可以看出，此时的英国已经不仅仅把台湾当成与中国大陆进行贸易的场所，更是希望其能成为英国在整个东亚、东南亚范围内的重要贸易中转站，通过台湾建立与亚洲各国的海上贸易联系。

1670年，英国与郑氏政权签订通商条约，从而得到了在台湾安平建立商馆，从事贸易的许可。但是，随着在台贸易业务的具体开展，英国人发现由于清廷对大陆沿海的严密封锁，英国的商品想要输入中国大陆十分困难，也难以从大陆获得商品。而且郑氏政权对于台湾的糖、鹿皮等重要商品都实行专卖制度，以保证官方利益，这与英国人追求在台自由贸易的思想格格不入。1680年英国东印度公司致信郑氏政权，对于郑氏政权在贸易上的严格控制表示非常不满，认为其严重侵犯了英国人在台湾的贸易权利：

> 吾人在台湾、厦门两地经营贸易多年，所获无几；吾人始终忍耐，期能博得君王之信任，加强自由贸易。……惟据吾商馆的报告，吾人在贵地未能享有销货自由，货物常被以王的名义征收，或被贵部属侵占。……愿国王以王权恢复吾人之权利。否则，请国王准予吾国人按照国际法及惯例，在海上拿捕贵部属船只以为抵偿。③

由上可见，英国虽然如愿获得了在台湾从事贸易的机会，但这十年来的经营却远未达到预期的效益。不过英国人并没有因此而否定台湾的地位价值，而是将其归咎于郑氏政权对其贸易自由的侵害，并威胁要以武力维护其

---

① 江日升：《台湾外记》，大通书局（台北）1987年版，第237页。
② 《台湾十七世纪台湾英国贸易史料》，台湾银行（台北）1959年版，第13页。
③ Paske-Smith: *Western Barbarians in Japan and Formosa in Tokugawa days*, 1603—1868, 转引自周宪文：《台湾经济史》，台湾开明书店（台北）1980年版，第312页。

利益。1683 年清朝统一台湾后，英国人仍不愿放弃在台湾的贸易，还与清政府进行谈判，要求其允许英国人继续在台居住与经商。不过，随着清朝全面海禁政策的结束与大陆沿海口岸的有限开放，英国的注意力逐渐又从台湾转向大陆。

（二）外国势力对台湾海洋观念认识的特点

明朝后期以来，台湾地区的重要性逐渐为诸多外国势力所认识，成为他们争夺的焦点。由于思维方式和立场上的差异，这些外国势力对台湾的思想认识也与国人不同，有着如下鲜明的特点：

第一，就是外国势力，尤其是西方国家对于台湾的认识，在很大程度是以发展海洋商业为出发点，去衡量其在经济上的价值，这与中国方面长期以来只是从海防的角度去认识台湾有着显著的区别，这是由西方所处的时代背景和资本主义的逐利本质所决定的。

15 世纪末，欧洲进入了著名的大航海时代，通往新世界的航路相继开辟，西方掀起了向海外殖民扩张的浪潮。到了 16 世纪中期，西方国家已经在亚洲与美洲的广大地区建立起了殖民统治，对当地进行残酷的掠夺。新航路的开辟与殖民掠夺，在欧洲引起了著名的"商业革命"，大西洋沿岸逐渐成为欧洲的海洋商业中心，促进了这些地区资本主义的兴起。发展海洋贸易，开拓海外市场，获取商业利润，成为荷兰、英国等西方国家的普遍诉求。在这种思想主导下，西方殖民者对台湾的思想认识以商业价值为根本着眼点，也就不足为怪了。在当时的西方殖民者眼中，东方的中国与日本，是两个尚未被开辟的巨大市场，寻找合适的海洋商业据点，以建立与两国的贸易关系，可以说是他们亚洲海洋商业战略的最大目标。能否扮演好这个角色，就成为西方殖民者对台湾地位价值评判的关键所在。荷兰、西班牙对台湾的侵略，正是因为他们认为台湾可以成为对中国大陆和日本的海上贸易窗口，为其获取庞大的商业利润。而他们最终从台湾撤退，也是因为发现在台湾的贸易经营已经无利可图。

这当中有一点需要指出的是，对于西方来说，他们如此看重台湾的商业地位，是由于中国官方对大陆沿海的严密控制，导致西方一直无法在大陆获得通商据点，因而凸显出台湾对西方殖民者的价值。要想与中国开展贸易，最好的办法仍然是在大陆获得立足点。如 1674 年,英国借郑氏政权攻占福建、广东沿海部分地区之机,在厦门建立起商馆。英国人对此兴奋地宣称:"现在公司才第一次在中国(大陆)建有立足点。"①1678 年,东印度公司又"命令将厦门作为在中国的总商馆,台湾商馆也隶属它"。② 可见在西方人看来,抛开外部因素的干扰,单就对华贸易本身而言,台湾的商业地位还是不如大陆的贸易口岸。这也是我们在讨论西方殖民者眼中台湾的海洋商业价值时所应该注意到的。

第二,就是外国势力在台湾所推行的战略,带有明显的侵略性与争霸性。所谓侵略性,体现在荷兰、西班牙、日本等国对台湾的野心上。他们对台湾的拜访,并不仅仅是抱着建立海上联系与交流的目的而来,而是企图从各方面侵夺中国对台湾的主权与利益,乃至把台湾长期据为己有,纳入到自己的殖民统治体系当中,并作为进一步从事侵略和掠夺的基地。如荷兰殖民者占据澎湖后,便屡次派遣船队袭扰大陆东南沿海,"乘汛出没,掳掠商艘,焚毁民庐,杀人如麻",③企图迫使明朝对其开放贸易口岸。后来荷兰在占据台湾期间,还曾计划侵占郑成功控制下的金门岛,"公司于此既确保进入中国之根据地,亦可据此阻止敌人通过海峡"。④ 而英国在同郑氏政权的商业谈判当中,不但在关税征收等事关中国主权的问题上横加干涉,更认为自己有权"想如何修改条约就可以随时加以修订,想得到什么利益可以随时补充到条款中去,郑氏政权必须听之任之,这完全是欧洲早期殖民航海势力的霸权逻辑"。⑤ 外国势力在台湾地区积极扩张的态度,同在这方面只是被动应对的明朝形成了鲜明对比。

而另一方面,在各国的扩张政策之下,彼此之间自然不可避免地发生了

---

① 马士:《东印度公司对华贸易编年史》第 1 卷,中山大学出版社 1991 年版。

② 马士:《东印度公司对华贸易编年史》第 1 卷,中山大学出版社 1991 年版。

③ 南居益:《总督仓场户部右侍郎南居益谨陈闽事始末疏》,载《明季荷兰人侵据澎湖残档》,大通书局(台北)1987 年版。

④ [日]村上直次郎原译,程大学译:《巴达维亚城日记》第三册,台湾省文献委员会(台中)1990 年版,第 193 页。

⑤ 林仁川:《清初台湾郑氏政权与英国东印度公司的贸易》,《中国社会经济史研究》1997 年第 1 期。

激烈的利益冲突,都企图独霸亚洲的广大殖民地与市场。而对台湾的占领正是各国殖民争霸战略当中的重要一环。因此外国势力在台湾地区所推行的政策,也带有强烈的独占性和排他性,他们在为本国获取利益的同时,也从政治、经济、军事等各方面不遗余力地打击其他竞争对手,以达到排挤其他势力,独霸殖民利益的目的。如荷兰殖民者入侵台湾地区之后,便以澎湖以及后来的台湾本岛为基地,派出船只频繁活动于中国东南海域,劫掠来往于中国和菲律宾之间的商船,"任务是控制中国帆船,使它们不能开往马尼拉或其他属于我们敌人的地区"。① 荷兰对台湾的占据,让西班牙人在贸易上受到巨大的威胁,迫使其加速制订攻取台湾的计划。1626 年,西班牙殖民者占领台湾北部的鸡笼,与南部大员的荷兰殖民者形成对峙局面,这引起了荷兰人的广泛关注。荷兰驻台总督纳茨致信东印度公司,要求从西班牙手中夺取鸡笼,以独占在台湾的殖民利益。纳茨更认为,与西班牙人在台湾的争夺,是一场关系到两国在亚洲殖民事业成败的关键性斗争:

> 我们必须不遗余力地破坏中国与马尼拉之间的贸易。因为要是能做到这一点,我们深信诸位阁下终会看到西班牙人自动离开摩鹿加群岛,甚至离开马尼拉。尤其是他们此刻已被日本所驱逐,如果再被我们夺去中国贸易的话,他们必然忍受不了那么大的费用和负担。他们也看到了这一点,因此他们一定会竭尽全力把我们赶出热兰遮城堡,把我们从中国其他地方赶走。因为这对他们极关重要,他们非这么办不可。所以最重要的是我们应该加强在此地的地位,以免失去这个据点,或遭到被驱逐的危险。②

以上这些,充分体现出了台湾在荷西争霸当中的重要地位。此外,前文所述的荷兰和日本在台湾的经济纠纷与政治角力,也是台湾被各国势力视

---

① 威廉·庞德古:《难忘的东印度旅行记》,载厦门大学郑成功历史调查组编:《郑成功收复台湾史料选编》,福建人民出版社 1982 年版,第 84 页。

② 甘为霖:《荷兰人侵占下的台湾》,载厦门大学郑成功历史调查组编:《郑成功收复台湾史料选编》,福建人民出版社 1982 年版,第 110 页。

为争霸焦点的典型表现。外国势力在台湾所推行的这种侵略与争霸政策，对于台湾乃至整个中国东南沿海都造成了深重的灾难，更导致了中国政府和人民对于外国殖民者的仇视和排斥，这反而严重不利于其对华通商目的的实现。

第三，在这一时期，西方势力看待台湾的眼光，还带有着明显的理想主义色彩。如果说国人是由于传统海洋观念的影响，而常常忽视或低估台湾的发展前景的话，那么外国人在这一问题上的判断，则是往往偏于乐观，有些甚至脱离实际，这也为西方殖民者在台湾的经营增添了不少波折。

西方殖民者对于台湾的认识与探索，直至16世纪中期方才开始，因而还缺乏足够的积累。虽然他们也对台湾地区作了不少情报搜集工作，但其对当地状况的认识，多局限于沿海地区的水文状况和地理环境，而缺少更加全面深入长远的调查，因而难免有欠缺和错误之处。如前面提到过的西班牙殖民者对台湾北部殖民时，便对当地恶劣的气候条件缺乏足够的准备，大大影响了殖民事业的进行。即便是日后驱逐西班牙殖民者，统治台湾多年的荷兰，对于台湾北部情况的认识，也远不如对南部大员一带来得准确详细。尽管当年也曾占据过鸡笼地区，可荷人于1664年重返台湾鸡笼时，依然需要通过西班牙统治时期的旧文献掌握当地状况，因此其了解也多有失实之处。如当时的台湾北部本属气候恶劣，疾病易生之地，但荷人的报告中却称，鸡笼"该地气候十分合宜健康，比之 Formosa 任何地方为佳"。① 结果荷兰人占领鸡笼后，仅在1665年一年时间内，便有49人病死，另有24人因气候变化而住院，而当初荷兰派往鸡笼的人数不过240余人，②殖民地经营大受影响。

另一方面，西方殖民者对于在台湾与各国从事贸易的前景，同样抱着过于乐观的估计。如西班牙人就曾认为只要占领了鸡笼，"日本人就会舍他们而到我们的港口，为我们带来银子，有银子我们就是整个贸易的主宰。暹

---

① ［日］村上直次郎原译，程大学译：《巴达维亚城日记》第三册，台湾省文献委员会（台中）1990年版，第338页。

② ［日］村上直次郎原译，程大学译：《巴达维亚城日记》第三册，台湾省文献委员会（台中）1990年版，第340、348页。

罗、越南与柬埔寨他们将会经过那个海峡,重视我们的友谊而打开交易的大门"。① 而前面提到过的 1625 年英国东印度公司对台湾的报告,也是个典型的例子:

> 中国之贸易将转移于台湾岛之 Tywan(大员),该港似一大洋,全欧洲所能贡献之货物不足以供给之,熟丝和生丝非常丰富,亦有印度各地所需要之多种必需品,此等货物可用印度各处所产之胡椒、香木、白檀木以我方认为满意之价格交换之,亦可用出售中国蚕丝之日本银交换之,又或用任何种类之欧洲货物(尤其是毛织衣料)交换之,因中国之大部分地方伸入寒带中,用无数军队守卫之,其所需物品之数量,非据实际之经验,不能猜测也。②

英国东印度公司的这份报告,固然对台湾大员在对华贸易中的重要作用作出了应有的肯定,但从文中对中国市场需求的种种夸张叙述当中,我们也可以清楚地看到,英国殖民者对中国市场的具体情况认识并不准确,对于在台商业前景的估计实在过于乐观。西方殖民者长期以来,都是以一种充满理想化的眼光来看待东方,对在当地贸易充满憧憬,认为只要其与中国通商的要求得以实现,利润就会滚滚而来。他们只看到了中国众多人口的巨大市场潜力,却对中国本身的经济结构、物质需求、对外政策、官场环境等缺乏了解。这是西方殖民者在此问题上出现误判的重要原因所在。

第三节　清代中外海洋观念对台湾的作用与影响

清朝建立之初,由于其与郑氏政权的敌对关系,两岸曾经历过一段时期

---

① Archivo general de Indias,Filipinas,21,R・2,N・8,转引自林盛彬:《一六二六年西班牙进占台湾北部及其相关史料研究》,《台湾风物》1997 年第 47 卷第 3 期。
② 《台湾十七世纪台湾英国贸易史料》,台湾银行(台北)1959 年版,第 2 页。

的分裂状态。但随着郑氏政权的败亡，台湾重新纳入中国中央政府的管辖之下。在这一时期，两岸之间的海洋交流往来进入了史无前例的高峰期，数以万计的大陆移民漂洋过海，来到台湾定居生活，实现了国人对台湾的大规模开发，在当地确立了以福建、广东籍移民为主体的汉人社会，这也让人们对台湾的认识了解上升到了一个新的高度。

一、清代早期对台湾的思想认识

1644 年，清军入关南下，逐步取代了明朝成为中国大陆的统治者。随着清廷的控制范围扩展到中国东南沿海，台湾这一郑氏政权控制下的反清基地，也逐渐为清廷所关注。早在 1661 年郑成功攻打台湾期间，荷兰殖民者就曾和清军联系，请求其出兵救援。1662 年，荷兰东印度公司又派遣舰队前往中国，提出和清军联合进攻郑氏，"惟应以准许自由贸易，恢复台湾为条件"。① 台湾的归属问题就这样被摆到了清朝官员们的面前。

在清廷内部对此问题进行讨论时，也有人清醒地指出郑成功收复台湾属于"夺复故土"，"而今引红毛克郑氏，若据台湾要互市，以间寇掠闽、粤间，谁复承其咎也？"②但是以当时的福建总督李率泰为代表的一些清朝官员急于消灭郑氏势力，竟认为"谁复为百年计，功罪目前事耳"，③同意与荷兰缔结同盟。这反映出"刚刚建立了自己统治秩序的清朝廷……当时存在着把消灭郑氏的力量放在第一位，而把台湾的地位和归属放在第二位的决策思想"。④ 但是必须指出的是，虽然清廷当局与荷兰殖民者最终签订了同盟协议，不过他们对于协议中的部分关键条款，包括是否允许荷兰人占有台湾的问题，并没有草率地作出承诺，这也是导致后来双方同盟破裂的重要原因。

由于清廷与郑氏政权之间的敌对状态，为了削弱乃至扼杀郑氏势力，清

---

① 赖永祥：《清荷征郑始末》，《台湾风物》1954 年第 4 卷第 2 期。
② 沈云：《台湾郑氏始末》，大通书局（台北）1987 年版。
③ 沈云：《台湾郑氏始末》，大通书局（台北）1987 年版。
④ 邓孔昭：《试论清荷联合进攻郑氏》，载陈在正等：《清代台湾史研究》，厦门大学出版社 1986 年版，第 226 页。

廷在中国沿海全面推行禁海迁界政策,对台湾等郑氏势力的控制区域实行严密的封锁。但是,这反而在客观上刺激了沿海居民移民台湾。在此之前,还有不少居民出于传统思维,对于移民开发台湾抱着消极排斥的态度。这主要是因为他们在大陆拥有家室产业,不愿漂洋过海,背井离乡。如郑成功当年初辟台湾,"将士多不愿行,即行矣,仍有'生入玉门'之意,故不肯迁移家眷"。① 但清廷残酷野蛮的强制迁界手段,对中国东南沿海的社会经济造成了严重的破坏,"离海三十里村庄田宅,悉皆焚弃。……百姓失业流离,死亡者以亿万计"②彻底铲除了当地居民的生活基础,沦为流民。在这种情况下,郑氏政权所统治的台湾地区就变成了这些流民眼中的希望所在。正如清朝湖广道御史李之芳所认为的那样,"沿海皆我赤子,一旦迁之,鸿雁兴嗟,室家靡定。或浮海而遁,去此归彼,是以民予敌"。③ 而郑氏政权开发经营台湾,也急需人口劳力,于是积极招抚大陆沿海流民,令民众对于移民台湾的看法更趋积极。

1683 年,清廷终于统一台湾,降服了郑氏势力这个心头之患。而台湾的地位归属问题也再次摆到了清廷面前。之前清廷对于台湾的认识,仅仅是"郑逆"势力所盘踞的海上巢穴,而对其余情况知之甚少。他们当时最为关心的,只是如何平定台湾的郑氏政权,但对平定郑氏之后台湾的地位和归属问题,却并没有作过太多的考虑。因此当统一台湾之后,清廷内部在此问题上的认识自然会出现争议与分歧,从而引发了一场事关台湾未来前途命运的弃留之争。

1683 年 6 月,施琅率领清军大败郑军水师,攻陷澎湖,台湾已指日可下。因此战后台湾的弃留问题开始正式被提上议事日程。施琅在上疏报捷的同时,便就这一问题向康熙皇帝提出请示,称"二穴克扫之后,或去或留,臣不敢自专。合请皇上睿夺,或遴差内大臣一员来闽,与督臣商酌主裁,或谕令督抚二臣会议定夺,俾臣得以遵行"。④ 随后,清廷内部对此问题展开

---

① 杨英:《从征实录》,大通书局(台北)1987 年版,第 192 页。
② 阮旻锡:《海上见闻录》,大通书局(台北)1987 年版,第 39 页。
③ 江日升:《台湾外记》,大通书局(台北)1987 年版,第 202 页。
④ 施琅:《飞报大捷疏》,载施琅:《靖海纪事》,大通书局(台北)1987 年版,第 35 页。

了一场大讨论。在这场讨论中，有的清廷官员由于对台湾当地情况缺乏了解，提出了放弃台湾的主张，就连康熙皇帝自己也曾认为"台湾仅弹丸之地，得之无所加，不得无所损"。① 有部分学者因此认为这种思想在清廷中占据主流，声称康熙"想要把汉人全部撤回，弃守台湾，大部分官员也都赞同"，②甚至还有人说什么清廷"曾想说服荷兰人买回台湾"，③但被荷兰人拒绝。最后只是由于施琅个人的坚决要求，才决定将台湾纳入清朝统治之下。那么，历史事实是否真的如此呢？ 这一时期清廷当局对台湾的思想认识状况究竟如何？

诚然，"在取得台湾以前，清朝当局对台湾的认识还是比较模糊的。朝廷大员当中没有人去过台湾，也没有认真研究过台湾问题"。④ 这在那些身处中央的清廷官员当中表现得最为明显。加上清统治者的观念意识"基本沿袭明代统治者重农抑商、重陆轻海的思维模式"，⑤所以在讨论台湾的地位归属问题时，不可避免地会出现一些消极保守、有悖事实的言论。有议者视台湾为"海外丸泥，不足为中国加广；裸体文身之番，不足与共守；日费天府金钱于无益，不若徙其人而空其地"。⑥ 而所谓清廷曾尝试让荷兰买回台湾未果的说法，在中方文献当中并无记载。只有清内阁学士李光地曾称"台湾隔在大洋以外，声息皆不相通"，提出"空其地任夷人居之，而纳款通贡，即为贺兰有亦听之"。⑦ 这种言论，反映出了部分清廷官员海洋思想观念的保守，以及对台湾历史与现状的无知。这是当时清廷内部确实存在的现象，不必讳言。但是，我们必须指出的是，这种放弃台湾的思想在清

① 《康熙起居注》第 2 册，中华书局 1984 年版。
② 欧阳泰：《福尔摩沙如何变成台湾府？》，远流出版公司（台北）2007 年版，第462 页。
③ 蔡石山：《海洋台湾：历史上与东西洋的交接》，联经出版事业有限公司（台北）2011 年版，第 9 页。
④ 孔立：《康熙二十二年：台湾的历史地位》，载陈在正等：《清代台湾史研究》，厦门大学出版社 1986 年版，第 98 页。
⑤ 黄顺力：《海洋迷思——中国海洋观的传统与变迁》，江西高校出版社 1999 年版，第 141 页。
⑥ 郁永河：《裨海纪游》，大通书局（台北）1987 年版，第 31 页。
⑦ 李光地：《榕村语录》，中华书局 1995 年版。

廷内部绝不占大多数。而李光地出让台湾的言论，更只不过是他个人的观点，从未被清廷付诸实施。至于康熙皇帝本人起初虽然错误地估计了台湾的价值，但他在台湾弃留问题上也是抱着慎重的态度，积极听取各方面的意见，不敢草率作出决定，这其实也是清廷许多官员所持的立场，所谓"部臣、抚臣未履其地，去留未敢遽决"，[1]正是这一状况的真实写照。而以福建总督姚启圣和福建水师提督施琅为代表的一批官员，则站在维护海疆安全的立场上，坚决反对此类放弃台湾的论调。施琅和姚启圣长期身处与郑氏往来交锋的第一线，对于东南沿海状况的认识远比一些中央的朝廷大臣们来得深刻，因而其见解自然更加贴近客观事实，也更具针对性与说服力。

早在 1683 年 8 月郑氏投降之时，福建总督姚启圣便上疏朝廷，反对放弃台湾的主张，提出派军驻守当地。他以郑氏占据台湾为例，指出台湾落入敌对势力之手对于清廷海防的危害，"曩时见不及此，姑为一时暂安之策，弃金厦而不守，置台湾而不问，以至耿逆变乱，郑逆即鼓棹相应，占夺惠、潮、漳、泉、兴、汀七府，燎原之势几不可制。……今幸克取台湾矣，若弃而不守，势必仍作贼巢，旷日持久之后，万一蔓延再如郑贼者，不又大费天心乎?"认为处理台湾问题，不应仅仅立足于"剿"，还要与"守"相结合，"今既窃作贼巢矣，则剿固不可少，而守亦不可迟，此相因而至之势，亦自然之理也"。姚启圣还在文中提到，台湾并不是有些官员眼中的不毛之地，称"台湾广土众民，户口数十万，岁出粮钱似乎足资一镇一县之用，亦不必多费国帑。此天所以为皇上广舆图而大一统也，似未可轻言弃置也"。[2] 不过，姚启圣也有对台湾历史缺乏了解的一面，如他认为台湾"地原系荷兰之地，人即住荷兰之人"，如果不是后来被郑氏作为"贼巢"，则"自应听其住居方外"。这种认识当然是极其错误的。

继姚启圣之后，还有许多官员也相继发表了自己的意见，反对放弃台湾。"都察院左副都御史赵士麟、将军侯施琅、侍郎苏拜等俱以台湾不宜

① 施琅:《恭陈台湾弃留疏》，载施琅:《靖海纪事》，大通书局(台北)1987 年版，第 61 页。
② 姚启圣:《忧畏轩奏疏》，台湾文献汇刊第 2 辑第 8 册，九州出版社 2005 年版。

弃,交章上言。"①其中施琅作为平台的主帅,亲临台湾接受郑氏投降,并驻留多时,亲身调查当地状况。因而他对于台湾问题有着较为深刻的认识。1683 年 12 月,施琅向清廷送上奏疏,对于战后台湾的弃留问题,提出了全面系统的见解,这便是著名的《恭陈台湾弃留疏》。

施琅上《恭陈台湾弃留疏》,目的是为了说明台湾对清廷的重要性,反对放弃台湾的看法。对于这一点,他主要从以下几个方面来论证:

其一,施琅从海防的角度,论证了台湾在中国东南海疆中的重要地位,点明在当地驻军守卫的必要性。在施琅眼中,"台湾地方,北连吴会,南接粤峤,延袤数千里,山川峻峭,港道迂回,乃江、浙、闽、粤四省之左护"。如果弃而不守,则容易变为盗贼之巢穴荫蔽。除此之外,施琅更远见卓识地分析了一旦被荷兰等外国势力占据台湾的严重后果。他回顾历史,指出在明朝末年,台湾原本为郑芝龙的巢穴,后被荷兰占据,成为他们侵扰中国东南沿海的据点。如今荷兰人虽已被郑成功所逐,但仍然"无时不在涎贪,亦必乘隙以图",一旦重新占领台湾,后患无穷:

> 一为红毛所有,则彼性狡黠,所到之处,善能鼓惑人心。重以夹板船只,精壮坚大,从来乃海外所不敌。未有土地可以托足,尚无伎俩;若以此既得数千里之膏腴复付依泊,必合党伙窃窥边场,迫近门庭。此乃种祸后来,沿海诸省,断难晏然无虑。至时复动师远征,两涉大洋,波涛不测,恐未易再建成效。②

可见,施琅对荷兰占领台湾的野心保持着高度的警惕,他深知荷兰殖民者的侵略本性和强大武力,态度鲜明地表示绝不能让台湾落入外国殖民者之手,体现了他不愿"种祸后来"的高度责任感。施琅在这方面的认识见解,是他高于姚启圣的地方,更远远胜过李光地。

---

① 《清代官书记明台湾郑氏亡事》,"中央研究院历史语言研究所"（台北）1996年版。

② 施琅:《恭陈台湾弃留疏》,载施琅:《靖海纪事》,大通书局（台北）1987 年版,第60—61 页。

而为了避免此类情况的出现,施琅从郑氏政权"以台湾为老巢,以澎湖为门户,四通八达,游移肆虐,任其所之"的战略当中获得借鉴,提出了"守台湾则所以固澎湖。台湾、澎湖,一守兼之"的海防思想,认为台湾本岛与澎湖互为犄角,一旦台湾丢失,澎湖也难以独守。而对于统一之后台湾地区的海防制度建设,施琅亦在奏疏中提出了自己的见解,从宏观上为台湾海防体系构建起了框架。①

其二,施琅从台湾当地现状出发,阐述台湾地区的物产资源对于清廷的价值,驳斥那种认为开发经营台湾毫无意义的观点:

> 臣奉旨征讨,亲历其地,备见野沃土膏,物产利薄,耕桑并耦,鱼盐滋生,满山皆茂树,遍处俱植修竹。硫磺、水藤、糖蔗、鹿皮,以及一切日用之需,无所不有。向之所少者布帛耳,兹则木棉盛出,经织不乏。且舟帆四达,丝缕踵至,饬禁虽严,终难杜绝。实肥饶之区,险阻之域。②

施琅根据自己在台的亲身经历,向清廷官员介绍了当地丰富的物产资源,强调台湾是一块土地广袤肥沃、发展潜力巨大的宝地,绝不是什么物产缺乏的"弹丸小岛"。驻军台湾也不会对清廷的财政造成太大的负担,"抑亦寓兵于农,亦能济用,可以减省,无庸尽资内地之转输也"。如今既然已为清廷所有,当然不能就此放弃,"此诚天以未辟之方舆,资皇上东南之保障,永绝边海之祸患,岂人力所能致?"

其三,施琅指出,台湾历史上与大陆联系紧密,当地的居民其实很多都是大陆的移民。早在明朝末年的台湾,"中国之民潜至、生聚于其间者,已不下万人。郑芝龙为海寇时,以为巢穴"。他同时还驳斥了那种"裸体文身之番,不足与共守"的论点,强调无论是台湾的大陆移民,还是当地的原住民,"地方既入版图,土番、人民,均属赤子。善后之计,尤宜周详",并根据台湾的实际情况,从反方面论证了强制迁徙当地居民的弊害:

---

① 参见第四章第四节。
② 施琅:《恭陈台湾弃留疏》,载施琅:《靖海纪事》,大通书局(台北)1987年版,第60页。

　　此地若弃为荒陬，复置度外，则今台湾人居稠密，户口繁息，农工商贾，各遂其生，一行徙弃，安土重迁，失业流离，殊费经营，实非长策。况以有限之船，渡无限之民，非阅数年难以报竣。使渡载不尽，苟且塞责，则该地之深山穷谷，鼠伏潜匿者，实繁有徒，和同土番，从而啸聚，假以内地之逃军闪民，急则走险，纠党为祟，造船制器，剽掠滨海；此所谓藉寇兵而齎盗粮，固昭然较著者。①

　　不仅如此，施琅还联系清廷当初的禁海迁界政策，进一步对传统保守的海洋观念提出反思，批评"当时封疆大臣，无经国远猷，矢志图贼，狃于目前苟安为计，划迁五省边地以避寇患，致贼势愈炽而民生颠沛。往事不臧，祸延及今，重遗朝廷宵旰之忧"。如今在台湾问题上需以民生为重，绝不能重蹈覆辙，自造乱局。

　　施琅的以上种种叙述，分析全面充分，富有说服力。从这份《恭陈台湾弃留疏》中，我们可以看出施琅在台湾问题上的确有着相当的见地，明显胜过清廷其他官员，走在时代的前列。虽然奏疏当中对台湾地位的叙述也有一些过于拔高的地方，②但无碍于其在海洋思想认识上的价值。虽然在这个问题上，近年来学术界也出现了一些不同意见，如台湾学者石万寿便指出，郑氏投降后，施琅的家族与部众在台湾占据了大量的土地，所以施琅力主留台，实际上也是"为了维护其在台湾庞大田产，以及其他利益"。③ 虽然我们并不能排除这种可能性的存在，但这毕竟没有直接证据。更重要的是，如果施琅真的只是从个人私利这种狭隘的角度进行思考，而没有足够的认识支持，绝对无法对台湾问题作出如此全面细致的分析，更不可能说服清廷。施琅、姚启圣等人有理有据的分析，令清廷众多官员认识到了保留台湾的重要性。"经姚、施先后提请后，很快得到多数朝廷官员的支持，多数都

---

　　① 施琅：《恭陈台湾弃留疏》，载施琅：《靖海纪事》，大通书局（台北）1987 年版，第60 页。

　　② 参见孔立：《康熙二十二年：台湾的历史地位》，载陈在正等：《清代台湾史研究》，厦门大学出版社 1986 年版，第 99—101 页。

　　③ 石万寿：《台湾弃留议新探》，《台湾文献》2002 年第 53 卷第 4 期。

同意留守台湾,坚决反对的只有李光地等个别官员。"①而康熙皇帝本人也改变了原先的态度,认为弃守台湾"尤为不可"。最终,清廷决定在台湾设立一府三县,隶属福建省,在台湾本岛与澎湖群岛驻军防守。从此台湾正式归入清廷管辖。

从以上种种史实,我们可以充分看出,以康熙皇帝为首的清廷统治者在处理台湾问题时,是抱着非常慎重的立场,并没有轻率地作出决定。而清廷内部持反对放弃台湾观点的官员,更远不止施琅一人,他们在台湾问题上的看法见解,得到了众多官员的支持,并最终成为清廷的正式立场。所谓"大部分清廷官员都支持放弃台湾"之说,缺乏足够的证据。何况施琅在之前的奏疏当中,明确表示在台湾弃留问题上,交由清廷内部讨论决定,"俾臣得以遵行"。如果讨论结果是康熙皇帝和清廷大部分官员都主张放弃台湾,施琅又如何敢违背前言,上疏抗辩? 又何来"部臣、抚臣未履其地,去留未敢进决"之说? 其建议又如何会被清廷所采纳? 尽管清廷内部在台湾问题上也存在着种种错误的思想认识,但他们能最终排除这些因素的干扰,决定将台湾收回中国版图,确实在客观上为维护国家的统一与安全作出了贡献。

二、统一后清代台湾海洋思想观念的发展

由于两岸的统一,清廷原先推行的海禁迁界政策也随之结束。加上清廷治台之初,对于两岸人员往来限制较为宽松,因此"台地自开辟以来,往来人民,络绎不绝"。② 这无疑有利于大陆与台湾之间的海洋交流,增进人们对台湾的了解,促进了清代台湾海洋思想认识的发展。

两岸分裂对峙的结束,令大陆居民有机会前往台湾"一览其概",亲身体验这个岛屿的风土人情。如浙江人郁永河于康熙三十六年(1697 年)前往台湾,对当地进行了较为详细的考察,既游历过发达的台湾南部安平府城

---

①　陈在正:《论康熙统一台湾》,载陈在正等:《清代台湾史研究》,厦门大学出版社1986 年版,第 77 页。

②　张伯行:《申饬台地应禁诸弊示》,载《清经世文编选录》,大通书局(台北)1984年版。

一带,也访问过当时还尚待开发的北部地区,将其见闻著成《裨海纪游》一书。郁永河在书中对台湾的条件大加赞叹,认为当地经过长年发展,积蓄已足,农产品丰富,海上贸易发达,"民富土沃,又当四达之海;即今内地民人,裸至而辐辏,皆愿出于其市。萑苻陆梁,孰不欲掩而有之",①深感当年那些放弃台湾的论调之误。康熙末年,清巡台御史黄叔璥又著《台海使槎录》,根据其在台仕官经历,对台湾地区的海洋环境、物产资源、人民生活进行介绍,当中对台湾的原住民文化记载尤为详细。该书影响甚广,后人编修台湾各志时,多引此书内容。而另一方面,清廷为了巩固在台湾的统治,防止郑氏势力死灰复燃,还将大批"伪藩、伪文武官员、丁卒与各省难民相率还籍",②这些人的回归,自然也将其在台见闻带回了大陆,增进大陆人对台湾的了解。

两岸海上往来的恢复和发展,更促成了大陆人移民台湾热潮的形成。在旅行者与不法客头们的渲染下,有关台湾富庶情况的各种见闻在大陆不胫而走,为大陆人民绘制了一幅幅美妙的台湾图景。而且由于清廷统治台湾后将郑氏政权的大批军民迁往大陆,"人去业荒,势所必有"。③所以清廷在治台初期,为了填补劳力上的空缺,对于大陆移民来台的政策也较为宽松。在这些因素的影响下,前往台湾发展逐渐成为众多大陆人眼中发家致富的捷径,甚至出现了"台湾钱,淹脚目"这种夸张离谱的说法,相比当初那种视移民台湾为"生入玉门"的观念认识,不啻天差地别。这种观念对于清代的移民台湾大潮起到了重要的推动作用。

但是,这种观念也带有着相当程度的盲目性,特别是在清代中后期,随着大量移民的涌入,"情况开始发生了变化,社会所能提供的就业机会无法满足移民人口的增加,找不到工作的移民沦为无业游民的数量也在增加。"④不少人来台后只能过着做牛做马,收入微薄的生活,很多找不到工作的人终日游手好闲,聚众生事,被称为"罗汉脚",为台湾的社会治安增加了

① 郁永河:《裨海纪游》,大通书局(台北)1987年版,第31页。
② 施琅:《壤地初辟疏》,载施琅:《靖海纪事》,大通书局(台北)1987年版,第67页。
③ 施琅:《壤地初辟疏》,载施琅:《靖海纪事》,大通书局(台北)1987年版,第67页。
④ 李祖基:《大陆移民渡台的原因与类型分析》,《台湾研究集刊》2004年第3期。

众多不安定因素。更有许多人在渡台途中遭遇海难丧生,甚至成为不法船户客头谋财害命的牺牲品,这些悲剧的产生,也是与此种过于狂热盲目的思潮分不开的。

相比台湾的民间海洋思想,清朝官方对台湾的海洋思想认识在这一时期的发展显得有些曲折反复。尽管清廷最终决定将台湾纳入统治之下,但这并不代表其偏向保守的海洋思想观念已经发生根本性的改变,其之所以作出这个决定,主要还是看重台湾地区在中国东南海防当中的作用。作为统一之初清代官员中海洋思想观念最为进步者,施琅虽然已经意识到了"盖天下东南之形势在海,而不在陆",①初步走出了那种重陆轻海的传统观念,但是他的总体观念还是停留在防海、控海的层次,认为"陆地之为患也有形,易于消弭;海外之藏奸也莫测,当思杜渐",②对于台湾在海洋贸易交流当中的重要地位仍然缺乏充分认识,乃至出于维护海洋统治秩序的考虑,而对民间海上贸易等活动加以限制,这显然无法同将发展海洋经贸作为政权战略的郑氏时期相比。而在施琅之后,清廷官员对于台湾的海洋战略思想也仍然多从这一方面着眼,这种狭窄的海洋视角,严重妨碍了清代官方对台湾海洋思想认识的深化提高,甚至就连对台湾本身海防地位的认识也出现过反复。如康熙末年的台湾总兵移驻澎湖之议便是一例。

清廷统一台湾后,在台湾设总兵一员,为台湾地区最高军事长官,而在澎湖设水师副将一员以守,这体现了台湾地区在清廷海防体系中的重要地位。但是,对于台湾本岛与澎湖群岛在海防中的地位孰重孰轻,清廷内部并没有形成一个统一的认识,重澎湖轻台湾的海防思想在清廷官员中仍有市场。就连施琅当年在《恭陈台湾弃留疏》中在强调台湾突出地位的同时,也未对台澎的地位作出明确的比较,而只是从台湾澎湖"一守兼之","守台湾所以固澎湖"的角度去进行分析。康熙六十年(1721年),台湾爆发朱一贵起义,清军自澎湖增援,平定起义。由于"两次平

---

① 施琅:《海疆底定疏》,载施琅:《靖海纪事》,大通书局(台北)1987年版,第71页。
② 施琅:《海疆底定疏》,载施琅:《靖海纪事》,大通书局(台北)1987年版,第71—72页。

台,皆先驻军澎湖,而后进兵",①这让清廷中央对澎湖的作用产生了过高的估计,"意以前此癸亥平台,止在澎湖战胜,便尔归降;今夏澎湖未失,故台郡七日可复。是以澎湖一区为可抗制全台"。② 因此"廷议以澎湖为海疆重地,欲移总兵于此,而台湾设副将,裁水、陆两中营"。③ 这种将澎湖的地位置于台湾之上,削弱台湾海防的做法,明显是一种认识上的倒退。

不过,清廷内部也有一些有识之士对此持反对态度,这些官员当中,以蓝鼎元的海洋思想认识最为卓著。蓝鼎元的族兄是清廷名将蓝廷珍,蓝廷珍曾担任澎湖副将,率军入台平定朱一贵起义,后又署台湾镇总兵。蓝鼎元为其族兄担任幕僚,蓝廷珍的公文书报多出自其手。而且蓝鼎元长期随军亲历各地考察,对于台湾与澎湖的情况都较为熟悉。他得知此事后,为蓝廷珍起草了一份《论台镇不可移澎书》,由后者上书清廷,坚决反对这一计划。蓝鼎元在书中严厉批驳了那种以为单凭澎湖即可控制台湾的思想,认为"部臣不识海外地理情形,凭臆妄断,视澎湖太重",从当地实际情况出发,充分比较了台湾与澎湖的条件优劣,指出澎湖地域狭小,物产匮乏,"一草一木,皆需台、厦。若一、二月舟楫不通,则不待战自毙矣。"而台湾却是"沃野千里,山海形势皆非寻常",在海防中的重要性远非澎湖所能比拟:

> 澎湖至台,虽不过二三百里,顺风扬帆,一日可到;若天时不清,台飓连绵,浃旬累月,莫能飞渡。台中百凡机宜,鞭长不及;以澎湖总兵控制台湾,犹执牛尾一毛欲制全牛,虽有孟贲、乌获之力,总无所用。……何异欲弃台湾乎? 台湾一去,则漳、泉先为糜烂,而闽、浙、江、广西省俱各寝食不宁,山左、辽阳皆有边患。④

---

① 连横:《台湾通史》下册,大通书局(台北)1984 年版,第 790 页。
② 蓝鼎元:《论台镇不可移澎书》,载蓝鼎元:《东征集》,大通书局(台北)1987 年版,第 46 页。
③ 连横:《台湾通史》上册,大通书局(台北)1984 年版,第 293 页。
④ 蓝鼎元:《论台镇不可移澎书》,载蓝鼎元:《东征集》,大通书局(台北)1987 年版,第 47 页。

除蓝鼎元、蓝廷珍之外,福州水师提督姚堂等亦上疏清廷,反对将台湾总兵移驻澎湖。在福建地方官员的反对下,清廷最终打消了这一念头,仍设总兵于台湾本岛。

除此之外,更值得称道的是,蓝鼎元还跳出了清廷大部分官员只重视海防的狭窄视角,从更广阔的角度去审视海洋的战略价值,反对清廷于康熙五十六年(1717年)实行的"禁贩南洋"政策,提出了充分开放海外贸易,为国家和人民谋求经济利益的设想。他指出,大批东南沿海居民以海为生,清廷限制海外贸易的做法,会对人民生计造成严重影响,呼吁"大开禁网,听民贸易",①如此则人民可以谋生,国家亦可坐收洋税之利。在蓝鼎元眼中,台湾不但是海防重地,还是"舟楫之利通天下"②的海洋贸易枢纽,这种思想认识比起施琅来说,又更进步了一层。后清廷在福建巡抚高其倬的奏请下,于雍正五年(1727年)重开南洋贸易,这与受到了蓝鼎元等人的思想影响不无关系。

而清廷内部在这些问题上的争议,再次暴露出了清廷中央与福建地方之间在台湾地区海洋观念认识上的差距。由于中央官员对于台湾地区情况的了解,远不如福建地方官员那么熟悉,所以其认识往往与实际状况有所偏差,政策也较为保守。而福建地方官员从地方利益出发,深知海洋对于当地发展的重要性,因此也更容易接受开放的海洋思想观念,这就导致了中央与地方在海洋观念上的分歧与冲突。而清廷对于台湾的海洋认识也正是在这种争议当中艰难地向前迈进着。

三、近代列强对台海洋思想战略与清廷对台观念的转变

(一)近代殖民侵略思想主导下的列强对台海洋战略

近代以后,随着清朝海洋国门向列强的开放,台湾多处港口被定为通商口岸,成为国际性海洋贸易的重要地区。对外交流的扩大,开阔了国人的海洋视野,英、法、美、日等各国海洋势力也再次大举进军台湾,在政治、军事、经济、文化等各方面对台湾展开侵略与渗透,这种新形势也促成了清廷官方

---

① 蓝鼎元:《论南洋事宜书》,载蓝鼎元:《鹿洲全集》,厦门大学出版社1995年版。
② 蓝鼎元:《与制军再论筑城书》,载蓝鼎元:《东征集》,大通书局(台北)1987年版,第30页。

对台湾海洋思想认识的转变,这些都对近代台湾海洋思想认识的发展产生了广泛的影响,令其更加趋向于多元化。

由于近代以后台湾通商口岸贸易的发展,外国商船来台贸易逐渐增多。在通商口岸所开设的外国领事馆,为各国调查了解台湾状况提供了相当的便利。而且不平等条约所赋予的特权也有助于外国势力在台湾地区的扩张,他们屡次派出人员船只前往台湾各地调查,甚至闯入偏远封闭的"番地"进行刺探,搜集了大量情报资讯。而台湾在与大陆统一之后,经过一个多世纪的发展,人口较统一前有了巨大增长,中部、北部大片地区得到了经营开发,人民活动范围更加广阔。南、中、北部各海港的作用也日益凸显,数量和规模相比过去有了显著增加。加上通商口岸的开辟与国际贸易规模的扩大,这些都让台湾的海洋地位日益上升,令列强对其价值更加垂涎不已。

这一时期,外国列强对于台湾的海洋战略,主要分为两大方面。第一是以国家力量为后盾,维护其在台湾的利益,包括侨民利益、商业利益、航行利益等,甚至还公然使用武力或以武力相威胁,以迫使清廷作出对其有利的处理决定,从中攫取更多的特权。如 1863 年,清廷在台湾实行樟脑专卖制度,打破了开港后洋行垄断台湾樟脑经销的局面,这损害到了外商的利益,遭到列强的抵制。1868 年,清廷依法查处了违法经营樟脑贸易的英国怡记洋行,台湾军民与英国商人之间也爆发了多起冲突。英国驻安平领事吉布森(John Gibson)以保护本国商人安全为名,竟亲率英国军舰炮轰安平,随后占领当地,强迫清廷与其签订协议,撤销樟脑专卖制度,并惩处与英商冲突人员。后清廷虽于 1886 年恢复樟脑专卖,但最终仍因得罪外商而废止。1867 年,美国船只"罗佛"号(Rover)在台湾南部海域失事,幸存者上岸后又遭到当地原住民的袭击,乘员多人被杀。英国和美国随后派遣部队前往出事地点进行报复,同时英美领事还亲自出面,向清廷施加压力。美国驻厦门领事李仙得(Le Gendre)还深入"番地",与该原住民部族进行谈判,明确了西方人在该地的活动范围,约定对方"所辖十八族,无论何族,皆当善遇西国难民"。[①]

---

① 李仙得:《台湾番事物产与商务》,大通书局(台北)1987 年版。

　　而另一方面,外国势力对台湾的侵略思想也表现得日益露骨,企图将台湾进一步殖民地化,乃至实现对台湾的完全占领,作为本国在东亚海洋战略的重要棋子。在这种思想指导下,他们不断派人刺探台湾情况,为其在台殖民战略提供参考,甚至有意歪曲台湾的历史与现状,否定清廷对台湾的主权,以达到其将台湾从中国分割出去的目的。而最终手段便是武装入侵。早在 1854 年,美国舰队便以"寻找失踪侨民"为由前往台湾,调查北部的煤炭资源状况。舰队司令佩里(Matthew Calbraith Perry)在其调查报告中,认为台湾的资源丰富,是重要的贸易中转站。因此他极力鼓吹美国应该武装占领台湾,将其作为在东亚进行海上扩张的据点,就如同西班牙利用美洲的古巴一样。1868 年,英德两国商人强行在台湾大南澳地区开展屯垦,意图将当地变为西方殖民地,这种行为受到英国和德国政府的公然袒护,英国领事甚至公然否认中国对大南澳地区的主权。1883 年中法战争爆发后,法军更向台湾发动大规模入侵,一度占领基隆等地,给台湾人民带来深重灾难。

　　而列强中实施征台战略最为积极者,莫过于日本。日本对台湾的觊觎由来已久,早在明朝时期,日本统治者就已有侵占台湾的意图,只是由于后来日本进入锁国时期,才暂时放弃了对台湾的扩张。到了近代,随着锁国体制在西方殖民入侵下瓦解,日本开始向资本主义转型。1868 年明治维新后,日本国力迅速发展起来,也重新走上了对外扩张的道路。"明治维新以后,侵占台湾始终是日本的对外战略目标。台湾作为中国孤悬海外的领土,早就为帝国主义列强所垂涎,甲午战争前,日本也已借机逼迫清政府与其签订了多项损害中国主权的条约,在此背景下,日本社会的侵台思潮进一步抬头、膨胀,并不断推动和影响着日本政府的侵台政策。"①

　　台湾原住民所聚居的"番地",一直是清廷在台湾统治的薄弱环节,也因此而成为问题多发区,让列强有机可乘。而 1871 年发生的琉球船民在台湾遭原住民杀害的"牡丹社事件",更成为日本入侵台湾的借口。在前美国驻厦门领事李仙得的积极出谋划策下,日本当局炮制了所谓台湾"番地无主论",将其作为日本在这一问题上的官方立场。1873 年,日本派遣使团前

---

① 　张海鹏、陶文钊:《台湾简史》,凤凰出版社 2010 年版,第 44 页。

往中国，与清总理衙门就"牡丹社事件"进行谈判。在会谈中，日本使节柳原前光便向清朝方面阐述了这一论点：

> 台湾之地，昔被我国及荷兰人占据，继而被郑成功占据，今归贵朝版图，而贵国仅治半边，其东部土番之地，全未施及政权，番人自张独立之势。前年冬，我国人民漂泊彼地，被掠夺杀害。故而，我政府将出使而问其罪，惟是番域与贵国府治，犬牙接壤。我大臣以为，尚未告诸贵国而兴此役，万一稍有波及贵国所辖，无端受到猜疑，将由此而伤两国之和。是有忧虑，故而预先说明。①

从上述言论可以看出，日本与中国举行这次谈判，并非真心想要解决"牡丹社事件"所导致的问题，而是为其侵占台湾进行先期舆论宣传。他们在谈判中大放厥词，无中生有地宣称日本当初统治过台湾，公然否认清廷对台湾"番地"享有主权，声称"番人自张独立之势"，同时将自己打扮成受害者的角色，②试图将其出兵"讨伐"台湾的军事行动正当化，并将清廷从当地排除出去，"尔后治理化外之地，全与贵国无涉，当无侵越之忧。"③此番言论虽遭到了清廷的驳斥，但日本的侵台战略依然全面展开。1874 年，日本当局制订所谓《台湾番地处分要略》，将其之前在谈判当中的观点立场加以强化，作为日本处理台湾问题的根本策略。同年日本还成立"台湾番地事务局"，由日军中将西乡从道担任"总督"，具体负责对台湾的侵略行动。当年4 月，在西乡的带领下，3000 多名日军搭乘军舰从长崎出发，于 5 月在台湾南部琅峤地区登陆，这便是震动清廷上下的甲戌日军侵台事件。

但是，以日本当时的军事实力，尚不足以从清廷手中夺取台湾。日军入

---

① 《明治文化资料丛书》第 4 卷，第 40 页，转引自米庆余：《琉球漂民事件与日军入侵台湾（1871—1874）》，《历史研究》1999 年第 1 期。

② 按当时被杀者乃琉球国民，与日本无关，此说实为日本另一阴谋，欲攫取对琉球的主权。

③ 《明治文化资料丛书》第 4 卷，第 41 页，转引自米庆余：《琉球漂民事件与日军入侵台湾（1871—1874）》，《历史研究》1999 年第 1 期。

侵台湾后,遭到当地民众的顽强抵抗,又兼水土不服,伤亡日多。而清廷的增援部队也陆续到达台湾,战事进展逐渐对日军不利。另一方面,西方列强出于自身利益考虑,也不希望看到日本占据台湾,"对番地无主之说颇不以为然,表示不支持日本出兵'惩番'"。① 在这种情况下,日本被迫暂时放弃以武力夺取台湾的企图。1874 年 10 月,中日在北京最终就"牡丹社事件"处理事宜达成协议,协议中虽然将日本的侵台行动称为"保民义举",变相承认了日本对琉球的主权,并赔付日本"损失"共计 50 万两,但日本也不得不放弃了之前坚持的台湾"番地"乃无主之地,当地之事与清廷无干的立场,同意"至于该处生番,中国自宜设法妥为约束,以期永保航客,不能再受凶害",②并撤离侵台军队,其占领台湾、攫取清廷对台主权的阴谋未能实现。

（二）海疆危机推动下的清廷对台海洋观念认识转变

近代列强在台湾咄咄逼人的海洋战略,尤其是 1874 年日本对台湾的公然入侵,在思想上对清廷造成了极大的触动,迫使其突破以往狭隘保守的思维,对台湾的价值和作用进行重新审视,促成了清代台湾海洋观念的一次大发展。这首先体现在其在处理"牡丹社事件"时所表现出来的思想认识变化上。

为应对日本所谓的"番地无主论","清廷君臣,甚至在野士人,都不得不调整观念,重新审视台湾番地与国家版图之关系,台湾番民与内地人民之关系,以及'番民'、'番地'与中国主权之关系"。③ 长期以来,清廷官方在台湾主权问题的认识上一直存在着局限性,虽然台湾为中国领土的思想到了近代早已深入人心,但在台湾原住民是否归属中国管辖这一问题上却仍未形成明确的观念。尽管早在清统一台湾之初,施琅便已提出了台湾"地方既入版图,土番、人民,均属赤子"的思想,将台湾原住民与汉人

---

① 贾益:《1874 年日军侵台事件中的"番地无主"论与中国人主权观念的变化》,《民族研究》2009 年第 6 期。

② 王元稚:《甲戌公牍钞存》,大通书局(台北)1987 年版,第 145 页。

③ 贾益:《1874 年日军侵台事件中的"番地无主"论与中国人主权观念的变化》,《民族研究》2009 年第 6 期。

移民一视同仁。不少原住民也在大陆移民的共同生活当中，逐渐融入汉人社会，成为遵守清廷法度的"熟番"。但仍有众多"生番"聚居山区，保留原始民风，不受清廷教化，屡次袭杀汉人，酿成番汉冲突，令清廷疲于应付，因此对此类"生番"的治理观念也走向消极，转而对"番地"采取封闭管理的方式，企图以此阻止番汉间的冲突。"久而久之，台湾地方官员之中也形成了视番界为'化外'、'瓯脱'之地的错误观念。"①"牡丹社事件"发生后，在最初的对外交涉当中，仍有清廷官员抱着这种错误的思想认识，因而出现了"答以其人虽不治以中国之法，其地究不外乎中国之土"②这种在宣示中国对台湾"番地"领土主权的同时，却不认为当地居民归中国法律管辖的说法，自然给予了日本以干涉当地事务的借口，成为清廷在谈判当中的软肋。

在此情况下，清廷终于认识到这种消极陈腐的观念不利于维护中国在台主权，开始调整其思想，以应对日本咄咄逼人的侵略锋芒。我们从日军入侵台湾后，闽浙总督李鹤年发给日方的外交照会当中，便可以看出清廷在思想观念上的变化：

> 本部堂查台湾全地，久隶我国版图。虽其土著有生熟番之别，然同为食毛践土已二百余年，犹之粤、楚、云、贵边界猺、獞、苗、黎之属，皆古所谓我中国荒服羁縻之地也。虽土番散处深山，獉狂成性，文教或有未通，政令偶有未及，但居我疆土之内，总属管辖之人。③

在此照会当中，清廷已经不再以"文教未通""政令未及"等为辞，推脱其对于台湾"番地"原住民之管辖责任，而是转变态度，将番民与中国其他边疆少数民族视为同类，明确清廷对其拥有管辖权，"但居我疆土之内，总

① 李祖基：《论沈葆桢与清政府治台政策的转变——以大陆移民渡台及理"番"政策为中心》，载李祖基：《台湾历史研究》，台海出版社2005年版，第362页。
② 王元稚：《甲戌公牍钞存》，大通书局（台北）1987年版，第11页。
③ 李鹤年：《闽浙总督李照会日本国中将并札行台湾道》，载王元稚：《甲戌公牍钞存》，大通书局（台北）1987年版，第43页。

属管辖之人"。同治皇帝也颁下上谕,强调"生番既居中国土地,即当一视同仁,不得谓为化外游民,恝置不顾,任其惨遭荼毒。事关海疆安危大计,未可稍涉疏虞,致生后患。"①

另一方面,清廷还想到了利用国际法作为武器,尝试从当时西方国家所公认的国际法著作《万国公法》当中寻找依据,来证明其对台湾"番民"的法律管辖权力:

> 查万国公法云:凡疆内植物、动物、居民,无论生斯土者、自外来者,按理皆当归地方律法管辖。又载发得耳云:各国之属物所在,即为其土地。又云:各国属地,或由寻觅,或由征服迁居,既经诸国立约认之,即使其间或有来历不明,人皆以此为掌管既久,他国即不应过问。又云:各国自主其事,自任其责。据此各条,则台湾为中国疆土,生番定归中国隶属,当以中国律法管辖,不得任听别国越俎代谋。②

可见,在日本入侵台湾之后,清廷上下已经逐渐摈弃了以往那种只注重对台湾的领土主权,却忽视对"番地"居民管辖权的思想观念,而是将两者互为表里,相辅相成,以中国对台湾领有主权为出发点和依据,来论证清廷对台湾"番地"人民所拥有的管辖权,并积极地对此进行宣示,体现了其在认识上的进步。这种思想观念上的转变,显然有助于清廷在对外交涉中维护中国在台湾的主权,抵制日本等国对台湾的侵略野心。

另一方面,近代以来外国列强对台湾的觊觎,也令清廷深刻感受到东南沿海所面临的严重威胁,加强对台湾地区的建设和控制,逐渐成为清廷的东南海洋战略重点之一。而这一思想的确立,是从1874—1875年间发生在清廷内部的海防战略大讨论开始的。

1874年日本对台湾的入侵行动,虽然最后以失败告终。但此次事件却

---

① 王元稚:《甲戌公牍钞存》,大通书局(台北)1987年版,第58页。
② 李鹤年:《闽浙总督李照会日本国中将并札行台湾道》,载王元稚:《甲戌公牍钞存》,大通书局(台北)1987年版,第43页。

暴露出了台湾海防的空虚,班兵羸弱,水师废弛,日本"窥我军械之不精、营头之不厚,贪鸷之念,积久难消",①重建台湾乃至整个东南海疆的海防,以防此类事件再度上演,已是当务之急。因此在日军侵台事件告终之后,清廷内部便开始就海防建设展开大规模讨论,李鸿章、沈葆桢、李鹤年、左宗棠等大员都先后提出了自己的看法见解,"无论是各部大臣还是地方督抚,绝大多数军政官员都支持加强海防建设"。② 不过,19 世纪后期的中国面临的是一场全面的边疆危机,除了东南方向上的台湾之外,西北塞防在这一时期也严重告急。在沙皇俄国的指使下,浩罕国阿古柏军队大举入侵新疆地区,急需清廷派兵收复失地。究竟是优先筹办东南海防,还是将精力集中到西北塞防上,需要清廷作出重大战略决断,这也引发了官员之间的激烈争论。以山东巡抚丁宝桢等为代表的一些官员认为,相比东南海防,北方才是清廷面临的主要威胁所在,"年来所私忧窃虑、寝食不安者,则尤在俄罗斯,而日本其次焉者也。……臣窃谓各国之患,四股之病,患远而轻;俄人之患,心腹之疾,患近而重。现在东南海防,渐次筹办,而北面为京畿重地,以东北形胜而论,俄则拊我之背,后路之防,实尤紧切",③主张以塞防为重。

而以直隶总督李鸿章为首的另一批官员,则持海防高于塞防的观点。如李鸿章所上之《筹议海防折》,长达万言,文中痛陈东南形势之严重,强调当前中国江海各口门户洞开,列强凭借轮船军械之利,肆虐东南海疆,"阳托和好之名,阴怀吞噬之计。一国生事,诸国构煽,实为数千年来未有之变局"。④ 他认为"今日所急,惟在力破成见,以求实际而已",如果依旧坚守中国历代以来重塞防而轻海防的传统思维,而不顾现实状况的改变,就"譬如医者疗疾,不问何症,概投之以古方,诚未见其效也"。⑤ 李鸿章对于近代中国海防形势的认识,无疑是较为清醒而深刻的。其主张将东南海防作为

---

① 王元稚:《甲戌公牍钞存》,大通书局(台北)1987 年版,第 87 页。
② 王宏斌:《晚清海防:思想与制度研究》,商务印书馆 2005 年版,第 130 页。
③ 《同治甲戌日军侵台始末》,大通书局(台北)1987 年版,第 293—294 页。
④ 李鸿章:《筹议海防折》,载李鸿章:《李文忠公选集》,大通书局(台北)1987 年版。
⑤ 李鸿章:《筹议海防折》,载李鸿章:《李文忠公选集》,大通书局(台北)1987 年版。

国家战略重点的思想,对清廷日后的决策也有着重要影响。但是,李鸿章在提倡海防的同时,却过度轻视了新疆的战略地位,从而走入了另一个误区。为了加强国家的海防建设,他不惜以牺牲塞防为代价,甚至支持"暂弃关外、专清关内之议",建议清廷停止收复新疆的军事行动,将军饷挪作海防之用,认为"新疆不复,于肢体之元气无伤;海疆不防,则腹心之大患愈棘"。这种看法当然是相当偏颇与片面的。

清廷官员当中,对海防塞防地位认识最为准确者要数陕甘总督左宗棠。左宗棠当时是西北边防的直接负责人,又较为关注洋务,因此在事关海防塞防的问题上,清廷自然需要征求他的意见。1875 年,左宗棠先后两次上疏,分别就筹备海防事宜与海防塞防地位问题提出了自己的见解。他在奏疏中批驳了李鸿章那种为加强海防而放弃塞防的思想,指出"若此时即拟停兵节饷,自撤藩篱,则我退寸而寇进尺,不独陇右堪虞,即北路科布多、乌里雅苏台等处恐亦未能晏然。是停兵节饷于海防未必有益,于边塞则大有所妨"。① 值得称道的是,虽然西北边防才是左宗棠的职责所在,但他在强调塞防的同时,却并不因此就轻视建设东南海防的意义,而是支持将海防放到与塞防同等重要的地位,采取双管齐下的策略,"窃维时事之宜筹,谟谋之宜定者,东则海防,西则塞防,二者并重"。②

而在海防思想方面,左宗棠也不像一些清廷官员那样只注重京畿与长江口一带沿岸的防御,而是将全中国的海防看作一个整体,重视台湾等主要岛屿在海防上的屏护作用,认为"然合七省通筹,则只此一海;如人之一身,有气隧、血海、筋脉包络皮肉之分,即有要与非要之别。要处宜防宜严……各岛之要,如台湾、定海,则左右手之可护头项要脊,皆亟宜严为之防;以此始者以此终,不可一日弛也。"③

---

① 左宗棠:《复陈海防塞防及关外剿抚粮运情形折》,载左宗棠:《左文襄公(宗棠)全集》卷 46,文海出版社(台北)1992 年版。
② 左宗棠:《复陈海防塞防及关外剿抚粮运情形折》,载左宗棠:《左文襄公(宗棠)全集》卷 46,文海出版社(台北)1992 年版。
③ 左宗棠:《上总理各国事务衙门》,载左宗棠:《左文襄公奏牍》,大通书局(台北)1987 年版。

左宗棠的这些见解,相比李鸿章更为全面,对于当前海陆局势的判断也更加准确,而此后历史的发展进程,也证明了其思想战略的正确性。清廷在充分听取了各方面的看法之后,最终采纳了左宗棠海防与塞防并重的方针,一方面从长远上确认了建设海防的国家战略,认为"海防关系紧要,即为目前当务之急,又属国家久远之图……亟宜未雨绸缪,以为自强之计",①分别任命李鸿章与沈葆桢督办北洋与南洋海防,中国近代海防建设终于全面展开;另一方面则以左宗棠挂帅领兵收复新疆,最终扫清了入侵的阿古柏军队,使西北塞防得到稳定。此次海防讨论的结果,反映了近代以来清廷官方在海洋观念上的转变,加强海防建设,以应对列强日益频繁的海上入侵,已经成为清廷内部的共识。

清廷在海洋观念上的改变,对台湾的发展自然造成了重大影响。"牡丹社事件"之后,清政府的治台思想明显由消极转向积极,对台海洋政策日益开放。钦差大臣沈葆桢受命负责台湾防务,在其提议下,清廷正式解除了长期以来对大陆移民渡台的限制,并对台湾"番地"展开全面开发。沈葆桢施行这些政策的目的,"原本就不在于单纯的经济利益,而在于加强国家的海防建设,杜绝外人觊觎之心":②

> 臣等之经营后山者为防患计,非为兴利计;为兴利尽可缓图,为防患必难中止。外人之垂涎台地,非一日亦非一国也。……以台地闽左屏藩,七省门户,天气和暖,年谷易成。后山一带,我不尽收版图,彼必阴谋侵占。……台地者,中土之藩篱也。藩篱既撤,则蛇蝎之毒,将由背脊而入我腹心。今日犹云借地以居商,他日竟与我分疆而对峙。言念及此,为之寒心。所以早夜筹思,欲杜发缄肱篚之机,不能不为塞门堇户之计。③

① 《清德宗实录选辑》,光绪元年四月二十六日,大通书局(台北)1984年版,第7页。

② 李祖基:《论沈葆桢与清政府治台政策的转变——以大陆移民渡台及理"番"政策为中心》,载李祖基:《台湾历史研究》,台海出版社2005年版,第370页。

③ 沈葆桢等:《会筹全台大局疏》,载《道咸同光四朝奏议选辑》,大通书局(台北)1984年版。

除此之外,清廷还大力从西方引进先进军事技术和装备,武装台湾海防。沈葆桢聘请外国工程师,于台湾安平、打狗等地建设新型炮台,并在福州船政局建造西式轮船,用于台湾防务。清廷对台湾的海防建设,是在沈葆桢、丁日昌、刘铭传等一批海洋思想较为开放、主张向西方学习的洋务派官员的先后主导下进行的,本质上是 19 世纪后期在中国兴起的"师夷长技以自强"的洋务运动的一部分。

随着台湾洋务建设的逐次展开,各项事务千头万绪,福建巡抚又需兼顾福建与台湾政务,不得不连年往返于两岸之间,实在疲于奔命。于是清廷内部遂有"改福建巡抚为台湾巡抚,常川驻守,经理全台"①之议。而 1879 年日本吞并琉球,以及 1884 年法军入侵台湾,更令清廷再次感受到了加强对台控制的急迫性,台湾建省遂被正式提上议事日程。1885 年,清总理衙门上奏朝廷,称"查台湾为南洋枢要,延袤千余里,民物繁富。通商以后,今昔情形迥然不同,宜有大员驻扎控制。若以福建巡抚改为台湾巡抚,以专责成,似属相宜",②得到慈禧太后批准。台湾由此正式升格为行省,下设台湾、台北、台南三府,刘铭传出任首任台湾巡抚。

台湾的建省,是清廷对台湾海洋地位价值最大的承认。如果说 1874 年到 1875 年的海防战略大讨论中,台湾在清廷总体海防战略中的地位仍然不够突出的话,那么到了中法战争以后,台湾已经成为清廷眼中无可争议的海防重点之一。他们"从战争中切实体验到台湾一岛关系海防全局,同时又进而认识到台湾不能过于依赖大陆,必须使其具有一定的独立防御能力,必须有大臣专门驻扎办理等等。……台湾建省是在特定的历史条件下提出的,与和平时期一般意义上的分官设治迥然不同,台湾建省带有明显的筹防性质"。③ 另一方面,清廷也清醒地认识到,台湾的建设与发展必须建立与福建紧密联系的基础上,切忌各自为政,不相呼应。"以事势论之,台湾之饷源人才,皆取资于省会,而省会之煤斤米石,亦借润于台湾","跨越控制,

---

① 袁保恒:《密陈夷务疏》,载葛士浚:《清朝经世文续编》卷 108,文海出版社(台北)1972 年版。

② 连横:《台湾通史》上册,大通书局(台北)1984 年版,第 142 页。

③ 杨彦杰:《清政府与台湾建省》,《台湾研究集刊》1985 年第 3 期。

形胜乃有全神,画而分之,脉断则全神俱失"①。这一点并不因为台湾的建省而发生改变,"台湾虽设行省,必须与福建联成一气如甘肃、新疆之制,庶可内外相维"。② 在台湾建省后的五年时间内,清廷福建当局还每年拨给台湾饷银44万两,"对于保证建省初期台湾财政的正常运转、各项建设事业的顺利进行起到了良好的作用"。③

不过耐人寻味的是,虽然从清廷的主观视角出发,这一时期其对台海洋政策的初衷仍然是加强当地海防,并没有从根本上脱离其长期以来只是以政治、军事需要的眼光看待海洋的片面思想。但在客观形势的要求下,清廷最终还是不得不走上了发展台湾海洋经贸的道路。清廷在台湾所推行的各项海防政策,耗资十分巨大,"既防海则炮台有费,城邑有费,轮船有费;既开路则桥梁有费,亭坊有费;既抚番则碉堡有费,赏犒有费;悬崖斗绝,粮道维艰,则储运有费;荒谷招耕,农民裹足,则垦本有费。其余棚帐军装,则有岁支之费。瘴疠痍伤,则有医药之费,周恤之费。似此者不一而足,俱难裁减"。④ 若无经济基础支撑,必然难以为继,这让清廷洋务派官员逐渐认识到,要想"自强",必先"求富"。于是大力建设近代工商业,发展海外贸易,以为海防筹措利源,便成为台湾洋务运动的重要内容。

1876年,丁日昌出任福建巡抚后,对台湾北部的资源开发与贸易发展十分看重,指出"其实台湾精华所聚,全局在台北、淡水、鸡笼等处,而外人心目所注,亦在台北、淡水、鸡笼。盖茶叶、煤炭、硫磺、煤油、樟脑之利,皆出于此故也"。⑤ 他认为台湾经办海防,若要面面俱到,所需款项必然数以百

① 沈葆桢等:《会筹全台大局疏》,载《道咸同光四朝奏议选辑》,大通书局(台北)1984年版。

② 《清德宗实录选辑》,光绪十一年十二月十二日,大通书局(台北)1984年版,第212页。

③ 邓孔昭:《台湾建省初期的福建协饷》,《台湾研究集刊》1994年第4期。

④ 沈葆桢等:《会筹全台大局疏》,载《道咸同光四朝奏议选辑》,大通书局(台北)1984年版。

⑤ 丁日昌:《请速筹台事全局疏》,载《道咸同光四朝奏议选辑》,大通书局(台北)1984年版。

万计,但如果"矿利大兴,十年后则成本可还,二十年后则库储可裕"。① 刘铭传更是将商业贸易视为台湾乃至整个中国的重要经济支柱,逐步走出了重农抑商,忽视海洋贸易的传统思想,他认为"商即民也,商务即民业也,经商即爱民之实政也。……故欲自强,必先致富,欲致富必先经商"。② 因此当台湾建省之后,刘铭传作为首任台湾巡抚,便在这一思想的指导下,大力发展台湾商业。在他的主持下,台湾于1886年成立商务局,收购外国轮船,经营贸易航运,先后开通国内外航线多条,甚至同西方海洋势力展开商战竞争,"与敌争利"。这是清廷统治台湾以来第一次以官方的力量经营海外贸易,也标志着清廷官方在对台海洋思想认识上的一大突破。在清廷台湾当局的主导下,"江浙闽粤之人,多来贸易。而糖、脑、茶、金出产日盛,收厘愈多。……而台湾商务乃日进矣"。③

近代以来清廷在海洋思想观念上的逐渐开放,对台湾的海洋发展有着举足轻重的促进作用。随着清廷消极治台政策的逐步解除,两岸之间的海洋联系日趋紧密,为台湾的进一步开发提供了支持与动力。以沈葆桢、丁日昌、刘铭传为代表的清廷治台官员,在充分认识台湾重要海洋地位价值的基础上,以国家力量大力推动台湾海洋建设与发展,为台湾的近代化作出了突出贡献。这是继郑氏时代之后,官方又一次将对台湾的海洋发展上升到政权战略的高度。不过,虽然清廷近代对台湾的海洋观念已经有了很大的进步,但这种主观思想认识仍然受到在当时已经腐朽没落的封建体制的严重制约。贪污腐败、效率低下等弊端,在台湾近代海洋建设当中同样十分突出,这阻碍了其向更高的层次迈进。这种形成于封建体制基础上,为封建体制利益服务,通过封建体制推行实践的思想认识,无法真正将台湾建设成为近代化的海洋战略枢纽,也无法从根本上抵御外敌的入侵。刘铭传去职之后,台湾的海洋建设开始暴露出诸多问题,原先的发展势头逐渐放缓。1895

---

① 丁日昌:《请速筹台事全局疏》,载《道咸同光四朝奏议选辑》,大通书局(台北)1984年版。

② 刘铭传:《覆陈津通铁路利害折》,载刘铭传:《刘壮肃公奏议》,大通书局(台北)1987年版,第127页。

③ 连横:《台湾通史》下册,大通书局(台北)1984年版,第630页。

年,清朝在甲午中日战争中惨败于日本之手,被迫签订《马关条约》,最终将台湾本岛与澎湖群岛割让给了日本。

1895年的清廷割让台湾,令台湾从此沦为日本殖民地长达50年之久,对台湾人民的思想感情造成了难以弥补的创伤,是中国近代以来的一大国耻。但这并不代表在清廷眼中台湾的地位已经不再重要,更不代表“出卖”台湾是清廷自己作出的战略选择。

首先,割让台湾,是清廷在日本当局武力威逼之下被迫做出的决定,并不是出于其本身的意愿。清廷战败之后,无奈向日本求和。而日本当局则借此机会,向清廷提出了蓄谋已久的要求,这就是将台湾割让给日本。1895年3月,日军更攻占澎湖群岛,入侵台湾已经箭在弦上。面对日本的勒索,清廷上下反对割台的声浪从未停止。两江总督张之洞致书清廷谈判代表李鸿章,认为“台湾万不可弃,从此为倭傅翼,北自辽、南至粤,永无安枕”。① 台湾巡抚唐景崧也电告朝廷,强调“台湾逼近闽、粤、江、浙,为南洋第一要害。然我控之为要,敌据之为害。欲固南洋,必先保台;台若不保,南洋永远不能安枕。……倭如索台,和款非能与议”。② 李鸿章在谈判中也曾尽力周旋,主张“台湾不能相让”。但日方代表伊藤博文挟战场得胜之利,气焰极为嚣张,根本不给清廷讨论余地,“但有允不允两句话而已”。③ 一旦清廷稍有不从,日方便以进兵相威胁。在这种情况下,作为战败一方的清廷此时已无在谈判桌上对抗日本的筹码,最终才不得不割让台湾。

《马关条约》签订后,更引起清朝内部的强烈反响,许多官员纷纷上书,反对割台,痛陈“台湾之民,或本从龙、或由向化;二百余年食毛践土,芸芸赤子,孰非我国家之孝子顺孙? 今乃属之他人,俨成敌国! 父母虽穷,尚不忍轻鬻其子;国家未蹙,独何忍遽弃其民!”④另一方面,一些清廷官员还试图借助其他列强的力量,以阻止台湾落入日本之手。早在条约签订之前,张

---

① 张之洞:《张文襄公选录》,大通书局(台北)1987年版,第135页。
② 张之洞:《张文襄公选录》,大通书局(台北)1987年版,第153页。
③ 《马关议和中之伊李问答》,第四次谈话,大通书局(台北)1987年版。
④ 《道员易顺鼎奏丑虏跳梁不宜迁就权奸误国不可姑容请罢和议疏》,载王彦威:《清季外交史料选辑》,大通书局(台北)1984年版。

之洞为解救台湾危局,就曾提出"向英借款二三千万,以台湾作保;台湾既以保借款,英必不肯任倭人盗踞,英自必以兵轮保卫台湾,台防可纾。借款还清,英自无从觊觎台湾;其权在我"。① 和约签订后,清廷官员再次请求英国出面保护台湾,"土地、政令仍归中国,以金、煤两矿及茶、磺、脑三项口税酬之"。② 唐景崧还呼吁将割台一事交由各国公使"公议",以求一线生机。但列强彼此之间关系复杂,且日本之前也为了照顾列强的利益,放弃了让清廷割让辽东半岛的要求。因此他们不愿再为台湾横生枝节,清廷最后的外交努力终于宣告失败。

除了官府之外,两岸民间同样掀起了轰轰烈烈的保台运动。在京的上千名各省举人在康有为、梁启超等带领下联名上书,请求清廷重新考虑签约一事,反对割让台湾。台湾民众更是表示身为清廷子民,誓死不从日本统治。由于条约的签订,清廷官方已无法在台湾问题上与日本正面对抗。于是以丘逢甲等为代表的台湾绅民出面领导成立"台湾民主国",推举清台湾巡抚唐景崧为"总统",以另一种方式来抵抗日本对台湾的侵占。台湾人民成立"台湾民主国",并不代表他们真的希望与中国脱离关系。相反,清廷治台200多年来,台湾归属中国的思想早已深入人心。从"台湾民主国"的各种文件公告当中,处处可见这样的思想痕迹,"惟是台湾疆土荷大清经营缔造二百余年,今虽自立为国,感念列圣旧恩,仍应恭奉正朔,遥作屏藩;气脉相通,无异中土"。他们明确表示,"如各国仗义公断,能以台湾归还中国,台民亦愿以台湾所有利益报之"。"台湾民主国"的成立,只是台湾人为了抵抗日本入侵,争取外援所作的权宜之计,"事平之后,当再请命中朝作何办理"。③

从以上事实可见,虽然由于自身实力的薄弱,清廷最终被迫屈从于日本的强暴,牺牲台湾以求和局,对此清廷负有不可推卸的责任。而其请求英国等列强"保护"台湾之举,也反映出了清廷对于西方帝国主义列强还抱有不

---

① 张之洞:《张文襄公选录》,大通书局(台北)1987年版,第151—152页。
② 《台抚唐景崧致总署台民愿归英保护请商英使以解倒悬电》,载王彦威:《清季外交史料选辑》,大通书局(台北)1984年版。
③ 王炳耀等:《中日战辑选录》,大通书局(台北)1984年版,第68页。

切实际的幻想。但是,清廷对于台湾的地位价值与割让台湾的严重后果一直有着清楚的认识,而两岸官方与民间为阻止这一事件的发生,也作出了大量的努力。台湾的割让,绝不是在清廷眼中台湾"无足轻重"的表现。某些人将台湾的被迫割让解释为"清廷再度断定,继续抓着这个岛不划算",甚至将清廷向英国求援的努力说成"主动向英国兜售台湾";①还有人把台湾民众成立"台湾民主国"的举动当做是他们希望脱离中国的表现,这不但是对清廷治台以来,官方与民间对台思想认识发展的无视,更是对割台这段历史的严重扭曲。

---

① 蔡石山:《海洋台湾:历史上与东西洋的交接》,联经出版事业有限公司(台北)2011 年版,第 9 页。

第七章　台湾的海洋信仰与大陆

在航海技术尚不发达,科学知识尚未普及的年代,海洋对于人们而言,一直都是个神秘的地方。在变幻莫测的茫茫大海之中,充满了暴风、海啸等种种突发危险与意外状况,航海者与沿海居民们在与这些风险搏斗的过程当中,常常会感受到自己的无知与无力。在这种情况下,许多人为了给自己的心灵寻找寄托,便开始信奉海中超自然力量的存在,乃至将其具现化为各种神灵,对其顶礼膜拜,以求其对海洋活动与沿海生活的庇佑。久而久之逐渐形成了各种海洋信仰与习俗,成为人们传统海洋生活中一个特殊而不可或缺的部分,台湾自然也不例外。而在两岸的海上交往交流过程中,大陆的海神信仰与海洋习俗也延伸到了台湾,逐渐成为当地海洋信仰的主流,也成为联系两岸海洋文化的一道重要纽带。

第一节　台湾的海神信仰

台湾的海神信仰,早在原住民时代便已出现。如居住在台湾北部的原住民泰雅族当中便广泛流传着有关海神的传说。据说古代当地海水泛滥,必须以美貌男女祭拜海神,方能使海水退去。当地至今仍有"海神娶亲"的习俗。另一原住民族阿美族则信仰名为"Abokirayan"与"Tariburayan"的男女海神,传说两人自东方而来,在海岛 Botoru 上繁衍生息,其后又制造船只,率族人子孙渡海来到台湾东部定居,成为原住民之始祖。不过,这些海神信仰都只是孤立分散地存在于各个原住民族当中,其传播范围和影响都比较有限。真正对台湾历史上的海洋信仰文化产生过重大影响的,还是要数妈祖、水仙尊王、玄天上帝等大陆神祇。这些海神信仰在台湾的大陆移民中广泛流传,深深地融入到台湾的社会文化当中,对台湾人民的海洋生活产生了重要的影响,成为台湾海神信仰的主流。

一、台湾的主要海神

（一）妈祖

妈祖是我国东南地区流传最广、影响最大的海神,可以说是中国海神信仰的代表。妈祖的原型据传为北宋时期福建莆田湄洲岛的一位女性,名曰林默,善占卜,为人预知祸福,十分灵验。又性格慈爱,乐于助人,常帮助过往船只,因此深受乡民爱戴。传说林默死后,便化身为海神庇佑航海者。人们感其功德,为她立庙祭祀,称其为"妈祖",妈祖信仰由此建立。而随着宋代福建航海活动的广泛开展,妈祖的影响力也逐步扩大,乃至引起官方的注意。宋宣和五年(1123 年),给事中路允迪出使高丽,中途遭遇风暴,沉船多艘,自己所乘之船却安然无恙,路允迪归因于妈祖显灵,"使还奏闻,特赐庙号曰:顺济"。① 妈祖于是成为官方承认的航海守护神。

此后,经过宋、元、明、清历代官府的多次加封,妈祖的地位也逐步提高,从宋代的"夫人"到元代的"天妃",再到清代的"天后""天上圣母",妈祖的身份已与上帝同级,成为"权位超过四海之神、至高无上的航海官定保护神,信徒遍布海内外",②台湾自然也不例外。随着两岸海上联系的发展与大陆移民来台的增多,妈祖信仰也逐渐向台湾扩展。而清代两岸的统一,更对妈祖信仰在台湾的推广有着重要的作用。康熙二十二年(1683 年)施琅率军平定台湾后,以妈祖显圣庇佑之功,上表请封。次年清廷下诏加封妈祖为"护国庇民昭灵显应仁慈天后",并在台湾安平等地修建天后宫。康熙六

---

① 张燮:《东西洋考》卷 9,中华书局 1981 年版。
② 傅朗:《台湾的海神信仰渊源于中国大陆》,《台湾研究》2001 年第 2 期。

十年(1721年)蓝廷珍入台平定朱一贵起义,亦称受到妈祖相助,"仍请恩加敕部详议追封先代",恳求皇上"特布殊恩,赐给匾额联章,俾臣制造悬挂湄洲、台、厦三处庙宇"。① 为妈祖信仰在台湾的发展提供了有力的官方支持。另一方面,台海航行需遭遇重重风涛险阻,风险极大,号称"六死三留一回头",在途中葬身汪洋者不计其数。这也使得渡台移民、渔人、海商等海洋群体对神灵的依赖更加凸显,能安然抵台者,无不诚心膜拜,感激妈祖庇佑之功。因此妈祖信仰在台湾的影响日益扩大,成为台海航行者们心中最重要的保护神:

> 海神惟马祖最灵,即古天妃神也。凡海舶危难,有祷必应;多有目睹神兵维持,或神亲至救援者。灵异之迹,不可枚举。洋中风雨晦暝,夜黑如墨,每于樯端现神灯示祐。又有船中忽出爝火,如灯光,升樯而灭者;舟师谓是马祖火,去必遭覆败,无不奇验。船中例设马祖棍,凡值大鱼水怪欲近船,则以为祖棍连击船舷,即遁去。相传神为莆邑湄州东螺村林氏女,自童时已具神异,常于梦中飞越海上,拯人于溺。至长不嫁。没后,屡昭灵显,人为立庙祀之,自前代已加封号。康熙二十三年六月,王师攻克澎湖,靖海侯施公烺屯兵天妃澳,入庙拜谒,见神衣半身沾湿;自对敌时恍见神兵导引,始悟战胜实邀神助。又澳中水泉,仅供居民数百人饮;是日,驻师数万,方以无水为忧,而甘泉沸涌,汲之不竭。表上其异,奉诏加封天后。②

妈祖信仰在台湾确立之后,逐步扎根于当地。到了清代中后期,妈祖已经不仅仅为台湾海洋活动群体所信奉,在社会其他阶层和群体当中也被广为尊崇,成为台湾本土的主流信仰。光绪年间,妈祖先后被提请加封为"苏澳海神"与"安平海神",这种以台湾地名作为妈祖封号的做法,体现了台湾妈祖信仰的本土化。截至清末,台湾的妈祖庙已由最初的10座剧增至232

---

① 《天妃显圣录》,大通书局(台北)1987年版。
② 郁永河:《裨海纪游》,大通书局(台北)1987年版,第59—60页。

座,范围遍及全台各个县市,"从密度来看,已达到空前的高度,平均约一万二千人就有一座妈祖庙"。① 妈祖信仰甚至还扩展到原住民群体当中,如清同治年间,美国领事官李仙得进入台湾南部番地考察时,便发现当地"居民所奉,依汉人供天后神像,并其下甲人素祀之偶像"。② 可以说,妈祖信仰在清代已经发展成为整个台湾社会重要的精神支柱。

(二)水仙尊王

水仙尊王同样也是台湾民众所信奉的重要海神。水仙尊王是中国历史悠久的海神信仰。"水仙王者,洋中之神,莫详姓氏。或曰:'帝禹、伍相、三闾大夫,又逸其二'。帝禹平成水土,功在万世;伍相浮鸱夷,屈子怀石自沉:宜为水神,灵爽不泯。"③除大禹、伍子胥、屈原之外,各典籍对其余两人的记载不一,有项羽、鲁班、李白、王勃等多种说法。

由于水仙尊王作为海神的历史十分悠久,且原型均为古代名宿,因此在群众当中有着深厚的基础,广为航海者所信奉。清代台湾海船多搭载杉板小船,置于舟侧,被称为"水仙门"。而当海船在航行中遭遇危急,舟人束手无策之际,多应以"划水仙",以祈求水仙尊王庇佑:

> 划水仙者,洋中危急不得近岸之所为也。海舶在大洋中,不啻太虚一尘,渺无涯际,惟藉樯舵坚实,绳椗完固,庶几乘波御风,乃有依赖。每遇飓风忽至,骇浪如山,舵折樯倾,绳断底裂,技力不得施,智巧无所用;斯时惟有叩天求神,崩角稽首,以祈默宥而已,爰有水仙拯救之异。④

清人郁永河赴台后初闻此说,曾对其表示怀疑,结果当即有人现身说法,称自己当初仕官郑氏,自澎湖返台时遭遇沉船之危,便靠划水仙得免。

---

① 朱天顺:《清代以后妈祖信仰传播的主要历史条件》,《台湾研究集刊》1986年第2期。

② 李仙得:《台湾番事物产与商务》,大通书局(台北)1987年版。

③ 郁永河:《裨海纪游》,大通书局(台北)1987年版,第60页。

④ 郁永河:《裨海纪游》,大通书局(台北)1987年版,第60页。

可见早在郑氏时期水仙尊王信仰便传入台湾,到了此时已十分深入人心。清代台湾的水仙宫、水仙庙数量众多,澎湖、安平、彰化、淡水、诸罗等地均有分布。水仙尊王信仰在清代台湾的漳州、泉州籍郊商中尤为盛行,不亚于妈祖。清代台湾所修建的水仙宫,多为郊商捐资兴建,乃至有将水仙宫作为其行郊会所者。

(三)其他海神

除妈祖、水仙尊王之外,台湾较为著名的海神信仰还有玄天上帝、海龙王、倪圣公等。玄天上帝又称真武大帝,传说乃龟蛇之合体,为镇守北方的水神,在闽台沿海地区则起着航海保护神的作用。玄天上帝在明代的地位尤高,被官方视为政权的守护神。因此郑氏收复台湾之后,便在台湾大力推动玄天上帝信仰的传播,以"安平镇七鲲身为天关,鹿耳门北线尾为地轴,酷肖龟蛇。郑氏踞台,因多建真武庙,以为此邦之镇"。[①] 其地位直到清代以后才逐渐为妈祖所超过。

龙王更是中国人耳熟能详的著名海神,在清代传入台湾。康熙五十五年(1716年),清台厦道梁文科于府城宁南坊建龙王庙,乾隆四年(1739年)知府刘良璧重修,以祈"从兹海波不扬,雨旸时若"。[②] 澎湖本地还有所谓"金龙大王"的信仰,"而西屿外堑大王之神,尤著灵异。凡商船出入,必备牲醴投海中,遥祀之"。[③]

台人还信奉海神倪圣公,相传原是唐代开漳圣王陈元光麾下大将,"生长海滨,熟识港道,为海舶总管。殁而为神,舟人咸敬祀之"。[④] 清代与开漳圣王信仰一同传入台湾,"漳、泉舟人多祀其神"。[⑤] 此外尚有镇海元帅、临水夫人、近海将军等,也都是台人所信奉的海神或具备一定海神职能的神祇。

二、台湾海神信仰的特点

历史上,大陆在台湾主要海神信仰的建立与传播过程中起着重要的作

---

① 王必昌:《重修台湾县志》,大通书局(台北)1984年版,第176页。
② 王必昌:《重修台湾县志》,大通书局(台北)1984年版,第175页。
③ 林豪:《澎湖厅志》,大通书局(台北)1984年版,第67页。
④ 王必昌:《重修台湾县志》,大通书局(台北)1984年版,第181页。
⑤ 余文仪:《续修台湾府志》下册,大通书局(台北)1984年版,第647页。

用。这也使得当地的海神信仰呈现出以下的特点：

其一，台湾的主要海神信仰均来自大陆。从历史上看，台湾传统海神信仰所信奉的主要海神，无论是其神灵原型，还是该信仰的传播来源均出自大陆。如妈祖是在大陆东南沿海一带广泛流传的信仰，其原型林默则是福建莆田湄洲人。水仙尊王信仰也是历史悠久的大陆信仰，所供奉的五位主神虽然具体说法不一，但无论是大禹、伍子胥、屈原，还是项羽、鲁班、李白、王勃等，均为大陆历史上的著名人物。此外倪圣公信仰源自漳、泉，临水夫人出自福州（一说宁德），凡此种种，不一而足。总之，"历史上台湾民众所信奉的海神，几乎全是从祖国大陆，主要是从福建传播过去的。众所周知，台湾的民间信仰与大陆的民间信仰是一脉相承的。同样，台湾民众也继承了作为民间信仰重要组成部分的大陆的海神信仰"。[①]

其二，大陆官方与民间力量是推动台湾海神信仰发展的主要动力。台湾的海神信仰不但源自大陆，而且其在台湾的确立与发展同样是大陆官方与民间力量作用下的结果。明清时期，台湾成为大陆人民活动和定居开发的重要地区。他们前往台湾，必须克服台湾海峡的种种艰难险阻，抵台后又要面临开辟初期的恶劣环境，为了能在此等危险困苦的条件下生存下来，祖籍地的妈祖等海神信仰自然就成为其精神上最主要的依靠，从而被其带到台湾，在当地发展起来。可以说，大陆人民对海神信仰的传播，是台湾海神信仰发展的原动力。

而海神作为在民间广泛传播的重要信仰，也一直为大陆中央政权所重视，并将利用其作为维护自己统治的工具，这种做法自然也延伸到了台湾。郑氏时期，台湾的玄天上帝信仰就得到了郑氏政权的大力支持。清代官方则利用妈祖灵威征战台湾海疆，镇压当地反抗。清代统一台湾、平定朱一贵、林爽文起义等历次对台军事行动，均号称借助了妈祖之力，对其大为推崇。官方的支持与推动，对于台湾海神信仰的发展有着重要的作用。又如台地信奉龙王者原本稀少，清台厦道梁文科以龙王为中国名神，信众遍布各

[①] 傅朗：《台湾的海神信仰渊源于中国大陆》，《台湾研究》2001年第2期。

地,台湾不可独无,"盖莫为之倡,虽灵弗彰也",①于是建设龙王庙于府城,令台湾龙王信仰得以发展起来。大陆官方与民间的推动,对于台湾海神信仰的建立与传播起到了关键的作用。

其三,台湾海神信仰发展呈现出与大陆相似的兼容多元性特征。相比西方世界,中国宗教信仰最为突出的一大特点就是它的包容性和多元化。不同宗教、不同流派的信众彼此之间能够和谐相处,宗教冲突极少发生。多神崇拜也十分盛行,许多人可以同时信奉多个神灵,不少祠庙中并排供奉着来自于儒、道、佛等各种教派的神像,共受民众香火。这也体现在大陆的海神信仰上,并被台湾的海神信仰所继承。清代台湾的航海者大多同时信奉妈祖与水仙尊王这两大神祇,台湾同时供奉玄天上帝、妈祖、水仙尊王、海龙王等多位海神的祠庙也不在少数。如著名的台湾北港朝天宫就同时祭祀观音与妈祖,又如澎湖原无龙王祠庙,其神像便长期寄奉于天后宫与水仙宫。②

除各种信仰兼容并包的多元文化特征外,历史上大陆人民所信仰的海神职能也十分多元化,除了最初的保佑航行安全之外,还兼有驱邪、除病、降福等各种职能。这一点并没有因其来到台湾而发生改变。如妈祖在清代台湾人的心目当中,已经不仅仅是单纯的海神,而是成为保佑着人们日常生活方方面面的神祇。清代台湾郊商除将妈祖作为航海保护神之外,还祈求妈祖保佑其身体安康、生意兴隆,郊中轮值抽签,也需于圣母神像面前进行,以为公证。妈祖在清代官方眼中还具备军事职能,声称曾为其军队导航、补给,乃至直接派遣"神兵"助战。这种职能上的多元化,使得台湾海神信仰得以从沿海传播到内陆,从海洋群体扩展到社会的各个阶层,为其影响的进一步深入发展提供了有利的条件。

第二节　台湾的海洋文化节会

在各种信仰的影响下,台湾人民经常会举办一些活动,以纪念神明,祈

---

① 王必昌:《重修台湾县志》,大通书局(台北)1984年版,第174页。
② 参见林豪:《澎湖厅志》,大通书局(台北)1984年版,第440页。

福避祸。不少活动久而久之便固定下来，融入到人们的日常生活当中，成为每年例行的节庆。而当中许多节会均与海洋、海神相关，这些海洋文化节会，也是台湾海洋信仰文化的重要组成部分。下面就简要将历史上台湾的主要海洋文化节会作一番介绍。

一、中元普渡

中元节，又称盂兰盆节，为道教与佛教的著名节日。相传每年的七月十五日，阎王都会打开鬼门，放地狱众亡者鬼魂回人间一游。所以每年七月十五以后，民间都会举办大规模祭典，以招待这些亡灵，当中最为重要的活动之一就是"放水灯"。人们将数以千计的纸船放入河海当中，上置蜡烛，以为水中亡者指引方向，是为"普渡"。清代康熙年间，这一习俗已由大陆传入台湾：

> 七月十五日，亦为盂兰会。数日前，好事者酿金为首，延僧众作道场；将会中人生年月日时辰开明缘疏内，陈设饼饵、香橼、柚子、蕉果、黄梨、鲜姜，堆盘高二三尺，并设纸纸牌、骰子、烟筒等物；至夜分同羹饭施焰口。更有放水灯者，头家为纸灯千百，晚于海边亲然之；头家几人，则各手放第一盏，或捐中番钱一或减半，置于灯内。众灯齐然，沿海渔船争相攫取，得者谓一年大顺。沿街或三五十家为一局，张灯结彩，陈设图画、玩器，锣鼓喧杂，观者如堵。二日事毕，命优人演剧以为乐，谓之压醮尾。月尽方罢。①

到了清代后期，中元节的规模更加宏大。道光年间来台的丁绍仪在其著作《东瀛识略》中，对当地中元普渡的盛大场面有着详细的描写：

> 普度者，祭无祀孤魂，僧家所谓盂兰会也。自七月初起，至月尽止，或一家数家、或一村，延僧道诵经施食，设牲醴花果包面以祭，焚纸帛于

---

① 黄叔璥：《台海使槎录》，大通书局（台北）1984年版，第41—42页。

衢；贫家亦必市杯酒、块肉、纸镪少许，祭而焚之。其盛则以镇、道、府、厅、县衙署为最，大堂供神位，结彩张灯，罗陈图画、骨董、香花务满，设栏以限观者，两廊为僧道醮坛。日则唪经，夜放焰口，燃水灯。灯以千百计，锣鼓喧阗，送浮水面，有置钱于中者；渔人得之，谓一年顺利。谓一年顺利。醮二日或三日。将毕，庭联巨案三，陈列酒馔，下铺草席，置阿芙蓉膏及所需枪斗灯签之属，谓鬼之所好在此，不具不受享；别具多桌，垒猪、鱼、鸡、鸭、鲜果、饼饵高五六尺，积如冈阜为美。照壁前，搭台演剧。又有择童男女之美秀者，饰为故事，名曰台搁；数架、十余架无定，每架四人抬之，先以鼓吹，遍历街市，及署而止，官乃赉以银牌。每年需费番银千元，少亦数百元，胥敛之署以内。其鸡鱼皆生献，越宿已臭，未免暴珍。金曰不但荤腥易败，祭后诸品虽存形质，食之均无味云。①

可见在清代后期，中元节已是台湾最重要的文化节庆之一，为节庆投入的人力物力之多，令人咋舌，其规模已经超过了福建等地，以至有"南人尚鬼，台湾尤甚"之感慨。

二、送王船

台湾另一著名的海洋文化节会，便是当地人恭送瘟神的"送王船"活动。台湾的瘟神崇拜源自闽南地区，是福建最古老的民间信仰之一，"相传唐时三十六进士为张天师用法冤死，上帝敕令五人巡游天下，三年一更，即五瘟神"。② 为避免瘟神降下瘟疫，当地人民除了为其立庙祭祀之外，每年还举办盛大的"送王船"活动，称为"出海"，用一艘装饰华丽的船只作为"瘟船"，将其送入海中漂向远方，以示让瘟神远离当地之意，有的瘟船便漂流到台湾、澎湖等地。而台澎居民多为闽籍移民，所以同样崇拜瘟神，"曰王船至矣，则举国若狂，畏敬特甚，聚众鸠钱，奉其神于该乡王庙，建醮演戏，设

---

① 丁绍仪：《东瀛识略》，大通书局(台北)1987年版，第35—36页。
② 黄叔璥：《台海使槎录》，大通书局(台北)1984年版，第45页。

席祀王，如请客然。以本庙之神为主，头家皆肃衣冠，跪进酒食。祀毕仍送之游海，或即焚化，亦维神所命云。窃谓造船送王，亦古者逐疫之意，使游魂滞魄有所依归，而不为厉也"。① 久而久之，这种送王船的活动，也逐渐发展成为台湾地区重要的海洋文化节会：

> 最重者，五月出海，七月普度。出海者，义取逐疫，古所谓傩。鸠资造木舟，以五彩纸为瘟王像三座，延道士礼醮二日夜或三日夜，醮尽日，盛设牲醴演戏，名曰请王；既毕，升瘟王舟中，凡百食物、器用、财宝，无不备，鼓吹仪仗，送船入水，顺流以去则喜。或泊于岸，则其乡多厉，必更礼之。每醮费数百金。亦有闲一二年始举者。②

台湾这种基于瘟神崇拜之上的"送王船"活动，可以说是闽南地区信仰文化的特色，与中国的传统信仰文化有所区别。在传统观念当中，瘟神作为给人们带来灾祸的"恶神"，根本不应享有民间香火，而为其举办节会，更是属于奢侈浪费，毫无必要的行为。因此清代的士大夫阶层对于台湾的这种"送王船"活动大都不以为然，甚至斥其为"诬神惑民之甚"。③ 然而台湾民间仍然乐此不疲，成为当地一道特别的海洋文化节会风景。

三、海神诞辰

此外，对于台湾的广大信众来说，诸位海神的诞辰之日，自然也是重要的节会。每年三月二十三日的妈祖诞辰和十月初十的水仙尊王诞辰，都会举办盛大的祭典，吸引大量民众参与，成为台湾当地一大风俗，"如天后诞辰、中元普度，辄酿金境内，备极铺排，导从列仗，华侈异常。又出金佣人家垂髫女子，装扮故事，升游于市，谓之'抬阁'，靡靡甚矣"。④

台湾的妈祖诞辰庆典活动，以台南安平等地最为隆重，从二月份开始，

① 林豪：《澎湖厅志》，大通书局（台北）1984年版，第325页。
② 丁绍仪：《东瀛识略》，大通书局（台北）1987年版，第35页。
③ 王必昌：《重修台湾县志》，大通书局（台北）1984年版，第182页。
④ 朱景英：《海东札记》，大通书局（台北）1987年版，第28—29页。

就会有大批信众携家带口,自凤山、嘉义、恒春等地前往安平府城拜祭妈祖,"锣鼓笙弦,不绝于道"。同时当地也有大量民众前往北港朝天宫进香,"市街里保民人沿途往来数万人,日夜络绎不绝,各持一小旗,挂一小灯(灯旗各写'天上圣母、北港进香'八字)"。① 而从三月十四日开始的各种妈祖神像巡游活动,更是庆典的重头戏:

> 迨三月十四日,北港妈来郡乞火,乡庄民人随行者数万人。入城,市街民人款留三天。其北港妈驻大妈祖宫,为合郡民进香。至十五、十六日出庙绕境,沿途回港护送者蜂拥,随行者亦同返。此系俗例,一年一次也。

> 三月二十日,安平迎妈祖。是日,妈祖到鹿耳门庙进香,回时庄民多备八管鼓乐诗意故事迎入绕境,喧闹一天。是夜,禳醮踏火演戏闹热,以祈海道平安之意。一年一次。郡民往观者几万。男妇老少或乘舟、或坐车、或骑马、或坐轿、或步行,乐游不绝也。②

为了恭迎妈祖神像巡游,当地民众还准备了大量彩旗,"绸缎商之以绸缎制旗者无论矣;而金银商亦以金银制旗,或以金银环缀合而成,光彩夺目。于是而五谷店、材木店、饼店、香店,各以其物作旗:五花十色,炫煌于道",③因而又有"安平迎妈祖,无奇(旗)不有"之称,美轮美奂,盛况空前。

除了上述几个重要的海洋文化节会之外,台湾还有一些与海洋相关的节庆活动,如同样从大陆传入的端午节龙舟竞渡活动,每年五月初五,"好事者于海口浅处用钱或布为标,三板渔船争相夺取,胜者鸣锣喝采,土人亦号曰斗龙舟"。④ 而在台湾原住民族当中同样存在着一些与海洋有关的节会活动,如阿美族于每年六、七月份举办海祭与捕鱼祭,向海神祈求捕鱼活动顺利。雅美族则于每年二月开始举办飞鱼祭,祈求飞鱼王保佑其捕飞鱼

---

① 《安平县杂记》,大通书局(台北)1984年版,第14页。
② 《安平县杂记》,大通书局(台北)1984年版,第14页。
③ 连横:《雅言》,海东山房(台南)1958年版。
④ 王必昌:《重修台湾县志》,大通书局(台北)1984年版,第398页。

丰收，而每逢新船下水时，还会举办"船祭"。可以说，台湾的海洋文化节会活动，早已深深地融入到了人们的社会生活当中，成为当地信仰文化的重要组成部分。

第三节　台湾海洋活动中的习俗与禁忌

为了保障海洋活动能够安全顺利进行，人们在漫长的海洋生活中逐渐形成了各种各样的风俗习惯，想以此来表达其对神明的景仰，祈求对方的保佑。同时，在海洋群体当中还会将某些事物视为"禁忌"，以免触犯神明，令自己遭遇灾难。这些台湾海洋活动中的习俗与禁忌，也是人们海洋信仰的反映。

一、海上航行的习俗与禁忌

为了祈求神明的庇佑，人们对于船只的海上航行逐渐形成了种种习俗与禁忌，以保障其航行安全。早在船只出航之前，船主或船老大就会带领全体船员前往当地庙宇祭拜，并迎接关公、妈祖、舟神等神像或其香火袋上船，加以隆重供奉，"以上三神凡舶中来往，俱昼夜香火不绝。特命一人为司香，不他事事。舶主每晓起，率众顶礼"。① 除神像、香火袋等物之外，神龛与妈祖旗杆更是船只上不可缺少的物件，其尺寸、用料均有讲究。甚至连清代官方制定的《钦定福建省外海战船则例》中也对此有着明文规定。另外许多船只上还会配备"妈祖棍"，据说有辟邪之效，只要用其敲击船舷，便可驱走大鱼、海怪等物。

除祭拜妈祖之外，如船只经过海域有着其他神祇传说，船员们也会对其加以祭拜，以求安全通过。如前面曾提到过，澎湖西屿的"金龙大王"十分著名，因此商船经过当地时都会准备牲畜美酒，作为祭品投入海中，祈求其保佑。船只在中途某地靠岸停泊时，船员还要前往当地庙宇中祭拜神灵，而

---

① 张燮：《东西洋考》卷9，中华书局1981年版。

船中的祭拜同样不能落下,即便是上岸休息过夜,也要在船上留人祭拜。为求吉运,每年五月初一到初五,台湾沿海航行的船只上还会鸣锣击鼓,称为"龙船鼓","谓主一年旺相"。①

另一方面,海上航行也有着种种需要避免的忌讳。如有关"木龙"的传说,据说真身为蛇,每船均有,"自船成日即有之。平时曾不可见,亦不知所处",②一旦发现,绝不可让其离开船只,否则必有大祸。船中视火光为凶兆,认为是神明示警,"每舶中有惊险,则神必现灵,以警众,火光一点飞出舶上,众悉叩头,至火光更飞入幕乃止,是日善防之。然毕竟有一事为验,或舟将不免,则火光必飏去,不肯归"。③ 而船上的个人行为和言语更是有着诸多禁忌。如在船上吃饭,食用鱼、饼时不可翻面,亦不可将饭碗倒盖,以"翻""倒"不吉是也,平日言语时更要极力避讳"翻""沉""倒"之类的词汇及其谐音,而改用代称,如称"帆"为"布"等。还有些地区忌讳女子乘船,认为女性主阴,易引水祸。而怀孕或月经期间的女子更是被严禁上船,恐被其腹中血气沾染。如此种种,五花八门,举不胜举。

二、海上求神避险的习俗与禁忌

尽管人们在海上航行中一直遵从着种种习俗与禁忌,但海洋中的危险仍然无处不在。当船只在海上面临危险之时,人们除了奋力自救之外,更将神明视为最后的依靠,祈求其保佑自己脱离危难。而在海上求神避险同样有着各种习俗与禁忌。关于人们在海上遇难时向神明求助的过程,清人郁永河在《裨海纪游》当中有着比较详细的记述:

> 自初三日登舟,泊鹿耳门,候南风不得。十八日,有微风,遂行。行一日,舵与帆不洽,斜入黑水者再;船首自俯,欲入水底,而巨浪又夹之;舟人大恐,向马祖求庇,苦无港可泊,终夜彷徨。十九日,犹如昨。午后南风大至,行甚驶,喜谓天助;顷之,风厉甚,因舵劣,不任使,强持之,舵

① 王必昌:《重修台湾县志》,大通书局(台北)1984 年版,第 398 页。
② 郁永河:《裨海纪游》,大通书局(台北)1987 年版,第 60 页。
③ 张燮:《东西洋考》卷9,中华书局 1981 年版。

牙折者三。风中蝴蝶千百，绕船飞舞，舟人以为不祥。申刻，风稍缓，有黑色小鸟数百集船上，驱之不去，舟人咸谓大凶；焚褚镪祝之，又不去，至以手抚之，终不去，反呷呷向人，若相告语者。少间，风益甚，舟欲沉，向马祖卜筊，求船安，不许；求免死，得吉；自弃舟中物三之一。至二更，遥见小港，众喜幸生，以沙浅不能入，姑就港口下椗。舟人困顿，各就寝。五鼓失椗，船无系，复出大洋，浪击舵折，鹢首又裂，知不可为，舟师告曰："惟有划水仙，求登岸免死耳！"……船果近岸，浪拍即碎；王君与舟人皆入水，幸善泅，得不溺；乘浪势推拥登岸，顾视原舟，惟断板折木，相击白浪中耳。①

从上面的叙述当中，我们可以得知船只遇险时人们向神明求助的各种方式。如遭遇凶兆，则焚烧褚镪（纸钱）以驱邪。形势危急时，便向妈祖问卜，先求船安，如不成，则退而求免死。而为了增加获救概率，人们在求助神明时也没有在一棵树上吊死，而是同时祈求妈祖与水仙尊王的保佑，这也再次体现了台湾海洋信仰的多元性。而上文中提到的"划水仙"，更是在台湾民众中广泛流传的一种海上紧急求神避险仪式，施法时众人披头散发蹲于船上，或空手、或持餐筷等工具，虚作划船之状，口中模仿钲鼓之声，传说这样便能求得水仙尊王相救，十分灵验。单在《裨海纪游》一书当中，便记载了三起依靠"划水仙"成功逃生的传闻，号称"徒手一拨，沈者忽浮，破浪穿风，疾飞如矢……当时虽十帆并张，不足喻其疾，鬼神之灵，亦奇已哉！"②

而在求救时，为了能够尽快、确实地求得神明相救，同样有着各种讲究与忌讳。如对妈祖的称谓便有其特殊的规矩，向其求救时只称"妈祖"即可，忌讳以"天妃""天后"之类的封号称之，否则妈祖需整装打扮方能出发，这样势必延误救援，可能造成严重的后果。此说在台湾十分盛行，所谓"台湾往来，神迹尤著。土人呼神为妈祖，则神披发而来，其效立应。若呼天妃，则神必冠帔而来，恐稽时刻"。③ 而船只自救，同样需要事先求签占卜，听从

---

① 郁永河：《裨海纪游》，大通书局（台北）1987年版，第21—22页。
② 郁永河：《裨海纪游》，大通书局（台北）1987年版，第61页。
③ 赵翼：《陔余丛考》卷35，河北人民出版社1990年版。

指示行动,就连砍断哪一根桅杆都要请示神明,不可擅自决断,否则违背神意,必然不免于难,可见人们在危急之时对神明的依赖。

三、海洋灾难善后的习俗与禁忌

但是,不管人们对神明有多么虔诚,船毁人亡的悲剧性灾难还是时常发生。灾难过后,人们在处理善后事宜时依然要遵从各种习俗与禁忌,祈求死者得到安息。为了寻找遇难者的尸体,人们同样要借助超自然的力量。如泉州人举办的"引尸"仪式,"仪式的过程时先把死者生前的衣服扎在木板上,然后亲人们朝着遇难的方向大声哭喊,呼唤死者归来,据称顺着水流的方向可能会寻获死者的尸首"。① 此外,有的遇难者遗骸漂浮于海上,也有可能被过往船只发现。对于这些遗骸,船上人员按照习俗必须加以妥善处理,将其带回陆地安葬,不可任其暴尸海上,亦不可碰动其遗物,否则必遭报应。而在打捞尸体时也有种种规矩,如不能随便翻动尸体,船上需蒙布以辟邪等。

不过,能被寻获的遗骸毕竟是极少数,大部分早就葬身海底,根本无从寻找。在这种情况下,人们往往会为死者举办各种仪式,以平抚其亡灵。在闽南地区十分盛行的风俗"引水魂",便是为这些尸骨无存的遇难者所举行的招魂仪式。"引水魂"的举办地设于海边,仪式进行时将一竹竿插于地上,杆上挂有死者衣物,杆顶置公鸡一只,周围摆设各种祭品。死者亲属在旁徐徐转动竹竿,众人诵经念佛,祈求神明指引亡魂。待到竹竿倒下或公鸡跳走,则视为死者魂魄已附身于杆上,便把竹竿烧化,将灰烬视为死者骨灰,带回祭奠。在台湾海峡航行中遇难的闽南籍人氏,多被亲属以此种方式安葬。

除航海者之外,沿海地区的居民同样也会成为海洋灾难的受害者。如清道光二十五年(1845 年)袭击台湾中部的大规模海啸,造成上万人死亡。当地人为了祭奠这些亡魂,每年都会举办名为"牵水轍"的仪式。所谓的

---

① 丁毓玲、王连茂:《清代泉州海难事件及其相关仪式》,《海交史研究》2011 年第 1 期。

"水辚"，"是以细竹篾扎成圆桶状并糊上花纸的牵魂祭器，上下中空，高约四尺，顶端四角各插一小三角旗，四周贴有水王、污秽神、魂身、大鬼、中鬼、小鬼、城隍、牛头、马面、观音、善才、良女等 12 尊纸像。这样的设计，是为了让'水辚'在推动旋转中，产生能将沉沦水狱的苦魂一层一层牵引上来以接受施食济渡的象征意义。"①人们把这些水辚置于水边固定场所，然后逐一将其推转过去，称为"牵辚"。同时雇佣道士诵经作法，并举办盛大宴席，款待诸位亡魂。所有仪式完成后，便将所有水辚在水边烧化，以令死者安息。

台湾的海洋信仰源自大陆，由大陆人民传播到台湾，并成为当地人民重要的精神支柱。因神明信仰而产生的各种海洋文化节会，以及海洋活动中的种种习俗与禁忌，也早已深深地融入到了台湾的社会文化当中，潜移默化地影响着台湾人民的生活。

---

① 陈益源:《台湾云林口湖万善祠"牵水辚"仪式及其相关传说》,《大连大学学报》2008 年第 1 期。

第八章 两岸海洋文化关系的历史与现状

两岸海洋文化有着历史悠久的关系。从总体上看,台湾的海洋文化源于大陆,发展过程也深受大陆影响,在其发展过程中一直是中国海洋文化圈的重要组成部分,可以说是大陆海洋文化在台湾的延伸,这决定了台湾海洋文化与大陆之间的联系不可分割。尽管由于1945年后的内战,两岸再次陷入分裂状态,但政治上的暂时分裂改变不了两岸海洋文化同出一源、同属一脉的本质,也无法阻止两岸之间的海洋文化交流融合。在两岸人民发展台陆海洋文化交流需求的推动下,如今的两岸海洋文化关系已经进入了一个新的发展时期,成为联系两岸的重要文化纽带。

第一节 两岸海洋文化发展的历史比较

台湾的海洋文化在漫长的历史发展过程中,与中国大陆福建等地建立了广泛而紧密的联系,同时也形成了自身的一些特色。就总体上而言,台湾海洋文化可以说是以闽南海洋文化为主的中国大陆海洋文化在台湾的延伸。下面我们就先从历史的角度,对两地海洋文化的发展特点进行一番比较。

一、闽南海洋文化的历史发展特点

(一)闽南海洋文化是历史悠久的土生传统

闽南地区的海洋文化历史,可追溯到先秦时期的闽越族。闽越族是中国古代民族百越族的后裔,他们生活在福建沿海地区,"以船为车,以楫为马,往若飘风,去则难从",①是著名的海洋民族,可以说是"我国古代海洋文化的缔造者"。② 西汉时期,汉武帝派兵征服了闽越族,福建地区开始落入中原王朝的控制。在此之后,闽越族逐渐与迁入的大量汉人融合,但他们的海洋文化特点却并未因此而消失,相反为融合后的民族所继承和发扬。成为日后闽南海洋文化的基础。

唐宋以来,福建逐渐成为中国海洋经济最为发达的地区之一,对外海上贸易非常活跃。"中唐以后海外贸易以前所未有的速度成长起来,到宋元两朝进入鼎盛时期。外域传入的占城稻、棉花等新品种首先在福建引种,这与福建商人的频繁出海是分不开的。"③福建的泉州早在唐代就是著名的对外贸易港口,宋元时期更是成为世界最大的贸易港之一。著名西方旅行家马可·波罗(Marco Polo)在其游记中声称泉州"是世界上最大的港口之一,大批商人云集这里,货物堆积如山,的确难以想象"。④ 另一位阿拉伯人伊本·白图泰(Ibn Battuta)也形容"该城的港口是世界大港之一,甚至是最大的港口,我看到港内停有大艟克约百艘,小船多得无数"。⑤

到了明清时期,海上活动已经成为福建南部如漳州、泉州等地区广大人民生活的重要组成部分。"东南滨海之地,以贩海为生,其来已久,而闽为甚。"⑥继泉州之后,月港、厦门港等新的对外贸易港口也先后兴起。当地的航海造船业同样达到了很高的水平。福建船厂生产的福船"能容百人。底尖上阔,昂首尾高,舵楼三重,帆桅二……中为四层","耐风涛,且御火",⑦是当时著名的大型远洋船只。明代"太监郑和自福建航海通西南夷,造巨

① 袁康、吴平:《越绝书》卷8,岳麓书社1996年版,第123页。
② 陈国强、郑梦星:《闽台古代海洋文化的主人》,《台湾源流》2000年第17期。
③ 葛金芳:《两宋东南沿海地区海洋发展路向论略》,《湖北大学学报·哲学社会科学版》2003年第3期。
④ [意]马可·波罗:《马可·波罗游记》第2卷,陈开俊译,福建人民出版社1981年版,第192页。
⑤ [摩]伊本·白图泰:《伊本·白图泰游记》,马金鹏译,宁夏人民出版社1985年版,第551页。
⑥ 陈子龙等编:《明经世文编》卷400,中华书局1962年版。
⑦ 张廷玉等编:《明史》卷92,中华书局1974年版。

舰于长乐"。① 其下西洋时所率的船队当中,多有由福建所制造的大型海船。福建人利用这些船舶往来于海外各国之间,积极进行海上贸易,勇于向海外探索,体现出了开放进取的海洋精神。"其民恬波涛而轻生死,亦其习使然,而漳为甚。"②在这一时期,福建人掀起了向海外移民发展的大潮,许多人常年前往东南亚各国经商,久而久之,便在当地定居下来,其在原籍之亲友也纷纷前往投靠谋生,在当地形成了众多闽人移民社群。为了对抗明清时期的海禁措施,许多福建人还结成海上武装集团,进行海外贸易和掠夺活动。

近代以来,福建仍然保持了牢固的海洋文化传统。鸦片战争后,福州和厦门成为清朝首批开放的通商口岸,担当起了福建对外海洋交流的前沿。19世纪末20世纪初,日本驻福建领事馆便在其报告中声称,福建泉州、漳州、兴化等地海外贸易移民盛行,民众富有冒险精神。而南洋福建移民的汇款,更是当地重要的经济支柱。"据悉,这类汇款每年在数百万美元以上。与南洋往来频繁的厦门人,其人数多达十万。"③

综上所述可以看出,闽南地区人民的生活与海洋早已不可分割,他们的海洋活动遍布中国、日本、南洋各处,造成了广泛而深远的影响,建立起了跨区域的海洋文化体系,这种情况一直持续至今。可以说,闽南地区的海洋文化拥有十分悠久的历史,是在长期的涉海生活中所养成的根深蒂固的土生传统。

(二)海洋文化在闽南成为主流是当地经济发展的必然要求

闽南和台湾地区的海洋文化传统虽然同出一源,但其发展历程却有着各自的特色。闽南地区的海洋文化历史固然悠久,不过它最终成为当地文化的传统主流,则是长期历史发展的必然结果,是由福建本身的自然条件决定的。

福建大部分地区属于山地和丘陵,土地贫瘠,适合耕种的平原很少。这样的地理条件决定了其农业生产的发展前景有限。在早期当地人口稀少,

---

① 陈寿祺:《福建通志》卷271,华文书局股份有限公司(台北)1968年版。
② 陈子龙等编:《皇明经世文编》卷400,上海古籍出版社1995年版。
③ 《福建省事情》,第4页。载松浦章著,郑洁西等译:《明清时代东亚海域的文化交流》,江苏人民出版社2009年版,第323页。

粮食生产能自给自足的情况下,农耕文化还占据着主导地位。但随着时间的推移,居民大量增加,福建的土地负荷已达极限,可耕种的土地基本开辟完毕,光凭改进耕作技术所增加的产量无法满足日益增长的人口的需要。为了改变这种状况,福建人民必须寻找新的发展主导。而他们所想到的,自然是在福建地区有着悠久历史的海洋文化。在单靠农业难以自给的情况下,福建人民充分发挥他们的海洋传统,特别是闽南地区的人民利用其濒海优势,积极从事海上贸易,将当地制造的手工艺品等物销往海外,以获取大额利润。"闽广人稠地狭,田园不足于耕,望海谋生,十居五六。内地贱菲无足重轻之物,载自番境,皆同珍贝。是以沿海居民,造作小巧技艺,以及女红针凿,皆于洋船行销。岁收诸岛钱财货物百十万入我中土,所关为不细矣。"①这些财富除用于购买粮食等物资满足生活需要之外,还颇有盈余。另有许多人前往海外,在异域开创自己的新生活。

由于海上活动作为谋生手段是如此的有利可图,自然吸引了越来越多的人投身其中。随着时间的推移,到了明朝中后期,它已经成为闽南当地的经济支柱和发展主导,"闽之福兴泉漳,襟山带海,田不足耕,非市舶无以助衣食"。② 同时以海为生、向海求富的思想也深深地渗入了广大民众的观念当中。"异时贩西洋,类恶少无赖不事生业,今虽富家子及良民靡不奔走。异时维漳缘海居民,习奸阑出物,虽往仅什二三得返,犹几幸少利;今虽山居谷汲,闻风争至,农亩之夫,辍耒不耕,斋贷子母钱往市者,握筹而算,可坐致富也。"③清朝时期,甚至出现了漳、泉"两府人民原有三等,上等者以贩洋为事业"④这样的说法。如此今昔对比,正是海洋文化逐渐从冷到热,最终发展成为深入民心的闽南地区主流文化过程的真实写照。

(三)闽南海洋文化的发展经历了与明清王朝政策长期抗争的过程

另一方面,闽南地区的海洋文化发展历程也充满了艰辛。由于重陆轻

---

① 蓝鼎元:《论南洋事宜书》,载《鹿洲全集》,厦门大学出版社1995年版,第55页。

② 陈子龙等编:《明经世文编》卷400,中华书局1962年版。

③ 洪朝选:《洪芳洲先生摘稿·卷四·瓶台潭侯平寇碑》,载黄顺力:《海洋迷思——中国海洋观的传统与变迁》,江西高校出版社1999年版,第133—134页。

④ 陈寿祺:《福建通志》卷52,华文书局股份有限公司(台北)1968年版。

海的传统思想观念影响,进入明朝以后,统治者长期奉行消极的海洋政策,限制人民向海洋发展。明朝多次颁布海禁,号称"片板不许入海",推行"仅准朝贡贸易,禁绝国人出海贸易的闭关政策",①甚至连渔民出海捕鱼都不允许。长期以来,从海外贸易往来到海船的制造和出售,都受到严格的控制。福建更是成为政策的重点限制对象。"时福建濒海居民,私载海船,交通外国,因而为寇。遂下令禁民间海船"。② 福建地区管辖海外贸易的市舶司也由于所谓招引"倭患"的缘故,于明嘉靖二年(1523 年)遭到撤裁。而朝廷的禁海政策,也使"民间海外贸易成为非法,扭曲了原来基本正常发展的海洋观念"。③ 这样艰难的外部环境,毫无疑问对闽南海洋文化的正常发展造成了严重的负面影响。

然而,福建作为中国海洋文化历史最为悠久的地区之一,其海洋文化的发展并不会因此而停止或倒退。相反,这种粗暴的禁海政策,必然会受到以海为生的福建人民的强烈反弹。中央推行禁海与民众要求开海之间的矛盾,从而演变扭曲为各种方式的对抗。不少人无视政府禁令,私自造船下海经商,形成了规模庞大的走私贸易。一些前往外国贸易者如福建龙溪人丘弘敏等,甚至还"诈称朝使,谒见番王"④,令官府大为震怒。而福建的月港、浯屿、安海、铜山等地也因此而发展成为走私贸易的重要口岸。由朝廷派任提督闽浙海防军务的大臣朱纨采取极端强制措施打击福建地区的海上走私贸易,严重损害了当地居民的利益,引发了激烈的冲突。在闽籍官员豪绅的轮番攻击下,朱纨最终被迫自杀,死前长叹:"纵天子不欲死我,闽、浙人必杀我。"⑤可见双方矛盾之深。为了对抗中央的海禁措施,还有人干脆成立海上武装集团,以武力为后盾进行海上贸易,乃至公开对抗官府军队。明朝各类史书中所记载的严启盛、郑芝龙、刘香等"海寇",都是当时著名的闽人

① 曹永和:《试论明太祖的海洋交通政策》,载中国海洋发展史论文集编辑委员会:《中国海洋发展史论文集》,"中央研究院三民主义研究所"(台北)1984 年版,第 70 页。

② 《明实录·太宗实录》卷 27,永乐二年正月辛酉,上海古籍书店 1983 年版。

③ 黄顺力:《海洋迷思——中国海洋观的传统与变迁》,江西高校出版社 1999 年版,第 113 页。

④ 《明实录·宪宗实录》卷 97,成化七年十月乙酉,上海古籍出版社 1983 年版。

⑤ 张廷玉等编:《明史》卷 205,列传第九十三,中华书局 1974 年版。

海上武装贸易集团。

在人民的强烈抵制之下,明朝官员逐渐认识到福建人的生活离不开海洋,严厉的海禁措施只会适得其反,不如因势利导,朝廷上下要求开放海禁的呼声越来越高。"闽人滨海而居,非往来海中则不得食。禁之而私通如故,不若官明通之,而制之以法。自通番禁严,而附近海洋鱼贩一切不通,故民贫而盗愈起,宜稍宽其法。"①隆庆元年(1567年),明朝政府终于做出让步,在福建漳州月港部分开放海禁,准许私人海外贸易,并在当地开征商税。福建人终于从官方手中争取到了发展海洋文化的正当权利。但是禁海与开海的斗争并未因此而结束。清朝建立后,类似的情况再度上演,海禁政策历经几禁几弛,才于雍正五年(1727年)彻底废止。如此反复曲折,可知闽南海洋文化发展历程之艰辛。

因此我们说,闽南地区的海洋文化发展成为当地的传统主流,是历史发展的必然要求,它是福建人民在漫长的探索实践中所作出的自然选择。福建发展海洋文化的道路并不是一帆风顺的,而是经过长期艰苦奋斗的结果。

二、台湾海洋文化与闽南海洋文化的联系与区别

(一)台湾海洋文化是闽南海洋文化的移植与延伸

台湾最初的海洋文化,是以原住民海洋文化为代表。早在6000年到6500年前,这些原住民便已在当地生活。有关他们的来源,学术界有"西来说""南来说"等不同看法。有的考证认为,他们其实是中国古代民族百越族的一支。"主要以林惠祥、凌纯声等为代表的国内学者则站在大陆文化基底的立场上,从民族学、考古学、语言学、体质人类学等角度先后论述了东亚大陆、台湾、东南亚群岛土著民族文化的源流关系,将大陆东南的'百越'及其先民文化确定为包括台湾原住民在内的现存广泛范围的'马来'种族与文化的祖先。"②这些部族漂洋过海来到台湾,将自己悠久的海洋生活传统带给了当地,成为台湾早期海洋文化的缔造者。

---

① 陈子龙等编:《明经世文编》卷322,中华书局1962年版。
② 郭志超、吴春明:《台湾原住民"南来论"辨析——兼论"南岛语族"起源》,《厦门大学学报·哲学社会科学版》2002年第2期。

　　但与生活在中国大陆的百越族不同,在漫长的历史进程中,许多台湾原住民逐渐向内陆平原和山区发展,转而以采集和狩猎为生,失去了原先的海洋特性。到了明万历三十年(1602年),当明朝军队进入台湾清剿倭寇时,便发现许多当地原住民"不能舟,酷畏海,捕鱼则于溪涧,故老死不与他夷相往来",①已经完全丧失了海洋文化传统。其"所见虽可能是局部的现象,但大抵不差。"②虽然还有部分原住民(如台湾东部兰屿岛地区的雅美族等)至今仍然保留着一定的海洋文化传统,但就整个台湾的范围来看,原住民的海洋文化早已不占主导地位。因此台湾海洋文化传统的建立,实际上是有赖于16世纪以来中国大陆汉人移民大举移居台湾的作用。以闽南地区海洋文化为代表的中国海洋文化从此延伸到台湾,并成为台湾海洋文化的主导。

　　自唐宋以来,中国的经济重心南移,福建等地的经济得到全面开发,人口数量大幅度增长。但到了明朝末期,当地的土地负荷已达极限,无力养活多余的人口,加之战乱和自然灾害频发,使得向台湾移民成为解决人民生计的重要手段。

　　明崇祯元年(1628年),福建大旱引发饥荒,为了安置大量灾民,福建巡抚熊文灿接受著名武装海商集团领袖郑芝龙的提议,而荷兰殖民者于明天启四年(1624年)侵占台湾之后,为了发展当地经济,开辟税源,也采取鼓励大陆人来台的政策。在这一时期,台湾的海洋文化已经带有浓厚的闽南海洋文化印记。荷兰人在台湾所经营的海上转口贸易,与中国大陆福建等地有着密切联系。当时在台湾经营海上贸易的商人,主要是以郑氏海商集团为首的福建大商人,其在台湾从事贸易活动还要在荷兰人之前。荷兰殖民者需要从他们手中大量收购生丝、砂糖、瓷器等中国大陆商品,以维持其转口贸易。而台湾当时的造船业还未建立,用来进行转口贸易的船只除了荷兰船之外,都是由中国大陆制造的船只。"从台湾出发的商船,大部分属于居住在大员的中国商人所有,但也有居住在福建沿海的大商人从台湾派船外出贸易。"③可以说,当时台湾海洋转口贸易的三个基本要素商人、商品和

---

① 陈第:《东番记》,载沈有容:《闽海赠言》,大通书局(台北)1987年版,第26页。
② 庄万寿:《台湾海洋文化之初探》,《中国学术年刊》1997年第18期。
③ 杨彦杰:《荷据时代台湾史》,江西人民出版社1992年版,第148页。

商船,都在相当程度上依赖于中国大陆。

清顺治十八年(1661 年),郑成功率领大军收复台湾,驱逐了荷兰殖民者,随之组织福建军民大举迁入台湾。同期清廷为了扼杀郑氏势力而颁布迁界令,强制东南诸省沿海居民内迁,造成大量百姓流离失所,生活无着。许多以海为生的人们不堪忍受,也纷纷渡海投奔台湾。郑氏武装海商集团统治台湾期间,将当地建设成为其反抗清廷、经营海上贸易的重要基地。"在郑氏占据台湾的时代,控制中国对外贸易的依然是福建商人"①。这一时期的台湾海洋文化,可以说是由福建海商集团所控制主导。

康熙二十二年(1683 年)郑氏势力归降,清廷开始统治台湾。两岸分裂对抗局面结束后,前往台湾的大陆移民更是络绎不绝。尽管清廷对人民前往台湾进行过限制,但仍挡不住汹涌的偷渡潮流。到了嘉庆十六年(1811 年),台湾汉人数量已增加到 190 万人以上,相比荷据时代的约 4.5 万—5.7 万人,②在不到两百年间剧增近 40 倍,其中十之七八又都是福建地区的漳州、泉州籍移民。而同一时期台湾高山族原住民"不过 15 万人左右"。③ 大陆汉族移民、尤其是福建移民在台湾人口中的绝对优势地位得以确立。

人口结构的巨大改变,带来的是社会文化的根本转型。两百年间,"随着移民大量迁入台湾,不仅促进了岛内社会生产力的发展,而且在很大程度上改变了台湾原有的以先住民为主的文化生态环境,闽南地区的民间文化很快就成为岛内的主流文化。"④台湾逐渐由土著社会变为以闽南文化为主体的汉人社会。同时,福建地区的海洋生活习俗和海神信仰也被移民带到了台湾,并在当地生根发芽。如起源于莆田湄洲岛,原先流传在中国大陆东南沿海的海神妈祖信仰便由渡台移民带过了海峡,在台湾广泛传播,最终成为海峡两岸人民共同的保护神。

清朝时期台湾地区的海洋经济与福建也有着密切的关系。在清代相当

---

① 徐晓望:《妈祖的子民:闽台海洋文化研究》,学林出版社 1999 年版,第 315 页。
② 陈孔立:《清代台湾移民社会研究》,九州出版社 2003 年版,第 133 页。
③ 周文顺:《台陆关系通史》,中州古籍出版社 1991 年版,第 238 页。
④ 杨彦杰:《闽南移民与闽台区域文化》,《福建论坛·人文社会科学版》2003 年第 1 期。

长的一段时间里,台湾与大陆的交通贸易一直是采用福建厦门与台湾鹿耳门单口对渡的形式,后又扩展到泉州蚶江与台湾鹿港、福州五虎门与台湾八里坌之间。这更加深了福建与台湾之间的海上贸易联系。"当时台湾岛内外的所有航运及贸易往来,几乎全部为郊商所包揽。"①而台湾郊商的主体便是闽籍商人。如以贩运海盐起家,最终成为台湾鹿港郊商界领袖的林日茂家族祖籍为泉州永宁;艋舺郊商界的代表人物,张德宝船头行主张秉鹏原籍是泉州法石;以船只经商起家,"财甲新(庄)艋(舺),势压淡(水)防(厅)"的台湾富商李志清,其原籍则是泉州晋江。福建郊商将台湾的米、糖、茶等农副产品输出到中国大陆,又将中国大陆的手工业制品运到台湾销售,各取所需,互通有无,构建了清代台湾的民间海洋贸易体系。

到了近代,在西方列强的压力下,清廷先后开放了多个沿海通商口岸,台湾自然也牵涉其中。继福州、厦门等地之后,根据咸丰八年(1858年)《天津条约》及其附属条约的规定,台湾的安平、淡水被列入第二批对外开放的通商口岸。台湾开港之后,"一八六〇至一八九五年间,台湾的贸易对象虽扩展而包括全球,与大陆之间的贸易仍然增加"。②"当时两岸贸易主要是由大陆资本所控制,往来两岸的船只是由大陆商人提供和经营。"③这当中又以福建为主。以厦门为例,厦门作为最早对外开放的通商口岸之一,在台湾对外贸易中扮演着非常重要的角色,是台湾商品的集散地。台湾向国外出口的重要商品如茶叶等,大部分都是经由厦门中转。两岸的直接贸易同样非常活跃,由于两岸之间"水路运输的优越地位以及陆台之间的资源禀赋可以进行区域分工",④台湾与大陆福建等地的贸易联系甚至要比台湾岛内的贸易联系更为紧密。台湾开港后追随了福建的步伐,与后者携手走向世界,共同成为国际海洋贸易的一环,彼此之间保持了密切的海洋文化联系。

---

① 叶真铭:《郊商与清代闽台贸易》,《炎黄纵横》2008年第10期。

② 林满红:《四百年来的两岸分合——一个经贸史的回顾》,自立晚报社文化出版部(台北)1994年版,第53页。

③ 陈孔立:《台湾历史的"失忆"》,载陈孔立:《台湾历史与两岸关系》,台海出版社1999年版,第59页。

④ 林满红:《四百年来的两岸分合——一个经贸史的回顾》,自立晚报社文化出版部(台北)1994年版,第61页。

综上所述,从历史角度上看,可以说台湾的海洋文化在很大程度上是以福建地区为主的中国大陆海洋文化传统的延伸和移植。"台湾的开发,是闽人海洋文化成就的展现。由于这一点也就在其开发之初,形成了台湾区域文化的特点——它是闽人海洋文化的延伸。"①

（二）台湾海洋文化的迅速发展是以闽南海洋文化的成就为基础

与福建不同,海洋文化在台湾很快就占据了重要地位。自荷据时代开始,在众多大陆移民涌入台湾之后,与当地的开发同步,海洋文化也迅速发展了起来。台湾学者黄富三认为:"台湾一进入历史时期即跃入以贸易为导向的海洋文明体系。……由荷人充当'首动者'（Prime mover）角色,贸易竟成了日后台湾历史与社会发展的持续性特色,而有别于自足导向的中国封建经济。"②如前所述,闽南的海洋文化最终发展为传统主流,是在陆地经长期开发已达极限之后的必然要求。但台湾作为新兴的开拓地,有着大量耕地可供开发,发展潜力十分巨大。按照中国传统的以农为本思维,台湾人民光凭从事农业生产就足以自给有余,本应没有发展海外贸易的迫切需求。但现实却是在台湾的农业生产还方兴未艾的情况下,海洋文化的发展却仍然十分迅速,并未因此而退居次要地位,甚至连当地的农业生产也在海洋文化的影响下商品经济化,将生产出的大量米、糖、等农副产品用于海上贸易输出。如此迅速的发展速度跟福建形成了鲜明反差,这是由什么原因造成的呢?

我们前面说过,台湾的海洋文化实际上是闽南海洋文化传统的移植。当闽南海洋文化被移植到台湾时,已经是拥有着很高水准、扎根于福建移民们心中的成熟文化。因此作为移民社会的台湾,并不会被传统的农本思想所束缚,可以从一开始就享受到闽南海洋文化经过长时期历史发展的成果,从而取得飞速的成长。另一方面,当时中国大陆福建等地海洋文化的发达,也为台湾方面走向海洋起到了重要的促进作用。明清时期,福建等地的海上贸易集团足迹遍布东亚、东南亚,加之西方殖民者的东来,他们的活动打

---

① 徐晓望:《妈祖的子民:闽台海洋文化研究》,学林出版社1999年版,第124页。
② 李筱峰、刘峰松:《台湾历史阅览》,自立晚报社文化出版部（台北）1999年版,第44页。

破了中国传统朝贡贸易体制的垄断,在中国、日本、南洋诸国之间建立了广泛的海上贸易往来,逐渐形成了一个新的东亚海洋贸易体系。台湾地方产粮丰富,但"比之大陆开发较久的经济区而言,当地手工业不够发达",①因此对手工业品有着很大的需求,这与福建经济之间也有着很强的互补性。而台湾作为联系南洋、中国与日本之间的中转岛屿,其地理位置更有着相当大的商业意义。因此将台湾建设成为海洋贸易的重要据点,自然而然地成为各国海商们的要求。在这样的条件下,台湾追随中国大陆的步伐,被拉入到东亚海洋贸易体系之中,与福建等地建立密切的海上贸易联系,可以说是历史发展的大势所趋。

(三)台湾前期海洋文化的发展有着闽南海洋文化所不具备的官方支持

台湾海洋文化能够得到飞速发展,还要归因于当地统治者的政策导向。于明朝天启四年(1624 年)入据台湾的荷兰殖民者,是以海上贸易而闻名于世的民族,号称"海上马车夫"。他们占领台湾的目的,就是为了取得一个便于进行海上贸易的据点,以"打开对中国贸易问题的症结"。② 所以当荷兰殖民者在台湾确立统治后,便充分利用政权的力量,自上而下地大力推行海洋贸易,这与明朝政府的态度形成了鲜明的对比。荷兰人从事的海洋转口贸易,需要从中国大陆收购大量商品,然后将这些廉价商品运往各地市场销售,以获取高额利润。为了得到充足的商品来源,他们还采取措施吸引中国大陆商人运载货物前往大员,允许其在大员等地自由贸易。这些措施无疑推动了台湾海洋文化的发展。

1662 年,荷兰殖民者为郑成功军队所败,被迫退出台湾。台湾进入了郑氏政权统治时期。作为台湾新的统治者,郑氏政权所依靠的"并不仅仅是武力,而恰恰是十六世纪以来的新的历史动力——海上贸易。"③郑成功

---

① 徐晓望:《妈祖的子民:闽台海洋文化研究》,学林出版社 1999 年版,第 161 页。
② [日]村上直次郎:《热兰遮城筑城始末》,石万寿译,《台湾文献》1975 年第 26 卷。
③ 余英时:《海洋中国的尖端——台湾》,载天下编辑:《发现台湾》序言,天下杂志(台北)1992 年版。

于收复台湾后不久病逝，其子郑经延续了他的政策，以官方力量开拓台陆贸易。郑氏政权在福建厦门、东山等地设立贸易据点，收购大陆物品供应台湾，同时还将台湾所产米粮"供给漳、泉，以获其利"。①此外郑氏政权还极力吸引海外商人前来台湾贸易，其与英国签订的通商协议规定："台湾王所买之货物，不付关税。"②并对来台外商以盛大款待。由于郑氏政权对海上贸易的重视，台湾出现了商人云集，贸易兴盛的局面，与众多国家都建立了广泛的商业联系，可以说已成为东亚海上贸易的中心。郑氏政权能"以弹丸之岛，而养七十二镇之兵"，③与大陆清廷对抗长达二十余年，所依靠的正是从海上贸易中所获得的巨大利润的支持。

荷兰统治者与郑氏政权开放海洋的政策，为台湾的海洋文化发展创造了良好的客观环境，在很大程度上促成了其飞速发展。虽然郑氏政权最终于康熙二十二年(1683年)为清廷所灭亡，但荷郑时代的海洋印记已经深深地铭刻在了台湾文化当中，为其定下了海洋发展的基调。

清廷出于大陆王朝重陆轻海传统观念的影响，对海洋的态度偏于消极。虽然清廷在台湾归服后逐步解除了海禁政策，使闽台间的海上贸易得以恢复发展，但总体上对台湾海洋的开放依旧有限。即使是那些对台湾的重要性有所认识的清朝官员，多半也只是从台湾"乃江、浙、闽、粤四省之左护"，"资皇上东南之保障，永绝边海之祸患"④之类的海防战略地位角度着眼，而很少涉及台湾作为东亚海洋贸易重要据点的意义。荷郑时代以来由官方支持主导台湾海洋发展的状况，到此告一段落。但这并不代表台湾"重商的海洋性格逐步被农业台湾所取代"，⑤在以闽籍郊商为首的民间势力以及近代开港贸易后进入台湾的西方商业资本的推动下，清廷统治时期的台湾仍然延续着鲜明的海洋发展传统。

① 连横:《台湾通史》上册，大通书局(台北)1984年版，第539页。
② 《台湾十七世纪台湾英国贸易史料》，台湾银行(台北)1959年版。
③ 连横:《台湾通史》下册，大通书局(台北)1984年版，第626页。
④ 施琅:《恭陈台湾弃留疏》，载施琅:《靖海纪事》，大通书局(台北)1987年版，第59、60页。
⑤ 戴宝村:《台湾的海洋历史文化》，玉山社(台北)2011年版，第14页。

（四）中外统治者的多次更迭为台湾历史上的海洋文化增添了新的要素

台湾因其重要的海上战略位置，在历史上成为外国海洋势力的觊觎之地，也因此产生了多次统治者的变更。先是荷兰殖民者侵占台湾南部，逐渐在台湾建立起以安平大员港为中心的殖民统治，后为郑成功所领导的郑氏武装海商势力所驱逐。而郑氏在台建立政权二十余年后，最终向清朝降服，从此清廷统治台湾长达两个多世纪之久。但是随着近代帝国主义列强对中国的大举入侵，台湾重新成为中外势力角逐的场所。1895 年清廷在中日甲午战争中战败，台湾又落入日本之手。经过日本半个世纪的殖民统治后，随着 1945 年日本的战败投降，台湾再次回归祖国怀抱。"台湾曾经被荷兰侵占长达 28 年，被日本殖民统治达 50 年，这是全国其他地区所没有的，不能不算是台湾历史的特色。"①

由于外国海洋势力的影响，台湾历史上的海洋文化也融入了不同的要素。荷兰殖民者在台湾统治期间，以西方的制度思想经营台湾，建立了以"贌港"制度等为代表的海洋税收承包制度，②成为台湾海洋税收体系的重要支柱，并为郑氏政权所部分沿用。日本统治台湾时期，更是为了配合将台湾殖民地化的需要，而大力改造台湾的海洋文化，同时切断两岸之间的海洋联系，企图把台湾海洋文化纳入到日本的文化范畴当中。因此"造成台湾固有海洋文化的断层，台湾进入东洋海洋文化影响时期"。③ 这些都为台湾海洋文化增加了新的内容。虽然这些变化并未改变台湾海洋文化是中国海洋文化在台湾的移植与延伸这一本质，但这仍然不失为台湾的海洋文化发展历史当中不同于闽南海洋文化的特色。

综上所述，台湾的海洋文化与中国大陆海洋文化中的闽南海洋文化同

---

① 陈孔立:《台湾历史的"失忆"》,载陈孔立《台湾历史与两岸关系》,台海出版社 1999 年版,第 43 页。

② 参见韩家宝:《荷兰治台时期——西方法制对中国人社群之影响》,郑维中译,载邱文彦主编:《海洋文化与历史》,胡氏图书出版社(台北)2003 年版。

③ 郑水萍:《台湾的海洋文化资产》,载邱文彦主编:《海洋文化与历史》,胡氏图书出版社(台北)2003 年版,第 159 页。

出一源,可以说是闽南海洋文化在台湾的移植和延伸。但是台湾与闽南地区海洋文化的发展历程却有着各自的特点。闽南海洋文化发展成为传统主流是由当地的地理环境所决定的,而由于统治者政策的限制,它经历了长期艰难的发展历程。台湾海洋文化作为闽南海洋文化的移植和延伸,是建立在后者发展成熟的基础上,因此可以获得飞速的发展。台湾早期统治者实行相对开明的海洋政策,同样为当地发展海洋文化铺平了道路。而中外海洋势力在台湾的交汇与统治权的变更,也为台湾的海洋文化增添了新的要素。

第二节　台湾海洋文化与大陆的关系现状

　　1945 年台湾光复后不久,由于国共内战的缘故,两岸又一次人为阻隔,东岸与西岸分途发展。但风云变幻,却没有改变两岸海洋文化的底色,两岸文化在不同情境下的发展具有不同的差异和特色,却割不断通用闽南、客家方言,共奉妈祖信仰等的联系纽带。这是当代两岸文化认同的基础,具有很强的生命力和影响力。

　　而随着时间的推移,两岸关系也逐渐缓和,开始以对话代替对抗。早日恢复两岸海洋交流更是血浓于水的两岸人民的共同渴望。1979 年元旦,中华人民共和国全国人大常务委员会发表《告台湾同胞书》,号召结束两岸分裂对抗局面,"希望双方尽快实现通航通邮","发展贸易,互通有无,进行经济交流"。① 在大陆方面的呼吁下,台湾岛内要求开放两岸"三通"(通邮、通航、通商)的呼声也越来越高。1987 年,在台湾退伍老兵群体的强烈要求下,国民党当局决定开放民众赴大陆探亲。1994 年,台湾"金马爱乡联盟"提出《金马与大陆小三通说帖》,建议台湾当局以金门、马祖两地为试点,与大陆率先实现"三通"。2000 年 12 月 13 日,台湾"行政院"通过《试办金门

---

① 《中华人民共和国全国人民代表大会常务委员会告台湾同胞书》,《人民日报》1979 年 1 月 1 日。

马祖与大陆地区通航实施办法》,于次年开始在金门马祖与中国大陆之间建立海上航线,并开放金马与大陆之间的直接贸易,准许双方居民在彼处进行旅游、探亲、经商等活动。尽管台湾当局对"小三通"仍然附加了种种限制,但这毕竟给两岸的海上交往提供了便利,为台湾与大陆之间恢复全面的海洋文化交流迈出了可喜的一步。2008 年 11 月 4 日,两岸之间经过长期协商终于达成全面共识,签署了《海峡两岸空运协议》《海峡两岸海运协议》和《海峡两岸邮政协议》,于当年 12 月 15 日开放两岸之间的直接空中、海上航运与通邮业务。台湾、澎湖、金门、马祖的 11 个港口与中国大陆的 63 个港口之间正式实现海上直航。海峡两岸"三通"的正式实现,是两岸交流史上里程碑的一页,它标志着台湾与大陆之间海上交往的正常化,两岸的海洋交流从此再度进入了迅速发展的时期,令两岸海洋文化联系进一步加深。

一、当前两岸海洋关系的发展

当前海峡两岸的海洋交流联系,涉及渔业、贸易、航运、生态、宗教、旅游、科研、教育等多个领域,合作方式涵盖资金、技术、制度、人才培养等各个方面。无论在广度还是深度上都有着一定的积累。

(一)海洋渔业联系

海洋渔业是航海的生产活动,具有海洋文化开放性、包容性的内涵。渔船文化机制集中体现在船主与船工的劳动关系上。船主采用拟制的血缘关系从事经营,雇佣本家族、本地以外的船工从事海上作业,是闽台渔业经济文化的传统,也是当代渔业劳务合作的基础。台湾方面的渔业产业在资金和技术上的优势明显,缺乏渔工是发展的瓶颈,而大陆方面缺乏资金和技术,却有充沛的渔业劳动力,两者可以互补。

两岸对峙缓和后,两岸在渔业劳务方面的合作恢复并逐渐增强,但由于台湾当局的限制,在台湾船只上工作的大陆船员、渔工长期以来无法登陆台湾口岸休整,只能漂泊于海上,酿成恶性事件时有发生。2009 年 12 月 22 日,两岸签署《海峡两岸渔船船员劳务合作协议》,规定互相保障对方受雇船员和船主的合法权益,并建立合作约束机制。台湾方面雇佣大陆渔工从此可以通过正规渠道进行。根据协议规定,台湾方面正式对大陆受雇海员开放陆上暂置场所,从而结束了只能漂泊海上的尴尬境况。2010 年 4 月 16 日,两岸就船员工资、保险待遇等具体相关细节达成一致,台湾 7 家中介公司随之与大陆 4 家经营公司签订近海与远洋劳务合作协议。这意味着两岸海洋渔业文化在新形势下的融合,朝和谐劳务关系的方向发展。

在此基础上,台湾方面"把养殖经验、技术及成果,以独资、合资或技术转让的方式,积极向大陆推广。这种产业外移的结果反而使得台湾水产养殖业拥有更开阔的发展空间"。① 两岸之间还积极搭建渔业合作平台,如福建的霞浦台湾水产品集散中心、连江海峡两岸水产品加工基地等。截至2008 年,台商在闽创办的水产企业达 510 余家,"投资领域涉及水产苗种繁育、水产品加工、渔用饲料、远洋渔业、休闲观光渔业、水产品贸易以及科技合作,有力地推动了福建省渔业产业化进程"。② 浙江舟山地区的"海峡两岸远洋渔业合作基地"建设项目也正在计划之中。而大陆水产企业也开始进军台湾。2010 年 5 月 19 日,大连獐子岛渔业集团在台北的子公司正式开业,这是大陆水产业投资台湾设立的第一家企业。

(二)海洋贸易联系

两岸之间的海洋贸易的开展,是两岸传统对口贸易的复苏和发展。在两岸海洋贸易传统文化的驱动下,从最初的"走私贸易"到"小额对台贸易",形成不可逆转的潮流,到 2000 年"除罪化",实行小三通,2008 年实现大三通,海洋贸易成为两岸经济互动的主渠道。2010 年 6 月 29 日,双方签署了《海峡两岸经济合作框架协议》(ECFA),决定"逐步减少或消除双方之间实质多数货物贸易的关税和非关税壁垒","促进贸易投资便利化和产业交流与合作"。

两岸之间还定期举办两岸贸易交流活动。如福建省每年 5 月 18 日举办的海峡两岸经贸交易会,广东省所举办的粤台经济技术贸易交流会,都已经有了多年的成功举办经验,为两岸的经贸交流合作提供了重要的平台。

---

① 袁崇焕:《生物技术推动台湾水产养殖业的发展》,《海峡科技与产业》2008 年第3 期。

② 王德芬:《海峡两岸渔业交流回顾及展望》,《中国渔业经济》2008 年第 6 期。

"海峡西岸经济区"的建设,为对台经济贸易交流打造区域化的大平台,"加强海峡西岸经济区与台湾地区经济的全面对接,推动两岸交流合作向更广领域、更大规模、更高层次迈进。"①而以海峡西岸经济区为试点,在大陆与台湾之间建立"两岸共同市场"的合作计划也在讨论之中。在客观环境的推动下,两岸海洋贸易发展迅猛。2010 年,大陆与台湾之间的贸易额已达1453.7 亿美元,相比 2009 年增长了 36.9%。中国大陆成为台湾最大商品进口地区和贸易顺差来源。

(三)海上交通运输联系

自两岸海上直航实现后,大陆与台湾之间的海上交通运输开发合作迅速发展。一批新的直航港口与航线陆续开通,客流量与货运量均稳步提高。2009 年 11 月 12 日至 18 日,交通运输部副部长徐祖远应台湾方面邀请,以"海峡两岸航运交流协会名誉理事长"身份率团访台,考察台湾港口与航运企业,并与台湾有关方面进行会谈,在两岸航运合作方面达成多项共识。大陆方面十分重视对两岸直航港口的建设,并努力吸引台湾方面对港口的投资,不断完善主要港口的集、疏、运体系。为了满足两岸直航的需要,福建省于 2008 年起的五年时间内,将在港口建设中投入总计 500 亿元,重点建设福州、厦门等直航港口。2009 年,"两岸公布的 81 个直航港口(港区),已有71 个港口(港区)开通了直航运输",②海上货运总量 5789 万吨。集装箱装卸量达 140 万 TEU,2010 年更达到 191.8 万 TEU。从 2001 年到 2011 年 3月,闽台"小三通"客运直航共运载旅客 684.1 万人次。

此外,两岸造船业之间也加强了联系。2010 年 8 月,福建省船舶行业协会参访团参访了台湾造船公司、船舶院校与研发设计机构,交流了闽台造船业的合作意向。

(四)两岸海洋旅游联系

海洋旅游业是海洋经济的重要产业,也是海洋文化交流的重要载体。福建省从 2005 年开始打造海峡旅游品牌,推动厦门、福州机场为两岸包机

---

① 中华人民共和国国务院:《国务院关于支持福建省加快建设海峡西岸经济区的若干意见》,2009 年 5 月 6 日。

② 中华人民共和国交通运输部新闻发布会,2009 年 12 月 28 日。

直航点,允许全国 25 个省市居民经福建口岸赴台湾地区旅游;允许在福州、厦门居住一年以上的省外居民在闽办理证件赴台旅游。2009 年,福建旅游部门与台湾立荣航空公司联合开展"立荣全民小三通:五金齐发,万人游福建"活动,联合厦门航空公司开展"百万游客海峡行"活动,与台湾雄狮旅行社合作设立"海峡旅游"网站。首届海峡旅游论坛、第五届海峡旅博会成功举办,签署了《打造"小三通"黄金旅游通道合作宣言》《漳州滨海火山地质公园与澎湖列岛地质公园旅游合作协议》等。经福建口岸赴台湾地区旅游108553 人次,88.4%经"小三通"通道。全省共接待台湾游客 123.4 万人次,占全国总数的 27%。2010 年,第六届海峡旅博会以"海峡旅游,合作共赢"为主题,联合两岸四地全力打造海峡旅游经济圈,把两岸四地建设成世界知名的旅游目的地。招商内容涵盖传统项目和游船游艇等新业态,福建省共签约旅游投资项目 46 个,总投资 277.83 亿元,湄洲岛五大洲岛旅游项目(50 亿元)为最大的项目。2011 年,第七届海峡旅博会还首次设立海峡旅游温泉综合展示区,首次举办闽台旅游产业化合作对接研讨会,首度签署闽台旅游产业化合作宣言。

妈祖文化更是海峡两岸海洋旅游的著名品牌。1994 年以来,湄洲每年都与台湾方面联合举办妈祖文化旅游节,2007 年还共同发表了《海峡妈祖文化旅游合作联谊共同建议》,并与金门签订了《旅游经贸合作意向书》,2010 年 7 月,国家旅游局参与共同主办妈祖文化旅游节,正式列入国家级的节庆活动。

海峡旅游的另一品牌则是郑成功文化。2002 年起,台南市举办郑成功文化节。2009 年,厦门市举办了首届郑成功文化节。2010 年 9 月,泉州南安举办了首届郑成功文化旅游节。目前,郑成功文化节已经成为在海峡两岸多个城市定期分别举办的传统文化旅游节日。除此之外,石狮市还于2007 年创办了闽台对渡文化节暨蚶江海上泼水节。2008 年起纳入国台办对台交流重点项目,2009 年列入文化部重点支持项目。

在浙江省举办的 2010 年度中国海洋文化论坛则以"海洋文化旅游开发与海洋旅游试验区建设"为主题,与会的两岸学者就开发海洋旅游、建设"舟山群岛海洋旅游综合实验区"等方面的问题交流了经验。福建方面与台湾合作建设"闽台旅游合作试验区"的方案也正在酝酿当中,计划"充分发挥两地传统五缘优势","拓展闽南文化、客家文化、妈祖文化等两岸共同的文化内涵,突出'海峡旅游'主题"。①

(五)海洋信仰习俗交流

海峡两岸的海洋文化一脉相承,两岸人民也有着相同的信仰习俗。建立在共同信仰基础上的两岸海神信仰活动交流,成为联系海峡两岸人民感情的重要纽带。如兴起于福建湄洲岛的妈祖信仰,在大陆与台湾都拥有广大信众。"烟火长传妈祖庙,风波不阻闽台情。"1987 年 10 月,台湾大甲镇澜宫的妈祖信众冲破政治干扰,绕道日本经上海、福州前往妈祖的故乡湄洲进行参拜活动,成为"台湾开放探亲前辗转登上大陆的第一批先行者"。两岸直航实现后,两岸的妈祖信仰交流更加便利。2006 年 9 月,台湾地区历史上最大的妈祖进香团约 4300 人采取个案的方式乘客轮从台中港经金门港直航厦门。2007 年 4 月 7 日,金门妈祖信徒进香团从金门直航湄洲。5 月 14 日,马祖妈祖进香团从马祖直航湄洲。2008 年,湄洲岛接待台胞超过 15 万人次,与湄洲妈祖祖庙董事会建立联谊关系的台湾妈祖宫庙超过一千两百家。2009 年 2 月 14 日,来自台湾嘉义的四百余名妈祖信众乘坐两岸直航客船抵达湄洲岛进行谒祖进香活动,成为湄洲实现两岸直航后接待的首批台湾大型进香团。2009 年 5 月 15 日,福建省借举办首届海峡论坛活动之机,邀请台湾妈祖信众直航湄洲进香,参与信众多达两千余人。2009 年,湄洲岛接待台胞数上升至 17.9 万人次。

2010 年 4 月 15 日,台湾方面举办海峡两岸妈祖信仰文化论坛活动,中国大陆 46 家妈祖文化机构共 180 余人应邀前往,与台湾方面人士就妈祖信仰方面的问题进行了广泛探讨。两岸在台湾举办了"妈祖之光·世遗之华""妈祖之光·福航彰化"和"妈祖之光·大爱镇澜"大型综艺晚会。2010 年仅上半年,来湄台胞数便已达 10.63 万人次,相比去年同期增长 20.4%。

"闹热看妈祖,团结看大道公祖。"保生大帝(大道公)信仰交流活动规

---

① 陈健平:《新时期闽台旅游合作发展模式探讨》,《闽江学院学报》2010 年第 1 期。

模逊于妈祖信仰交流活动,但也很有特色,特别是台湾方面成立保生大帝庙宇联谊会作为两岸交流的主要窗口,有利于闽台保生大帝宫庙组织之间的团结,得到信众的肯定。

（六）海洋事务处理经验交流与合作

如何在开发利用海洋资源的同时有效保护当地的生态环境,是两岸海洋文化交流的重要内容。近年来,海峡两岸多次召开海洋管理与生态保护方面的交流会议,探讨海洋环境资源保护的经验教训。中国科学院南海海洋所每两年便举办一次"海峡两岸珊瑚礁生物学与海洋保护区研讨会",交流两岸珊瑚礁的生态现状及保护管理经验。2010 年 3 月 29 日到 30 日,首届"海峡两岸海洋论坛——海洋环境管理学术研讨会"也在台北举行,对两岸的海洋环境监测、海岛可持续发展、海洋生态系统管理、海洋保护等多个议题进行全面探讨。台湾"环保署"副署长邱文彦在会上表示,海峡两岸海洋环境合作是未来必要的合作方向。① 同年 11 月 5 日,"海峡两岸生物多样性研讨会"在厦门举办,对海洋生物多样性保护等方面的问题进行探讨合作,并决定将该会议定期化,构建两岸在这方面的交流合作平台。

另一方面,台湾海峡水域交通往来频繁,气候复杂,是海洋灾难和事故的多发区,海上救助经验的共享也是两岸海洋文化交流的重要方面。2007年,国务院台湾事务办公室便表示,大陆方面支持鼓励两岸民间专业搜救组织之间的技术交流,并愿意全力对台湾方面的海上搜救工作进行支援。2008 年 10 月 23 日,厦门与金门方面合作,成功举行了首届厦金航线海上搜救演习。同年两岸签署《海峡两岸海运协议》,决定"双方积极推动海上搜救、打捞机构的合作,建立搜救联系合作机制,共同保障海上航行和人身、财产、环境安全。发生海难事故,双方应及时通报,并按照就近、就便原则及时实施救助。"②2011 年 5 月 12 日,大陆专业搜救船"东海救 113"轮成功访问台湾,成为 62 年来首次访问台湾的大陆救助船只。两岸的海上搜救合作

---

① 参见邱文彦在首届"海峡两岸海洋论坛——海洋环境管理学术研讨会"上的致辞,2010 年 3 月 29 日。

② 《海峡两岸海运协议》,2008 年 11 月 4 日。

机制建设正逐步开展。2009 年到 2010 年,"双方共同参与的海上搜救行动 11 起,成功救助遇险人员 162 人"。①

(七)海洋文化学术研究交流合作

海洋文化学术研究成果的交流,日益成为两岸所共同关注的领域。近年来,两岸之间的海洋文化学术交流会议频繁召开,并逐渐常规化。2007 年 10 月,在福州举行的"福建海洋文化学术研讨会",是第一个以两岸海洋文化为主题的学术交流盛会。2008 年 11 月 8 日,"海峡两岸海洋文化论坛"在厦门大学召开,来自海峡两岸近百位从事海洋文化研究的专家学者出席。2009 年 6 月,首届"郑成功文化论坛"在厦门市举行,至今已连续举办了 3 届。2009 年 11 月,"2009 海洋文化国际学术研讨会"在厦门大学举行,两岸学者围绕"环中国海汉文化圈文化之保存与创新"进行学术交流。2010 年 3 月,首届海峡两岸闽南文化节"闽南文化论坛"在泉州举行,会上讨论了福建与台湾等地闽南文化的海洋文化特征,对闽南文化研究方面的新视角与新方法进行了交流。2010 年 10 月,两岸船政精英、船政名人后裔和专家学者齐聚福州,出席"福州船政与近代中国海军史研讨会",共同挖掘福州船政与台湾的渊源关系,促进以船政文化为纽带的交流和合作。12 月 23 日,福州中国船政文化博物馆和台湾长荣海事博物馆在台北联合举办"福建船政——清末自强运动的先驱"特展,历时 8 个月,2 万多名台胞前来参观。2010 年 7 月 11 日,承接国际海事组织世界海员年的活动,以"海洋·海峡·海员"为主题的中国航海日庆祝活动在泉州举行,在郑和航海学术论坛上,海内外专家学者为进一步推动和深化两岸在港口、航运、海洋开发与城市合作建言献策。两岸合力为妈祖信俗"申遗"做了大量的工作。2009 年 9 月 30 日,联合国教科文组织审议批准,妈祖信俗列入人类非物质文化遗产代表名录,成为中国首个信俗类世界文化遗产。2011 年 6 月,"妈祖信俗学术研讨会"在莆田湄洲岛举行,探讨妈祖信俗"申遗"后的保护与开发、妈祖文化研究的拓展空间等问题。7 月,"泉台百家姓族谱"及海内外

---

① 王楠等:《海峡两岸研讨海上搜救协作长期机制》,《中国交通报》2011 年 4 月 13 日。

名家姓氏联墨作品到台湾巡展。9月，华侨大学在厦门校区举办了"首届中华妈祖论坛"。10月，"第二届海峡两岸海洋文化研讨会"在福州举行。11月，"海洋文明与战略发展高端论坛"在厦门大学举行。这些学术活动，密切了两岸对海洋文化交流的认知。

（八）两岸海洋类院校交流与合作

两岸的海洋类院校之间的交流，是教育领域海洋文化的交流。2009年5月16日，大连海事大学百余名师生乘坐远洋教学实习船"育鲲"号，应邀访问台湾海洋大学、高雄海洋科技大学两校，这是大陆远洋实习船首次前往台湾访问。同年7月14日至23日，海峡两岸青年海洋教育文化交流活动在台湾举行。来自中国海洋大学、上海海洋大学、浙江海洋学院等大陆海洋院校的多名学生对台湾海洋大学、高雄海洋科技大学进行了参观访问，与台湾方面学生开展了深入交流。2010年8月9日，"首届海峡两岸海洋暨海事大学校长论坛与专业学术研讨会"在台湾海洋大学召开，就两岸海洋类院校如何开展更大规模的海事海洋教育交流与合作，共同促进两岸涉海教育又好又快发展等方面的问题进行了认真探讨，并发表了联合宣言。2011年4月5日，首届海峡两岸高校帆船赛在厦门玉缘湾至金门海域举行，共有两岸15所高校的19只帆船队参赛。9月22日，"第二届海峡两岸海洋海事大学蓝海策略校长论坛暨海洋科学与人文研讨会"由中国海洋大学主办，在青岛举行，论坛的主题是海洋教育、科技与文化事业发展与合作。研讨会的议题则包括海洋与全球气候变化、海洋资源保护与新能源开发利用、海洋权益保护与海洋发展战略、蓝海经济与发展方式转变、海洋文化与中华文明（中华海洋文化与休闲/海洋休闲观光发展）、海事航运与国际物流、海洋先进装备制造、两岸教育合作与海洋科学人才培养等。

同时，两岸还积极开展海洋院校的合作办学或共建学术机构。2010年6月，浙江海洋学院与台湾海洋大学合作成立"海峡两岸海洋文化交流中心"；8月，福建冠海造船工业公司有意与台湾建国科技大学以及福建省船舶工业集团公司联合兴办福建省船舶技术学院。2011年3月2日，厦门海洋技术学院与台北海洋技术学院正式开启合作办学，首批11名大陆师生入住台北海洋技术学院生活区，开始为期一学期的学习交流，在台所修得的专业学分视为有效学分。这是海峡两岸海洋高职院校首次合作培养海洋类应用型人才,标志着两岸海洋类院校交流合作迈入了一个新的阶段。

总体上看,两岸之间三通的正式实现,为海峡两岸进一步开展海洋文化交流合作提供了非常有利的客观环境。目前两岸在这方面的交流与合作正在广泛开展当中,彼此之间增进了了解和互信,有力地促进了两岸关系的发展。

二、当前发展两岸海洋文化关系时面临的问题

尽管"三通"后,海峡两岸的海洋交流合作逐步发展,取得了许多成果,两岸海洋文化联系进一步加深。但是,当前两岸的海洋文化关系发展同样还面临着不少阻力和挑战。

(一)台湾政界学界对于两岸海洋文化的误读与曲解

当前阻碍两岸海洋文化联系发展的一个问题,是台湾政界学界的一些人士(以政界人士为多)出于各种原因,对两岸海洋文化的历史和现实状况进行误读与曲解,在客观上造成"海洋台湾"与"大陆中国"的对立。导致台湾民众对于两岸海洋文化产生错误的认识,损害两岸彼此之间的海洋文化认同,妨碍两岸海洋文化交流的正常进行,对台湾与大陆海洋文化关系的发展造成明显的负面影响。

对台湾海洋文化与大陆关系的误读与曲解,是台湾自 20 世纪 90 年代以来日益凸显的问题。而在此之前,台湾学术界在海洋中国(由沿海地区、沿海的岛屿——包括台湾与海南岛和非本土的海外地区构成)的框架下,对两岸海洋文化的研究已经有了长时间的历史。一直以来,许多学者从客观历史事实出发,指出海洋文化是中国历史文化的重要组成部分,承认两岸海洋文化之间有着同根同源的联系。

早在 1984 年,台湾"中央研究院三民主义研究所"出版首部《中国海洋发展史论文集》,其引言中就明确宣称中国是一个海洋国家,台湾的兴起正是中国向海洋发展的结果。前台湾"中央研究院三民主义研究所"所长陈昭南表示:"中国不只是一个大陆国家,也是一个海洋国家。……今日台湾

是一个汉民族殖民建立的社会,是中国人向海洋发展所造成的历史事实。"①前台湾"中央研究院民族研究所"所长李亦园也指出:"自宋代以后……海洋发展的历程已成为中华民族发展史上不可或缺的一页。"②

但是,台湾人士对两岸海洋文化的讨论并不仅限于学术研究领域。不少台湾政界人士出于个人政治需要,也热衷于讨论所谓台湾海洋文化与大陆的关系,把本来单纯的学术讨论变为宣传自己政治观点的工具,以此吸引民众的视线,使得这一问题逐渐趋向复杂化。

台湾政界人士对两岸海洋文化的论述,也经历了从承认同属中国海洋文化到强调台湾主体性的转变。早在1977年张俊宏为许信良《风雨之声》所作的序言当中,便已开始大力宣传台湾的海洋文化,强调台湾与中国大陆的文化差别,表示台湾必须发展与中国大陆"完全相异的特质",否则将"屈从为旧中国的奴隶"。但张俊宏仍然承认:"台湾一千年来所建立的文化已经属于海洋中国的文化,今天台湾经济的高速成长,还是承继了这种文化的主要部分,进取的、单纯的、爽朗的、阳刚的、明快的。……充分发展自我,创建以海洋中国为特质的文化,使政治和经济同时大步迈进,我们将会为中国开创一个意想不到的境界。"③

而自20世纪80年代后期"解严"之后,台湾岛内言论日益开放,海洋文化也逐渐成为台湾政界人士所热炒的话题。这种将学术问题政治化的做法,也导致了种种误读与曲解的产生。尤其是民进党当中的"台独"分子,否定中国大陆海洋文化的存在,将中国大陆的文化定性为"大陆文化",视为落后文化、没落文化的代表。将台湾文化定性为"海洋文化",强调其相比大陆文化的优越性。他们将台湾的海洋文化与中国的大陆文化对立起来,认为"海洋文化"是台湾文化与中国文化的本质区别。并与政治活动相

① 中国海洋发展史论文集编辑委员会:《中国海洋发展史论文集》引言,"中央研究院三民主义研究所"(台北)1984年版。
② 中国海洋发展史论文集编辑委员会:《中国海洋发展史论文集》序言,"中央研究院三民主义研究所"(台北)1984年版。
③ 张俊宏:《始终没有离开的朋友》,载许信良:《风雨之声》序言,文星书店有限公司(台北)1989年版。

结合,成为"独派"一些人大力鼓吹的观点。1996 年,有"台独教父"之称的彭明敏与谢长廷搭档,以"海洋国家,鲸神文明"为口号,参加台湾当局领导人竞选,宣称台湾人是完全不同于中国人的海洋民族。2000 年民进党执政之后,这种观点在官方的推动下更是频繁出现。陈水扁、吕秀莲等台湾当局领导人亲自出面,宣扬台湾的海洋文化,否定中国文化与海洋文化、台湾文化的关系。陈水扁声称:"台湾的文化不是大陆文化、不是中国文化,我们台湾的文化不只是多元文化,更是海洋文化,因为我们是一个岛屿,是海洋国家"。①

这些有关台湾海洋文化主体性的言论,在台湾社会造成的影响不可小视。国民党为了应对民进党方面的宣传攻势,争取台湾选民,开始向台湾海洋文化主体论看齐,2008 年马英九作为国民党候选人参与台湾当局领导人选举,便喊出了"蓝色革命、海洋兴国"的口号。而对普通民众来说,这些论调更是"制造出台湾历史的不少盲点,对不明真相的人们有着一定的迷惑力和欺骗性"。② 甚至在台湾学术界,也有部分学者呼吁"去除大陆思维""重建台湾的海洋史观",乃至有人提出"中国大陆历史上的海洋文化早已消亡,台湾现在的海洋文化并非源自中国"的看法。还有观点认为,台湾的海洋文化经过长时期的发展,已经与中国海洋文化有所区别。它在长时期的发展中融合了各国文化特质,形成了自己的特殊性。

20 世纪 90 年代以来,在台湾政界、学界出现的这些对台湾海洋文化主体性的宣传,虽然也有一定学术讨论的成分在内,但更多的则是政治因素在起主导作用,或多或少地带有对历史和现实的误读和曲解。尤其是某些持"台独"观点的人士将海洋文化视为制造文化分裂的工具,故意攻击中国文化、否定中国海洋文化,意欲从根本上消除台湾人对中国文化的认同。他们鼓吹台湾的海洋文化,则是为了培养台湾人所谓的台湾本土文化认同。他们企图利用这种手段,最终让台湾人从对台湾的文化认同导致对台湾的所谓"国家认同",从思想上割断两岸海洋文化的联系,以达到分裂主义的目

---

① 陈水扁:台湾公共电视"台语晚间新闻"开播专访,2008 年 3 月 3 日。
② 陈孔立:《台湾历史与两岸关系》,《历史》1996 年第 10 期。

的。如何排除政治因素的干扰，维护海洋文化学术性研究的正常进行，在两岸民众当中建立起正确的海洋文化观念，是我们当前所面临的一个重要问题。

（二）两岸海洋文化交流尚存局限

影响两岸海洋文化关系发展的另一个问题，便是当前两岸的海洋文化交流仍然存在着相当的局限性。

首先，是两岸官方之间的海洋文化交流合作仍然进展缓慢。两岸官方对民间海洋文化交流采取逐步开放的政策，推动民间海洋文化交流从单向到双向交流的发展。迄今为止，两岸海洋文化交流仍然主要集中在海洋经贸、民间信仰交流等非官方层面，而两岸官方层面的海洋事务交流与合作，则由于政治方面的原因，具体操作实行仍然有着众多困难与分歧。进入 21 世纪以来，海洋的地位价值日益突出，向海洋发展也已经成为两岸官方的战略共识。中国作为一个有着广大领海，海洋资源丰富的国家，其海洋领土一直受到许多周边国家的觊觎。比如与日本之间的钓鱼岛与东海划界问题，以及与东南亚各国的南海问题等。尤其是最近一段时期，由于某些国家的单方面行动，钓鱼岛与南海问题再次升温。2012 年 9 月 10 日，日本政府不顾外界反对，单方面决定将钓鱼岛"国有化"，对中日关系造成严重破坏。而菲律宾当局在南海问题上同样一再制造事端，干扰破坏两岸正常合法的海洋活动。2013 年 5 月 9 日，菲律宾海岸警卫队公务船更是在南海开枪扫射台湾渔船"广大兴 28 号"，打死渔民洪石成。这两起事件都在两岸引起了强烈反响，日本政府宣布"购岛"后，大陆与台湾方面均发表声明，坚决反对这一单方面破坏钓鱼岛现状的行为，认为此举非法无效。为了宣示中国对钓鱼岛的主权，大陆公务船队开始强化在钓鱼岛海域的常态化巡航，这一巡航一直持续至今。2012 年 9 月 25 日，台湾当局也派出以"德星舰"为首的海巡船队前往钓鱼岛海域展开"护渔"行动。而菲律宾公务船射杀台湾渔民事件发生后，两岸均对此事件表示了强烈谴责，并向菲方施加压力，要求其尽快彻查，严惩凶手。可以说，两岸在这些问题上，都持有相同或相近的立场。要想妥善处理与他国之间的海洋争端，切实捍卫中华民族的海洋主权，需要两岸官方之间的密切合作。

　　但是,两岸现阶段在官方层面的海洋交流沟通渠道仍然不够畅通,合作机制不完善,但台湾执政当局由于所谓"国家安全""对等立场"的考虑,对于进一步开放两岸官方层面的交流合作至今仍顾虑重重。而民进党等在野势力出于台湾岛内政治斗争和制造分裂的需要,对于两岸间的正常海洋文化交流同样横加指责,无理干涉,这些都加深了两岸在官方层面进行交流合作的难度,造成了两岸海洋交流"政冷经热"的现象。这种不平衡的发展状况,从长远上而言,不利于两岸之间海洋文化交流的扩大,影响到两岸海洋文化关系的进一步深入发展。

　　另一方面,两岸海洋开发与交流活动也需要更加有序地进行。比如海洋开发可以说是当前两岸民间经济建设的重点,发展十分迅速。但随着海洋开发的全面推进,也出现了盲目、过度开发的现象,导致两岸的海洋文化资产遭受破坏。以台湾为例,在海洋现代化建设开发的影响下,"台湾文化中的海岸文化呈现严重文化解体现象。呈现于外在的便是文化景观,以生产为目的,或边陲、垃圾化、工具化等现象。如:高雄港完全以生产为目的,没有'生活'的空间,旗津岛海岸成为拆船、垃圾、电石渣、火力发电厂、煤炭堆积之所。"①沿海港口与渔村所具有的海洋文化也深受影响,渔港建设缺乏良好规划与长期维护,不少渔村年轻人口外流严重,文化与技艺传承机制遭到破坏。② 此类问题在大陆同样存在。这种缺乏全局与长远考虑的海洋建设开发无助于两岸海洋文化的发展,反而造成海洋文化的劣质化,不利于两岸海洋文化传统的健康传承与延续。

　　此外,目前民间的自发行为是两岸海洋文化交流当中的主流,尤其以海洋信仰习俗的交流最为壮观。这是两岸交流的突破点,在现在仍发挥着先锋的作用,牵动两岸政治、经济的发展,具有极大的影响力。但它的动力,还停留在民众朴素的感性认识和热情上,没有上升到维护两岸共有的海洋价值观和发展观的理性认识阶段,缺乏海洋文化的自觉。因此,在民间交流上也产生了一些问题。

---

　　①　郑水萍:《台湾的海洋文化资产》,载邱文彦主编:《海洋文化与历史》,胡氏图书出版社(台北)2003 年版,第 171 页。

　　②　参见戴宝村:《台湾的海洋历史文化》,玉山社(台北)2011 年版,第 205 页。

以两岸海洋文化旅游和海洋信仰交流为例，台湾妈祖庙争相赴湄洲祖庙进香，主要是因为信众和庙方认为这是取得正统认可与增强神明灵力的手段，有助于寺庙地位及神明灵力的提升，进而为庙方带来大笔的香火财富。有的台湾学者把这种现象归纳为"妈祖模式"，认为进香团以"暴发户"的心态朝拜妈祖，祖庙的执事人员以"钓凯子"的心情接见台湾香客，是一种"以财力换取神力"的交换关系，充满功利色彩。其次，妈祖文化的弘扬，也引发了各地妈祖庙对信仰中心的地位争夺。2011年9月5日，台南安平开台天后宫在庆祝郑成功迎奉妈祖来台350年文化祭活动时，宣布成立"妈祖学院"，台南市长赖清德表示，"希望安平的'妈祖学院'能发展成为全球妈祖信仰的中心"。这就是一个最新的表现。而新开办的大陆游客赴台"自由行"旅游活动，也因商业盈利色彩的浓厚而降低了它的魅力。不少游客抱怨旅游日程安排过于紧凑，许多文化景点无法游览，却将大量时间花费在让游客去高价店内购物上。大陆游客在台事故伤亡也时有发生，组织管理机制急需完善。这种功利的做法，使现有的海洋文化资源没有很好地研究发掘，缺乏高层次的文化整合，以致海洋文化旅游缺少在国内外具有吸引力的品牌，在其他海洋交流活动当中也出现类似的现象。这些都会对两岸海洋文化交流活动的正常发展起到负面影响，不利于两岸民众形成对两岸海洋文化的正确认识。

参考文献

一、史料文献

《安平县杂记》，大通书局(台北)1984年版。

麦仲华：《清朝经世文新编》，文海出版社(台北)1972年版。

班固：《汉书》，中华书局1962年版。

陈瑛：《陈清端公文选》大通书局(台北)1987年版。

陈国瑛：《台湾采访册》，大通书局(台北)1984年版。

陈伦炯：《海国闻见录》，大通书局(台北)1987年版。

陈培桂：《淡水厅志》，大通书局(台北)1984年版。

陈寿祺：《福建通志》，华文书局股份有限公司(台北)1968年版。

陈寿原著，裴松之注：《三国志》，中华书局2002年版。

陈文达：《凤山县志》，大通书局(台北)1984年版。

陈子龙等：《明经世文编》，中华书局1962年版。

[日]村上直次郎原译，郭辉译：《巴达维亚城日记》，台湾省文献委员会(台中)1990年版。

《大明会典》，上海古籍出版社1995年版。

《道咸同光四朝奏议选辑》，大通书局(台北)1984年版。

丁绍仪：《东瀛识略》，大通书局(台北)1987年版。

董应举：《崇相集选录》，大通书局(台北)1987年版。

范咸：《重修台湾府志》，大通书局(台北)1984年版。

范晔：《后汉书》，中华书局1965年版。

高拱乾：《台湾府志》，大通书局(台北)1984年版。

葛士浚：《清朝经世文续编》，文海出版社(台北)1972年版。

顾炎武：《天下郡国利病书》，上海科学技术文献出版社2002年版。

顾祖禹：《读史方舆纪要》，中华书局2005年版。

胡建伟：《澎湖纪略》，大通书局(台北)1984年版。

黄富三等：《清末台湾海关历年资料》，"中央研究院台湾史研究所"（台北）1997年版。

李仙得：《台湾番事物产与商务》，大通书局（台北）1987年版。

黄叔璥：《台海使槎录》，大通书局（台北）1984年版。

黄宗羲：《赐姓始末》，大通书局（台北）1987年版。

季麟光：《东宁政事集》，九州出版社2004年版。

江日升：《台湾外记》，大通书局（台北）1987年版。

《康熙起居注》，中华书局1984年版。

柯培元：《噶玛兰志略》，大通书局（台北）1984年版。

蓝鼎元：《东征集》，大通书局（台北）1987年版。

蓝鼎元：《鹿洲全集》，厦门大学出版社1995年版。

李昉：《太平御览》，上海古籍出版社2008年版。

李复：《潏水集》，《景印文渊阁四库全书》第1121册，商务印书馆（台北）1986年版。

李光地：《榕村语录》，中华书局1995年版。

李光缙：《景璧集》，江苏广陵古籍刻印社1996年版。

李鸿章：《李文忠公选集》，大通书局（台北）1987年版。

李元春：《台湾志略》，大通书局（台北）1984年版。

连横：《雅言》，海东山房（台南）1958年版。

林豪：《澎湖厅志》，大通书局（台北）1984年版。

林豪：《东瀛纪事》，大通书局（台北）1987年版。

林焜熿、林豪：《金门志》，大通书局（台北）1984年版。

林谦光：《台湾纪略》，台湾史文献委员会（南投）1993年版。

刘安：《淮南子》，中州古籍出版社2010年版。

刘家谋：《海音诗》，中华书局1971年版。

刘良璧：《重修福建台湾府志》，大通书局（台北）1984年版。

刘铭传：《刘壮肃公奏议》，大通书局（台北）1987年版。

刘熙：《释名》，中华书局1985年版。

刘献廷：《广阳杂记选》，大通书局（台北）1987年版。

刘昫：《旧唐书》，中华书局1975年版。

楼钥：《攻媿集》，中华书局1985年版。

罗大春：《台湾海防档》，大通书局（台北）1987年版。

《明实录·太宗实录》，上海古籍书店1983年版。

《明实录·宪宗实录》，上海古籍书店1983年版。

《明世祖实录选辑》，大通书局（台北）1984年版。

《清朝通典》，新兴书局（台北）1965年版。

《清代官书记明台湾郑氏亡事》，"中央研究院历史语言研究所"（台北）1996年版。

《清德宗实录选辑》，大通书局（台北）1984年版。

《清高宗实录选辑》,大通书局(台北)1984 年版。

《清仁宗实录选辑》,大通书局(台北)1984 年版。

《清圣祖实录选辑》,大通书局(台北)1984 年版。

《清世宗实录选辑》,大通书局(台北)1984 年版。

《清宣宗实录选辑》,大通书局(台北)1984 年版。

《清一统志台湾府》,大通书局(台北)1984 年版。

阮旻锡:《海上见闻录》,大通书局(台北)1987 年版。

《明季荷兰人侵据澎湖残档》,大通书局(台北)1987 年版。

沈葆桢:《沈文肃公(葆桢)政书》,文海出版社(台北)1967 年版。

沈定均:《漳州府志选录》,大通书局(台北)1984 年版。

沈有容:《闽海赠言》,台湾省文献委员会(南投)1984 年版。

沈云:《台湾郑氏始末》,大通书局(台北)1987 年版。

盛康:《清朝经世文编续编》,文海出版社(台北)1972 年版。

施琅:《靖海纪事》,大通书局(台北)1987 年版。

宋濂:《元史》,中华书局 1976 年版。

孙元衡:《赤嵌集》,大通书局(台北)1984 年版。

《台案汇录丙集》,大通书局(台北)1987 年版。

《台案汇录辛集》,大通书局(台北)1987 年版。

《台湾府舆图纂要》,大通书局(台北)1984 年版。

台湾省文献委员会:《重修台湾省通志》,台湾省文献委员会(南投)1993 年版。

《台湾私法商事编》,大通书局(台北)1987 年版。

《台湾私法物权编》,大通书局(台北)1987 年版。

《台湾十七世纪台湾英国贸易史料》,台湾银行(台北)1959 年版。

台湾史料集成编辑委员会:《明清台湾档案汇编》,远流出版公司(台北)2007 年版。

唐赞衮:《台阳见闻录》,大通书局(台北)1987 年版。

陶澍:《陶文毅公(澍)集》,文海出版社(台北)1968 年版。

《天妃显圣录》,大通书局(台北)1987 年版。

汪大渊:《岛夷志略》,中华书局 1981 年版。

王必昌:《重修台湾县志》,大通书局(台北)1984 年版。

王炳耀等:《中日战辑选录》,大通书局(台北)1984 年版。

王充:《论衡》,上海人民出版社 1974 年版。

王象之:《舆地纪胜》,中华书局 1992 年版。

王彦威:《清季外交史料选辑》,大通书局(台北)1984 年版。

王元稚:《甲戌公牍钞存》,大通书局(台北)1987 年版。

王瑛曾:《重修凤山县志》,大通书局(台北)1984 年版。

魏征:《隋书》,中华书局 1973 年版。

夏琳:《海纪辑要》,大通书局(台北)1987 年版。

谢金銮：《续修台湾县志》，大通书局（台北）1984 年版。

徐兢：《宣和奉使高丽图经》，中华书局 1985 年版。

徐宗干：《斯末信斋文编》，大通书局（台北）1987 年版。

许孚远：《敬和堂集四库全书存目丛书集部·别集类》，齐鲁书社 1997 年版。

杨英：《从征实录》，大通书局（台北）1987 年版。

姚旅：《露书》，福建人民出版社 2008 年版。

姚启圣：《忧畏轩奏疏》，九州出版社 2005 年版。

姚莹：《东槎纪略》，大通书局（台北）1984 年版。

姚莹：《中复堂选集》，大通书局（台北）1984 年版。

叶大沛：《鹿溪探源》，华欣文化事业中心（台北）1986 年版。

尹士俍：《台湾志略》，九州出版社 2003 年版。

应劭著，王利器校注：《风俗通义校注》，中华书局 2010 年版。

余文仪：《续修台湾府志》，大通书局（台北）1984 年版。

郁永河：《裨海纪游》，大通书局（台北）1987 年版。

袁康、吴平：《越绝书》，岳麓书社 1996 年版。

翟灏：《台阳笔记》，大通书局（台北）1984 年版。

章潢：《图书编》，上海古籍出版社 1992 年版。

张燮：《东西洋考》，中华书局 1981 年版。

张廷玉等：《明史》，中华书局 1974 年版。

张之洞：《张文襄公选集》，大通书局（台北）1987 年版。

赵汝适：《诸番志》，大通书局（台北）1984 年版。

赵翼：《陔余丛考》，河北人民出版社 1990 年版。

郑若曾：《筹海图编》，中华书局 2007 年版。

《郑氏史料初编》，大通书局（台北）1984 年版。

《郑氏史料续编》，大通书局（台北）1984 年版。

《郑氏史料三编》，大通书局（台北）1984 年版。

郑玄：《周礼注疏》，上海古籍出版社 2010 年版。

中国第一历史档案馆：《康熙朝汉文朱批奏折汇编》，档案出版社 1985 年版。

周必大：《文忠集》，《景印文渊阁四库全书第 1148 卷》，商务印书馆（台北）1986 年版。

周玺：《彰化县志》，大通书局（台北）1984 年版。

周凯：《厦门志》，大通书局（台北）1984 年版。

周于仁、胡格：《澎湖志略》，台湾省文献委员会（南投）1993 年版。

周元文：《重修台湾府志》，大通书局（台北）1984 年版。

周钟瑄：《诸罗县志》，大通书局（台北）1984 年版。

邹漪：《明季遗闻》，大通书局（台北）1987 年版。

朱彧：《萍州可谈》，中华书局 1985 年版。

朱景英:《海东札记》,大通书局(台北)1987 年版。

朱仕玠:《小琉球漫志》,大通书局(台北)1984 年版。

[日]佐仓孙三:《台风杂记》,大通书局(台北)1987 年版。

左宗棠:《左文襄公奏牍》,大通书局(台北)1987 年版。

左宗棠:《左文襄公(宗棠)全集》,文海出版社(台北)1992 年版。

二、近现代著作

蔡石山原著,黄中宪译:《海洋台湾:历史上与东西洋的交接》,联经出版事业股份有限公司(台北)2011 年版。

曹永和:《台湾早期历史研究》,联经出版事业股份有限公司(台北)1979 年版。

曹永和:《台湾早期历史研究续集》,联经出版事业股份有限公司(台北)2000 年版。

陈碧笙:《台湾地方史》,中国社会科学出版社 1982 年版。

陈孔立:《台湾历史与两岸关系》,台海出版社(台北)1999 年版。

陈孔立:《清代台湾移民社会研究》,九州出版社 2003 年版。

陈孔立:《观察台湾》,华艺出版社 2003 年版。

陈小冲:《日本殖民统治台湾五十年史》,社会科学文献出版社 2005 年版。

陈在正等:《清代台湾史研究》,厦门大学出版社 1986 年版。

陈在正:《台湾海疆史研究》,厦门大学出版社 2001 年版。

陈在正:《台湾海疆史》,扬智文化事业股份有限公司(台北)2003 年版。

戴宝村:《近代台湾海运发展:戎克船到长荣巨舶》,玉山社(台北)2000 年版。

戴宝村:《台湾的海洋历史文化》,玉山社(台北)2011 年版。

邓孔昭:《台湾通史辩误》,自立晚报文化出版部(台北)1991 年版。

邓孔昭:《台湾研究论文精选:文史篇》,台海出版社 2006 年版。

邓孔昭:《闽粤移民与台湾社会历史发展研究》,厦门大学出版社 2011 年版。

福建省档案馆、厦门市档案馆:《闽台关系档案资料》,鹭江出版社 1993 年版。

[英]甘为霖:《荷据下的福尔摩沙》,李雄挥译,前卫出版社(台北)2003 年版。

[英]甘为霖:《福尔摩沙素描》,许雅琦、陈佩馨译,前卫出版社(台北)2006 年版。

葛剑雄:《中国移民史》,福建人民出版社 1997 年版。

古鸿廷、庄国土等:《当代华商经贸网络——海峡两岸与东南亚》,稻乡出版社(台北)2003 年版。

[德]黑格尔著,王造时译,《历史哲学》,上海书店出版社 2006 年版。

胡沧泽:《海洋中国与福建》,黑龙江人民出版社 2010 年版。

黄福才:《台湾商业史》,江西人民出版社 1990 年版。

黄建钢:《海洋十论》,武汉大学出版社 2011 年版。

黄丽生:《东亚海域与文明交会:港市·商贸·移民·文化传播》,"国立台湾海洋大学海洋文化研究所"(基隆)2008 年版。

黄美英：《台湾文化断层》，稻乡出版社（台北）1990 年版。

黄顺力：《海洋迷思——中国海洋观的传统与变迁》，江西高校出版社 1999 年版。

蓝达居：《喧闹的海市——闽东南港市兴衰与海洋人文》，江西高校出版社 1999 年版。

李长傅：《中国殖民史》，商务印书馆 1998 年版。

李金明：《南海波涛》，江西高校出版社 2005 年版。

李乔：《台湾文化造型》，前卫出版社（台北）1995 年版。

李庆新：《海洋史研究》第一辑，社会科学文献出版社 2010 年版。

李筱峰、刘峰松：《台湾历史阅览》，自立晚报社文化出版部（台北）1999 年版。

［英］李约瑟著，陈立夫译，《中国之科学与文明》，商务印书馆（台北）1980 年版。

李祖基：《台湾历史研究》，台海出版社 2006 年版。

连横：《台湾通史》，大通书局（台北）1984 年版。

连心豪：《中国海关与对外贸易》，岳麓书社 2004 年版。

连心豪：《水客走水：近代中国沿海的走私与反走私》，江西高校出版社 2005 年版。

凌纯声：《中国远古与太平印度两洋的竹筏戈船方舟和楼船的研究》，"中央研究院民族学研究所"（南港）1970 年版。

林国平：《闽台民间信仰源流》，福建人民出版社 2003 年版。

林国平：《文化台湾：中华文化在台湾》，九州出版社 2007 年版。

林满红：《四百年来的两岸分合：一个经贸史的回顾》，自立晚报社文化出版部（台北）1994 年版。

林满红：《茶、糖、樟脑业与台湾之社会经济变迁（1860—1895）》，联经出版事业公司（台北）1997 年版。

林美容：《台湾文化与历史的重构》，前卫出版社（台北）1996 年版。

林庆元：《福建船政局史稿》，福建人民出版社 1999 年版。

林仁川：《明末清初私人海上贸易》，华东师范大学出版社 1987 年版。

林仁川：《大陆与台湾的历史渊源》，文汇出版社 1991 年版。

林玉茹：《清代台湾港口的空间结构》，知书房出版社（台北）1996 年版。

刘登翰：《中华文化与闽台社会——闽台文化关系论纲》，福建人民出版社 2002 年版。

刘石吉：《海洋文化论集》，"国立中山大学人文社会科学研究中心"（高雄）1999 年版。

刘正刚：《东渡西进：清代闽粤移民台湾与四川的比较》，江西高校出版社 2004 年版。

吕宝强：《中国早期的轮船经营》，"中央研究院近代史研究所"（台北）1962 年版。

吕淑梅：《陆岛网络：台湾海港的兴起》，江西高校出版社 1999 年版。

吕秀莲：《台湾大未来：海洋立国世界岛》，知本家文化事业有限公司（台北）2004 年版。

［意］马可·波罗：《马可·波罗游记》，陈开俊译，福建人民出版社 1981 年版。

［美］马士：《东印度公司对华贸易编年史》，中山大学出版社 1991 年版。

［美］欧阳泰：《福尔摩沙如何变成台湾府？》，郑维中译，远流出版公司（台北）2006 年版。

戚其章：《晚清海军兴衰史》，人民出版社 1998 年版。

邱平：《走向海洋——台湾的出路所在》，新文京开发出版股份有限公司（台北）2006 年版。

邱文彦：《海洋文化与历史》，胡氏图书出版公司（台北）2003 年版。

曲金良：《海洋文化概论》，青岛海洋大学出版社 1999 年版。

曲金良：《中国海洋文化观的重建》，中国社会科学出版社 2009 年版。

曲金良：《中国海洋文化史长编》明清卷，中国海洋大学出版社 2012 年版。

［日］松浦章：《清代台湾海运发展史》，卞凤奎译，博扬文化事业有限公司（台北）2002 年版。

［日］松浦章：《明清时代东亚海域的文化交流》，郑洁西等译，江苏人民出版社 2009 年版。

汤锦台：《前进福尔摩沙——十七世纪大航海年代的台湾》，猫头鹰出版社（台北）2001 年版。

汤熙勇：《中国海洋发展史论文集》第十辑，"中央研究院人文社会科学研究中心"（台北）2008 年版。

天下编辑：《发现台湾》，天下杂志（台北）1992 年版。

王宏斌：《晚清海防：思想与制度研究》，商务印书馆 2005 年版。

王日根：《明清海疆政策与中国社会发展》，福建人民出版社 2006 年版。

［日］鸟居龙藏：《探险台湾：鸟居龙藏的台湾人类学之旅》，杨南郡译，远流出版公司（台北）1996 年版。

吴海鹰：《回族典藏全书》，甘肃文化出版社 2008 年版。

吴剑雄：《中国海洋发展史论文集》第四辑，"中央研究院中山人文社会科学研究所"（台北）1991 年版。

厦门大学台湾研究所：《康熙统一台湾档案史料选辑》，福建人民出版社 1983 年版。

厦门大学台湾研究所台湾历史研究室：《海峡两岸首次台湾史学术交流论文集》，厦门大学出版社 1990 年版。

厦门大学郑成功历史调查研究组：《郑成功收复台湾史料选编》，福建人民出版社 1982 年版。

厦门市志编委会：《近代厦门社会经济概况》，鹭江出版社 1990 年版。

徐晓望：《妈祖的子民：闽台海洋文化研究》，学林出版社 1999 年版。

徐晓望：《早期台湾海峡史研究》，海风出版社 2006 年版。

徐晓望：《福建通史》第四卷，福建人民出版社 2006 年版。

许毓良：《清代台湾的海防》，社会科学文献出版社 2003 年版。

许信良:《风雨之声》,文星书店有限公司(台北)1989年版。

许信良:《新兴民族》,远流出版公司(台北)1995年版。

[澳]雪珥:《大国海盗》,山西人民出版社2011年版。

鸦片战争博物馆:《明清海防研究论丛》第三辑,广东人民出版社2009年版。

杨碧川:《台湾的智慧:海陆文化的交流结晶》,国际村文库书店有限公司(台北)1996年版。

杨国桢等:《明清中国沿海社会与海外移民》,高等教育出版社1997年版。

杨国桢等:《海峡交通史论丛》,海风出版社2002年版。

杨国桢:《瀛海方程——中国海洋发展理论和历史文化》,海洋出版社2008年版。

杨全森、范中义:《中国海防史》,海洋出版社2005年版。

杨彦杰:《荷据时代台湾史》,江西人民出版社1992年版。

姚同发:《台湾历史文化渊源》,九州出版社2002年版。

[摩]伊本·白图泰:《伊本·白图泰游记》,宁夏人民出版社1985年版。

[日]伊能嘉矩:《平埔族调查旅行》,杨南郡译,远流出版公司(台北)1996年版。

尹全海:《清代渡海巡台制度研究》,九州出版社2007年版。

尹章义:《台湾开发史研究》,联经出版事业股份有限公司(台北)1989年版。

余光弘:《清代的班兵与移民:澎湖的个案研究》,稻乡出版社(台北)1998年版。

于运全:《海洋天灾——中国历史时期的海洋灾害与沿海社会经济》,江西高校出版社2005年版。

张彬村、刘石吉:《中国海洋发展史论文集第五辑》,"中央研究院中山人文社会科学研究所"(台北)1993年版。

张德麟:《台湾汉文化之本土化》,前卫出版社(台北)2003年版。

张海鹏、陶文钊:《台湾简史》,凤凰出版社2010年版。

张炎宪:《中国海洋发展史论文集第三辑》,"中央研究院中山人文社会科学研究所"(台北)1990年版。

曾少聪:《东洋航路移民——明清海洋移民台湾与菲律宾的比较研究》,江西高校出版社1998年版。

郑广南:《中国海盗史》,华东理工大学出版社1998年版。

中国海洋发展史论文集编委会:《中国海洋发展史论文集》,"中央研究院三民主义研究所"(台北)1984年版。

中国海洋发展史论文集编委会:《中国海洋发展史论文集》第二辑,"中央研究院三民主义研究所"(台北)1986年版。

中国海洋发展史论文集编委会:《中国海洋发展史论文集》第七辑,"中央研究院三民主义研究所"(台北)1999年版。

周文顺:《台陆关系通史》,中州古籍出版社1991年版。

周宪文:《台湾经济史》,开明书店(台北)1980年版。

朱双一:《闽台文学的文化亲缘》,福建人民出版社2003年版。

驻闽海军军事编纂室：《福建海防史》，厦门大学出版社 1990 年版。

卓克华：《清代台湾的商战集团》，台原出版社（台北）1990 年版。

三、论文

蔡泰山：《妈祖与海洋文化发展关系》，《历史文物》2005 年第 138 期。

陈国强、郑梦星：《闽台古代海洋文化的主人》，《台湾源流》2000 年第 17 期。

陈健平：《新时期闽台旅游合作发展模式探讨》，《明江学院学报》2010 年第 1 期。

陈孔立：《台湾历史与两岸关系》，《历史》1996 年第 10 期。

陈小冲：《十七世纪日荷在台冲突中的政治因素》，《台湾研究集刊》1997 年第 2 期。

陈小冲：《十七世纪的御朱印船贸易与台湾》，《台湾研究集刊》2004 年第 2 期。

陈益源：《台湾云林口湖万善祠"牵水"仪式及其相关传说》，《大连大学学报》2008 年第 1 期。

陈忠纯：《清前期平民领照渡台的范围探析——兼议限制渡台政策的转变及其原因》，《厦门大学学报·哲学社会科学版》2011 年第 2 期。

［日］村上直次郎：《热兰遮城筑城始末》，石万寿译，《台湾文献》1975 年第 26 卷。

［日］大庭修：《明清的中国商船画卷——日本平户松浦史料博物馆藏（唐船之图）考证》，朱家骏译，《海交史研究》2011 年第 1 期。

戴宝村：《台湾海洋史的新课题》，《国史馆馆刊》2004 年第 36 期。

戴宝村：《台湾海洋史与海盗》，《宜兰文献杂志》2005 年第 16 期。

邓孔昭：《台湾建省初期的福建协饷》，《台湾研究集刊》1994 年第 4 期。

丁毓玲、王连茂：《清代泉州海难事件及其相关仪式》，《海交史研究》2011 年第 1 期。

冯立军：《清初迁海与郑氏势力控制下的厦门海外贸易》，《南洋问题研究》2000 年第 4 期。

冯梁等：《两岸海洋政策：历史分析与合作基础》，《世界经济与政治论坛》2010 年第 4 期。

傅朗：《台湾的海神信仰渊源于中国大陆》，《台湾研究》2001 年第 2 期。

葛金芳：《两宋东南沿海地区海洋发展路向论略》，《湖北大学学报哲学社会科学版》2003 年第 3 期。

郭志超、吴春明：《台湾原住民"南来论"辨析——兼论"南岛语族"起源》，《厦门大学学报·哲学社会科学版》2002 年第 2 期。

［比］韩家宝：《荷兰东印度公司与中国人在大员一带的经济关系（1625—1640）》，《汉学研究》2000 年第 18 卷第 1 期。

季云飞：《清代台湾班兵制研究》，《台湾研究》1996 年第 4 期。

贾益：《1874 年日军侵台事件中的"番地无主"论与中国人主权观念的变化》，《民族研究》2009 年第 6 期。

赖永祥：《明郑征菲企图》，《台湾风物》1954 年第 4 卷第 1 期。

李恭忠:《〈中国引水总章〉及其在近代中国的影响》,《历史档案》2000 年第 3 期。

李恭忠:《近代中国引水权的收回》,《近代中国》2001 年第 141 期。

李蕾:《十七世纪中前期台湾地区对外贸易网络的展开——以荷兰大员商馆经营的贸易为中心》,《中国社会经济史研究》2003 年第 1 期。

李学伦:《台湾周围大陆架海底资源展望》,《海洋通报》1979 年第 4 期。

李祖基:《清代台湾的开发与岛上对外交通》,《台湾研究集刊》2002 年第 2 期。

李祖基:《大陆移民渡台的原因与类型分析》,《台湾研究集刊》2004 年第 3 期。

连心豪:《近代中国通商口岸与内地——厦门、泉州常关内地税个案研究》,《民国档案》2005 年第 4 期。

廖大珂:《试论荷兰东印度公司从商业掠夺机构到殖民地统治机构的演变》,《南洋问题研究》1987 年第 4 期。

林满红:《当代台湾的史学与社会》,《教学与研究》1996 年第 18 期。

林仁川:《清初台湾郑氏政权与英国东印度公司的贸易》,《中国社会经济史研究》1997 年第 1 期。

米庆余:《琉球漂民事件与日军入侵台湾(1871 — 1874)》,《历史研究》1999 年第 1 期。

南栖:《台湾郑氏五商之研究》,《台湾经济史十集》1966 年。

史伟:《清代郊商与海洋文化》,《中国社会经济史研究》2007 年第 4 期。

石万寿:《台南府城的行郊特产点心》,《台湾文献》1980 年第 31 卷第 4 期。

谈潭:《论 17 世纪郑氏海商集团的生存困境》,《中州学刊》2010 年第 2 期。

王秉宏:《国家海洋政策之定位与未来趋向》,《海军学术月刊》1999 年第 3 期。

吴春明:《中国东南与太平洋的史前交通工具》,《南方文物》2008 年第 2 期。

吴幼雄:《南宋初置兵立成澎湖》,《历史教学》1987 年第 5 期。

徐晓望:《论晚明对台湾、澎湖的管理及设置郡县的计划》,《中国边疆史地研究》2004 年第 3 期。

杨国桢、张雅娟:《海盗与海洋社会权力——以 19 世纪初"大海盗"蔡牵为中心的考察》,《云南师范大学学报》2011 年第 3 期。

杨彦杰:《清政府与台湾建省》,《台湾研究集刊》1985 年第 3 期。

杨彦杰:《闽南移民与闽台区域文化》,《福建论坛人文社会科学版》2003 年第 1 期。

叶真铭:《郊商与清代闽台贸易》,《炎黄纵横》2008 年第 10 期。

叶志如:《试析蔡牵集团的成份及其反清斗争实质》,《学术研究》1986 年第 1 期。

张国友等:《台湾海区的风浪特点及分布规律》,《海洋通报》2002 年第 1 期。

张菼:《关于台湾郑氏的"牌饷"》,《台湾文献》1968 年第 19 卷第 2 期。

庄万寿:《台湾海洋文化之初探》,《中国学术年刊》1997 年第 18 期。

周典恩:《也谈明清时期大陆移民渡台的原因与类型》,《湛江师范学院学报》2008 年第 4 期。

周通、周秋麟:《台湾海洋资源与海洋产业发展》,《海洋经济》2011 年第 6 期。

周宗贤:《鹿耳门暨四草炮台建置始末》,《淡江人文社会学刊》2004 年第 20 期。

朱天顺:《清代以后妈祖信仰传播的主要历史条件》,《台湾研究集刊》1986 年第 2 期。

后　记

当我于 2009 年踏入海洋史和海洋文化研究的学术殿堂之时,作为一名从前从未涉足过相关领域的后进学子,心中除充满了对未来博士生活的期待和向往之外,也多了一份不安与担忧,唯恐过去在这方面学术积累的不足,会对自己的研究造成很大的影响,拿不出相应的成果,无以回报导师杨国桢先生的精心栽培。事实上,初期的学习对我来说确实是个磨练的过程,在一个陌生的领域当中,重新从基础开始一点一滴地学习了解,摸索寻找自己的钻研方向,经历其中艰辛与迷茫,终于略为体会导师当年开辟中国海洋史与海洋人文社会科学研究领域时那种"孤帆出海,不知何处是岸"的不易。

不过,幸运的是,我进入了一个温馨的学术大家庭。我能从初期的迷茫中走出,找到努力前进的方向,确实提高自己的学术水平,顺利地完成三年的博士学业,首先要感谢的就是我的导师杨国桢先生。杨国桢先生是我国海洋史与海洋人文社会科学领域的一大宗师,学术造诣精深,品德高尚,在学术界内外受到广泛敬仰。作为老师,他也有着高度的教育责任感,对学生十分关心爱护。在我初入师门之时,虽然老师作为学术界的重要人物,日日都忙于各种公事,而且当时还面临着多位师兄师姐的学位论文指导任务,但是仍然不忘对我的关怀,及时排解了我学习上的困难与迷惑,帮助我确定了台湾海洋文化这一今后的研究方向。此后,为了让我能够写出高质量的学位论文,老师一直坚持从百忙当中抽出时间,对我进行了大量指导,提点我的写作思路,为我推荐相关资料。论文初稿完成后,他又进行了认真的审阅,提出了各种中肯的修改意见,力争做到精益求精。可以说没有杨国桢老师的悉心指导,就没有我今天这篇长达 20 万字的学位论文。此外,与我一起在老师门下学习的周志明、史伟、郑庆喜、张雅娟、李冰等各位师兄师姐,虽然也有各自的学位论文需要完成,但对我这个晚辈依旧不吝热情关照,积极与我交流学习经验,提供学术信息。每当去老师家中上课时,便是我博士生活中最为快乐的时光,师生齐聚一堂,共同探讨各种学术问题和生活情况,师母也无微不至地送上茶水点心款待大家,此情此景至今难忘。而王日根老师、施伟青老师等厦门大学历史系的其他专家学者,也在学习上给予了我以很大的帮助和启迪。可以说,能够加入这样一个团体,是我极大的幸运,这三年来的学习经历,将会成为我人生道路上的宝贵财富。虽然如今大家已经各奔前程,但老师和同学们在这些年来对我的支持和帮助,我会永远铭记在心。在这里,请允许我对你们衷心地说一声:谢谢。

　　我与台湾海洋文化史的联系,并未随着博士生涯的结束而消失。毕业后,我有幸进入了大陆历史悠久、声名远播的台湾历史研究机构——厦门大学台湾研究院历史所工作。院内高水平的学术氛围,加上历史所诸位前辈的传、帮、带影响,大大提高了我的专业素养。而博士时期对海洋文化历史的研究经历,也为我研究台湾史时提供了更广阔的思路与视角。如今再回首我即将出版的博士论文,不禁又有了不少新的感触与思考。本书可以说是当年我对台湾史、海洋文化史研究的起点,而终点还远未到来。作为现在的厦门大学台湾研究院助理教授、2011 两岸关系协同创新中心成员,我将以更加饱满的精神投入这项领域的研究工作,用更加优秀的成果回报老师、同学、同事们的帮助。

陈　思

2012 年 5 月 14 日